여행은 꿈꾸는 순간, 시작된다

리얼
후쿠오카

여행 정보 기준

이 책은 2024년 9월까지 수집한 정보를 바탕으로 만들었습니다.
정확한 정보를 싣고자 노력했지만, 여행 가이드북의 특성상
책에서 소개한 정보는 현지 사정에 따라 수시로 변경될 수 있습니다.
변경된 정보는 개정판에 반영해 더욱 실용적인 가이드북을 만들겠습니다.

한빛라이프 여행팀 ask_life@hanbit.co.kr

리얼 후쿠오카

초판 발행 2023년 11월 10일
개정1판 2쇄 2024년 10월 16일

지은이 원경혜 / **펴낸이** 김태헌
총괄 임규근 / **팀장** 고현진 / **책임편집** 황정윤 / **기획** 정은영 / **디자인** 천승훈, 김현수 / **지도** 조연경 / **일러스트** 김슬기
영업 문윤식, 신희용, 조유미 / **마케팅** 신우섭, 손희정, 박수미, 송수현 / **제작** 박성우, 김정우 / **전자책 제작** 김선아

펴낸곳 한빛라이프 / **주소** 서울시 서대문구 연희로 2길 62 한빛빌딩
전화 02-336-7129 / **팩스** 02-325-6300
등록 2013년 11월 14일 제25100-2017-000059호
ISBN 979-11-93080-38-2 14980, 979-11-85933-52-8 14980(세트)

한빛라이프는 한빛미디어(주)의 실용 브랜드로 우리의 일상을 환히 비추는 책을 펴냅니다.

이 책에 대한 의견이나 오탈자 및 잘못된 내용은 출판사 홈페이지나 아래 이메일로 알려주십시오.
파본은 구매처에서 교환하실 수 있습니다. 책값은 뒤표지에 표시되어 있습니다.
한빛미디어 홈페이지 www.hanbit.co.kr / 이메일 ask_life@hanbit.co.kr
블로그 blog.naver.com/real_guide_ / 인스타그램 @real_guide_

지금 하지 않으면 할 수 없는 일이 있습니다.
책으로 펴내고 싶은 아이디어나 원고를 메일(writer@hanbit.co.kr)로 보내주세요.
한빛라이프는 여러분의 소중한 경험과 지식을 기다리고 있습니다.

후쿠오카를 가장 멋지게 여행하는 방법

리얼
후쿠오카

원경혜 지음

IB 한빛라이프

느슨하게, 자유롭게

3년 만에 다시 후쿠오카를 찾은 날. 그날의 공기는 오랫동안 잊지 못할 것 같다. 몇 년간 내 삶에서 빠져있던 나사 하나를 발견한 듯한 기분이었다. 코로나19 팬데믹이 나에게 준 유일한 선물이라면 여행의 소중함을 일깨워 주었다는 것. 오랜만에 찾은 후쿠오카는 익숙한 듯 낯선 느낌이었다. 사실 달라진 것은 많지 않았다. 달라진 것은 바로 나였다. 무심코 지나쳤던 공원, 별 감흥 없이 걷던 강변의 면면이 눈에 들어오기 시작했다. 그곳 사람들의 표정과 미소가 보이기 시작했다. 애정을 가지고 한 걸음 더 들어가 보니 후쿠오카라는 도시의 묘미들이 보였다. 나는 다시 후쿠오카와 사랑에 빠졌다.

대도시와 소도시, 그 사이 어딘가에 있는 후쿠오카에서는 얼마든지 느슨해질 수 있다. 대도시에서처럼 쫓기듯 다닐 필요도 없고 인파에 떠밀리듯 걸을 일도 없다. 고층빌딩이 많지 않아 하늘을 자주 볼 수 있는 것도 좋다. 도시의 모든 인프라를 누리면서도 소박한 풍경과 정취를 만끽할 수 있으니 서두를 필요가 뭐가 있을까.

지칠 때마다 따뜻하게 말을 건네고 친절한 미소를 보여준 후쿠오카 사람들은 내 취재 여행의 일등공신이다. 때로 우리의 대화에 좋은 소재가 되어준 K드라마와 K팝, K푸드에도 일부 공을 돌려야 할 것 같다. 이 도시가 따뜻한 이유는 바로 사람 때문이었다. 후쿠오카는 내게 여행의 새로운 기쁨을 알려주었다.

Thanks to ······································

영리함과 성실함으로 부족한 저자를 잘 이끌어준 정은영 편집자와 여행서 편집팀, 디자인팀과 교정자, 제작팀, 이 책을 만들기 위해 노력해 주신 모든 분들께 고마움을 전합니다. 취재에 많은 도움을 주신 'JNTO 서울 사무소'에도 감사의 말씀을 드립니다. 그리고 어떤 일을 하든 적극 지지해 주는 남편, 취재로 장기간 집을 비워도 여전히 날 제일 좋아하는 반려견 쮸쮸, 나이 먹은 딸을 아직도 걱정해 주시는 부모님께 사랑을 전합니다.

원경혜   오랜 출판편집자 생활을 마치고 여행 작가의 길을 걷게 되었다. 여행지에서 가장 좋아하는 것은 음악 들으며 버스 타기와 점심에 마시는 반주 한 잔. 익숙한 것을 새롭게 바라볼 수 있는 눈, 낯선 것들 속에서 좋은 취향을 찾아낼 수 있는 감각으로 재미있는 여행 콘텐츠를 만들려고 부단히 노력 중이다. 〈천천히 교토 산책〉, 〈저스트고 오사카〉(공저)를 썼다.

이메일 kyounghyewon@gmail.com

일러두기

- 이 책은 2024년 6월까지 수집한 정보를 바탕으로 만들었습니다. 정확한 정보를 싣고자 노력했지만, 여행 가이드북의 특성상 소개한 정보는 현지 사정에 따라 수시로 바뀔 수 있습니다. 여행을 떠나기 직전에 한 번 더 확인하시기 바라며 바뀐 정보는 개정판에 반영해 더욱 실용적인 가이드북을 만들겠습니다.

- 일본어의 한글 표기는 현지 발음에 최대한 가깝게 표기했습니다. 다만, 지명 중에서 '고쿠라', '간몬해협' 등과 같이 그 표현이 굳어진 단어는 예외를 두었습니다. 그 외 영어 및 기타 언어의 경우 국립국어원의 외래어 표기법을 따랐습니다.

- 대중교통 및 도보 이동 시의 소요 시간은 대략적으로 적었으며 현지 사정에 따라 달라질 수 있으니 참고용으로 확인하시기 바랍니다.

- 이 책에 수록된 지도는 기본적으로 북쪽이 위를 향하는 정방향으로 되어있습니다. 정방향이 아닌 경우 별도의 방위 표시가 있습니다.

주요 기호

🚶 가는 방법	📍 주소	🕐 운영 시간	✖ 휴무일	¥ 요금
📞 전화번호	🏠 홈페이지	명소	상점	🍴 맛집
숙소	✈ 공항	JR JR역	후쿠오카 지하철역	전철역

모바일로 지도 보기

각 지도에 담긴 QR코드를 스마트폰으로 스캔하면 이 책에서 소개한 장소들의 위치가 표시된 지도를 볼 수 있습니다. '지도 앱으로 보기'를 선택하고 구글 맵스 앱으로 연결하면 거리 탐색, 경로 찾기 등을 더욱 편하게 이용할 수 있습니다. 앱을 닫은 후 지도를 다시 보려면 구글 맵스 애플리케이션 하단의 '저장됨' - '지도'로 이동해 원하는 지도명을 선택합니다.

리얼 시리즈 100% 활용법

PART 1
여행지 개념 파악하기

후쿠오카에서 꼭 가봐야 할 장소부터 여행 시 알아두면 도움이 되는 국가 및 지역 특성을 소개합니다. 기초 정보부터 추천 코스까지 후쿠오카 여행을 미리 그려볼 수 있는 정보를 담았습니다.

PART 2
테마별 여행 정보 살펴보기

후쿠오카를 조금 더 깊이 들여다볼 수 있는 읽을거리를 담았습니다. 키워드별로 모아 보는 볼거리부터 먹거리, 쇼핑까지 후쿠오카의 매력을 다채롭게 소개합니다.

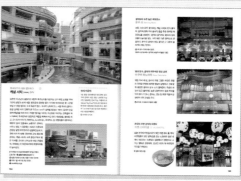

PART 3~4
지역별 정보 확인하기

후쿠오카의 관광 명소, 음식점, 카페, 술집, 상점 등을 자세히 안내합니다. 유후인부터 벳푸, 구로카와 온천, 고쿠라, 모지코, 시모노세키 등 후쿠오카에서 다녀올 수 있는 근교 지역도 빠짐없이 담았습니다.

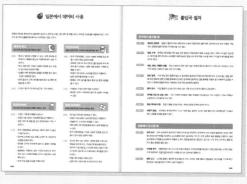

PART 5
실전 여행 준비하기

여행 준비부터 숙소 선택, 식당 예약과 일본에서의 데이터 사용, 결제 수단 안내까지 여행 전 꼭 알아두어야 할 내용을 담았습니다. 출입국 절차까지 짚어보면서 빠뜨린 것은 없는지 확인합니다.

Contents

작가의 말 004
일러두기 006

PART 1

미리 보는
후쿠오카 여행

두고두고 기억될 후쿠오카 여행의 순간들 014
후쿠오카 한눈에 보기 020
후쿠오카 주변 도시 한눈에 보기 022
후쿠오카와 주변 도시 이동 024
후쿠오카 여행의 기본 정보 025
숫자로 보는 후쿠오카 026
믿고 따라가는 테마별 추천 일정 028
똑똑하게 비교 선택, 교통 패스 044

PART 2

가장 멋진
후쿠오카 테마 여행

🚶 후쿠오카의 대표 명소 052
　포토 존에서 여행 인증하기 056
　후쿠오카 & 근교 벚꽃 명소 058
　노을 & 야경 명소 060
　여름은 축제의 계절 062
　감성 열차 타고 온천 마을로 064
　온천, 어디로 갈까 068
　지속가능한 여행을 실천하는 곳 072
🍴 후쿠오카의 대표 음식 074
　후쿠오카의 첫 끼는 라멘 077
　우동 vs 소바 080
　명란젓 083
　모츠나베 vs 미즈타키 086
　초밥과 해산물 요리 088
　야키니쿠 090
　덮밥의 무한한 변신 092
　야키토리 & 교자 & 텐푸라 094
　이자카야 096
　스탠딩 바 098
　푸드 홀 100
　일본식 포장마차 102
　커피 성지 순례 106
　개성 넘치는 빵집 108
　디저트로 당 충전 110

후쿠오카니까 꼭 살 것들   **112**

라이프 스타일 브랜드   **118**

캐릭터 상품과 문구   **120**

백화점 브랜드 쇼핑   **122**

다이묘 쇼핑 지도   **128**

드러그스토어 탐험   **132**

편의점 간식 털기   **134**

식료품 쇼핑   **136**

PART 3

후쿠오카를 가장 멋지게 여행하는 방법

후쿠오카 국제공항   **140**

후쿠오카 국제공항에서 시내로 이동하기   **142**

후쿠오카의 주요 역과 버스 터미널   **144**

후쿠오카에서 다른 도시로 이동하기   **147**

후쿠오카 시내 교통   **153**

AREA ··· ① 하카타·나카스   **156**

AREA ··· ② 텐진·야쿠인   **194**

AREA ··· ③ 오호리 공원   **230**

REAL PLUS ··· ① 롯폰마츠   **238**

AREA ··· ④ 항만 지역   **242**

REAL PLUS ··· ② 다자이후   **259**

REAL PLUS ··· ③ 야나가와   **270**

리얼 가이드

●

만족도 높은 액티비티, 리버 크루즈   **202**

도심을 벗어나 유유자적 섬 여행 노코노시마   **255**

참배 길 산책이 두 배 즐거운 길거리 간식   **261**

PART 4

후쿠오카 근교를 가장
멋지게 여행하는 방법

AREA … ① 유후인   276

REAL PLUS … ④ 벳푸   300

REAL PLUS … ⑤ 구로카와 온천   308

REAL PLUS … ⑥ 고쿠라   316

REAL PLUS … ⑦ 모지코   324

REAL PLUS … ⑧ 시모노세키   331

리얼 가이드

●

유후인을 산책하는 색다른 방법   281

온천가 산책이 즐거운 이유,
유후인의 길거리 간식   289

PART 5

실전에 강한
여행 준비

실수 없는 여행 준비   336

지역별 인기 숙박 구역   338

미식 여행을 위한 식당 예약   341

일본의 소비세와 면세 제도   342

다양해진 결제 수단   344

일본에서 데이터 사용   348

출입국 절차   349

유용한 애플리케이션   350

찾아보기   351

PART 1

미리 보는
후쿠오카
여행

두고두고 기억될
후쿠오카 여행의 순간들

예술 감성을 충전하는 미술관 산책

▸ 후쿠오카시 미술관, 코미코 아트 뮤지엄

하늘까지 우거져 완벽한 녹색 터널,
신비로운 참배 길

▸ **스미요시 신사**

벚꽃 휘날리는 로맨틱한 강변 산책

▶ 텐진 중앙 공원 옆, 나카스 강변, 후쿠오카성 터 해자 주변,
   야나가와 수로 주변

고즈넉한 일본 정원을
바라보며 마시는 말차

▶ 라쿠스이엔, 쇼후엔

시원한 맥주 한잔에
육즙 가득 야키토리 한입
▸ **마츠스케, 아타라요, 미츠마스**

일본 최고의 커피 씬에서 맛보는
스페셜티 커피

▸ **커피 카운티, 렉 커피, 마누 커피, 커넥트 커피, 아베키**

유카타 차림으로 유유자적 온천 마을 산책

> 유후인, 벳푸, 구로카와 온천

후쿠오카 한눈에 보기

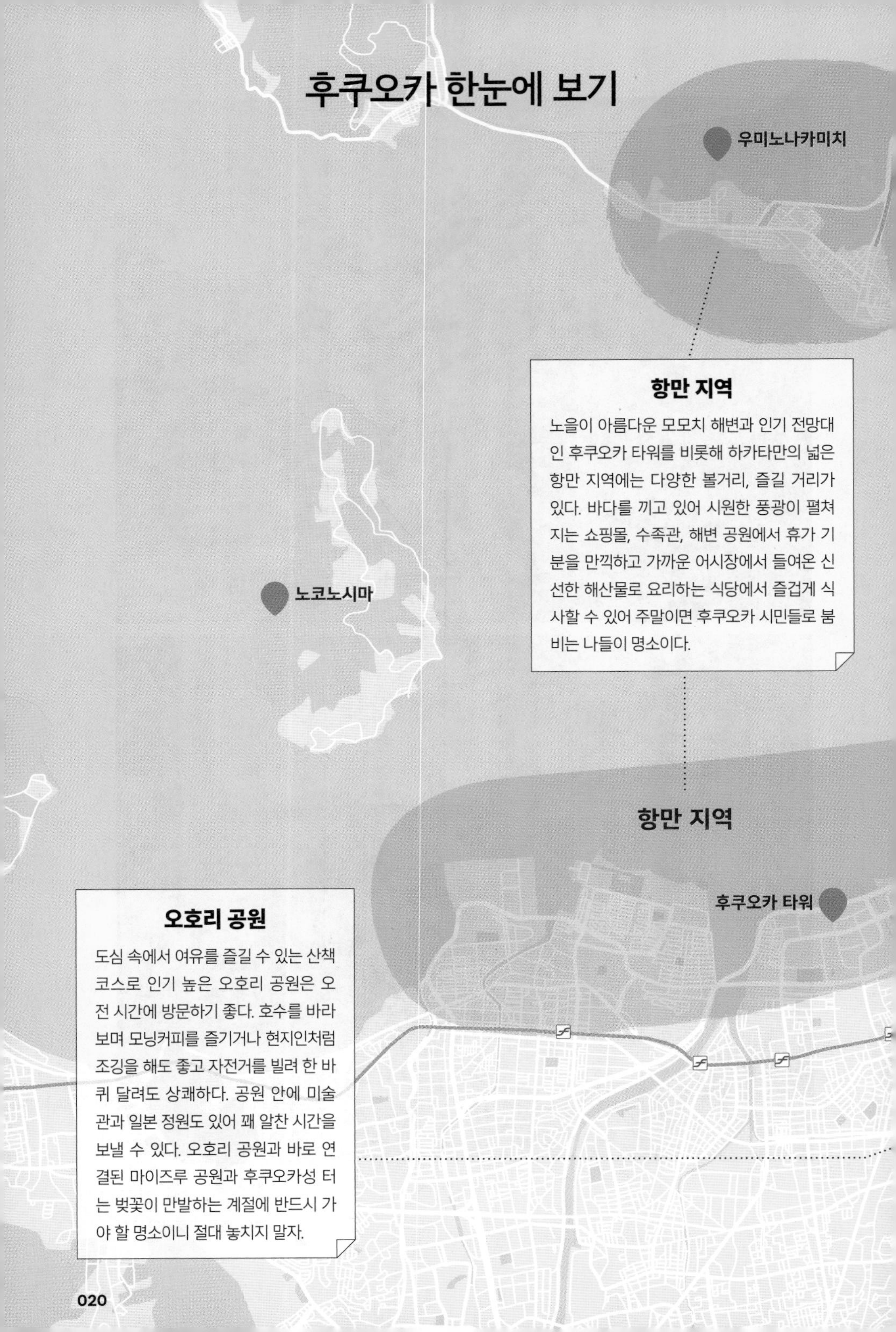

우미노나카미치

항만 지역

노을이 아름다운 모모치 해변과 인기 전망대인 후쿠오카 타워를 비롯해 하카타만의 넓은 항만 지역에는 다양한 볼거리, 즐길 거리가 있다. 바다를 끼고 있어 시원한 풍광이 펼쳐지는 쇼핑몰, 수족관, 해변 공원에서 휴가 기분을 만끽하고 가까운 어시장에서 들여온 신선한 해산물로 요리하는 식당에서 즐겁게 식사할 수 있어 주말이면 후쿠오카 시민들로 붐비는 나들이 명소이다.

노코노시마

항만 지역

후쿠오카 타워

오호리 공원

도심 속에서 여유를 즐길 수 있는 산책 코스로 인기 높은 오호리 공원은 오전 시간에 방문하기 좋다. 호수를 바라보며 모닝커피를 즐기거나 현지인처럼 조깅을 해도 좋고 자전거를 빌려 한 바퀴 달려도 상쾌하다. 공원 안에 미술관과 일본 정원도 있어 꽤 알찬 시간을 보낼 수 있다. 오호리 공원과 바로 연결된 마이즈루 공원과 후쿠오카성 터는 벚꽃이 만발하는 계절에 반드시 가야 할 명소이니 절대 놓치지 말자.

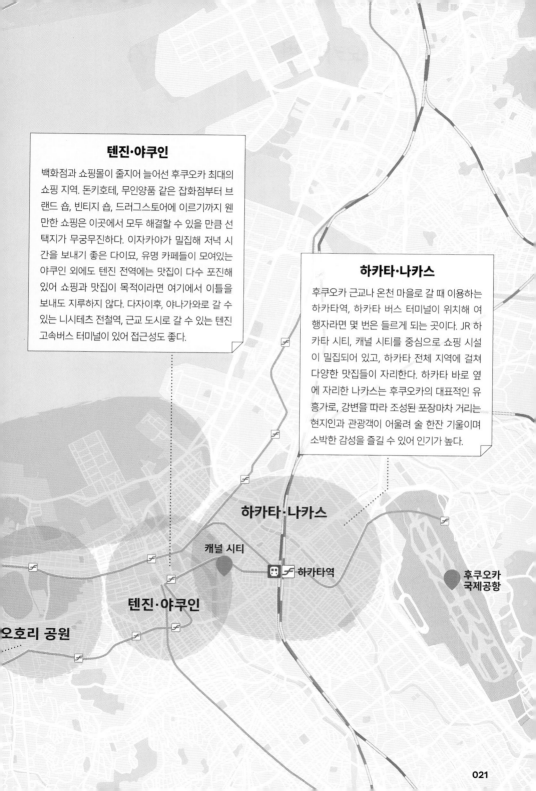

텐진·야쿠인

백화점과 쇼핑몰이 줄지어 늘어선 후쿠오카 최대의
쇼핑 지역. 돈키호테, 무인양품 같은 잡화점부터 브
랜드 숍, 빈티지 숍, 드러그스토어에 이르기까지 웬
만한 쇼핑은 이곳에서 모두 해결할 수 있을 만큼 선
택지가 무궁무진하다. 이자카야가 밀집해 저녁 시
간을 보내기 좋은 다이묘, 유명 카페들이 모여있는
야쿠인 외에도 텐진 전역에는 맛집이 다수 포진해
있어 쇼핑과 맛집이 목적이라면 여기에서 이틀을
보내도 지루하지 않다. 다자이후, 야나가와로 갈 수
있는 니시테츠 전철역, 근교 도시로 갈 수 있는 텐진
고속버스 터미널이 있어 접근성도 좋다.

하카타·나카스

후쿠오카 근교나 온천 마을로 갈 때 이용하는
하카타역, 하카타 버스 터미널이 위치해 여
행자라면 몇 번은 들르게 되는 곳이다. JR 하
카타 시티, 캐널 시티를 중심으로 쇼핑 시설
이 밀집되어 있고, 하카타 전체 지역에 걸쳐
다양한 맛집들이 자리한다. 하카타 바로 옆
에 자리한 나카스는 후쿠오카의 대표적인 유
흥가로, 강변을 따라 조성된 포장마차 거리는
현지인과 관광객이 어울려 술 한잔 기울이며
소박한 감성을 즐길 수 있어 인기가 높다.

하카타·나카스

캐널 시티

하카타역

후쿠오카
국제공항

텐진·야쿠인

오호리 공원

후쿠오카 주변 도시 한눈에 보기

고쿠라

후쿠오카시와 함께 후쿠오카현의 교통 중심지. 후쿠오카현에서 유일하게 천수 각이 남아있는 고쿠라성을 둘러보고 맛집이 곳곳에 자리한 서민적인 상점가를 걸으며 시내에서 반나절 정도 소박한 여행을 즐길 수 있다. 좀 더 외곽으로 나가면 사라쿠라산 전망대, 생명 여행 박물관, 카와치후지엔 같은 명소들이 있어 시간 여유가 있다면 하루를 투자할 수도 있는 도시다.

다자이후

합격운을 높이는 곳으로 유명한 신사 다자이후 텐만구는 일본 전국의 중고등학생들이 단체 관광을 오는 곳이다. 수령이 수백 년부터 1,500년도 넘은 녹나무와 매화나무가 넓은 경내에 그늘을 드리우며 신비로운 분위기를 뿜어내 여행자들에게도 인기 있다. 이런 분위기 덕에 영화 〈너의 췌장을 먹고 싶어〉의 촬영지로 뽑히기도 했다. 참배 길을 가득 메운 다자이후 명물 매화떡 가게와 각종 길거리 간식 가게들이 시선을 사로잡고, 곳곳에 식당과 카페도 많아 관광 후 쉬어가기에도 그만이다.

야나가와

물의 도시로 불리는 야나가와. 과거 성의 해자였던 것을 정비해 만든 수로에서 배를 타고 마을 곳곳을 여유롭게 둘러볼 수 있다. 사공의 노래도 들으면서 한 시간 동안 즐기는 뱃놀이는 사람들이 일부러 야나가와까지 찾아오게 만드는 최고의 매력 포인트다. 장어 마을로도 유명한 야나가와의 명물 장어찜덮밥까지 맛볼 수 있으니 관광, 체험, 미식의 세 가지 요소가 균형 잡힌 관광지라고 할 수 있다.

구로카와 온천

산골짜기에 자리한 전통 온천 마을. 현란한 간판 하나 없는 차분한 분위기의 거리를 산책하며 여러 료칸의 노천온천을 체험할 수 있는 이색적인 마을이다. 나무로 만든 귀여운 온천 순례 마패는 여행 후 기념품으로 간직하기에도 딱 좋다. 사람 많은 유후인, 벳푸가 꺼려진다면 한적하면서 자연 속에 폭 안겨있는 이곳이 정답이다.

유후인

일본의 수많은 온천 지역 중에서도 인프라가 상당히 잘 갖춰진 지역이다. 오랜 역사의 료칸과 새로 생긴 모던한 료칸도 많아 고급스러운 이미지로 알려져 있으며 특히 젊은이들에게 인기가 높다. 대단한 관광 명소는 없지만, 소규모 미술관과 전시관이 다채로워 관심 분야에 따라 둘러볼 수 있으며 식당과 길거리 음식도 다양해 당일치기 여행자가 방문하기에도 좋다. 메인 스트리트인 유노츠보 거리 주변에는 비교적 저렴하게 숙박만 할 수 있는 숙소들도 있어 가성비 좋은 여행도 충분히 가능하다.

Nagasaki

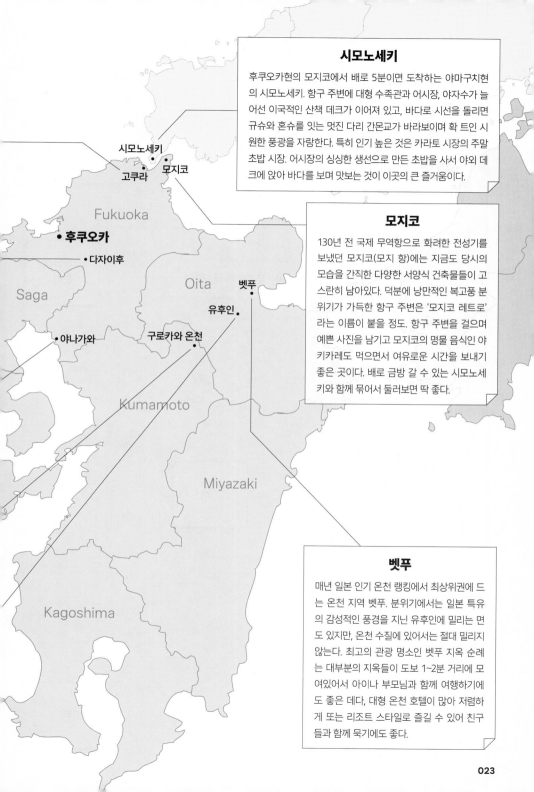

시모노세키

후쿠오카현의 모지코에서 배로 5분이면 도착하는 야마구치현의 시모노세키. 항구 주변에 대형 수족관과 어시장, 야자수가 늘어선 이국적인 산책 데크가 이어져 있고, 바다로 시선을 돌리면 규슈와 혼슈를 잇는 멋진 다리 간몬교가 바라보이며 확 트인 시원한 풍광을 자랑한다. 특히 인기 높은 것은 카라토 시장의 주말 초밥 시장. 어시장의 싱싱한 생선으로 만든 초밥을 사서 야외 데크에 앉아 바다를 보며 맛보는 것이 이곳의 큰 즐거움이다.

모지코

130년 전 국제 무역항으로 화려한 전성기를 보냈던 모지코(모지 항)에는 지금도 당시의 모습을 간직한 다양한 서양식 건축물들이 고스란히 남아있다. 덕분에 낭만적인 복고풍 분위기가 가득한 항구 주변은 '모지코 레트로'라는 이름이 붙을 정도. 항구 주변을 걸으며 예쁜 사진을 남기고 모지코의 명물 음식인 야키카레도 먹으면서 여유로운 시간을 보내기 좋은 곳이다. 배로 금방 갈 수 있는 시모노세키와 함께 묶어서 둘러보면 딱 좋다.

벳푸

매년 일본 인기 온천 랭킹에서 최상위권에 드는 온천 지역 벳푸. 분위기에서는 일본 특유의 감성적인 풍경을 지닌 유후인에 밀리는 면도 있지만, 온천 수질에 있어서는 절대 밀리지 않는다. 최고의 관광 명소인 벳푸 지옥 순례는 대부분의 지옥들이 도보 1~2분 거리에 모여있어서 아이나 부모님과 함께 여행하기에도 좋은 데다, 대형 온천 호텔이 많아 저렴하게 또는 리조트 스타일로 즐길 수 있어 친구들과 함께 묵기에도 좋다.

후쿠오카와 주변 도시 이동

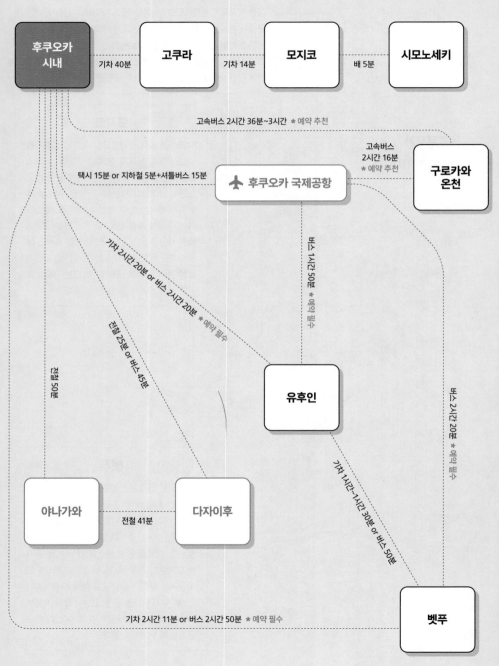

후쿠오카 시내	기차 40분 → **고쿠라**	기차 14분 → **모지코**	배 5분 → **시모노세키**

고속버스 2시간 36분~3시간 ＊예약 추천

택시 15분 or 지하철 5분+셔틀버스 15분 ✈ **후쿠오카 국제공항**

고속버스 2시간 16분 ＊예약 추천 **구로카와 온천**

기차 2시간 20분 or 버스 2시간 20분 ＊예약 필수

버스 1시간 50분 ＊예약 필수

전철 25분 or 버스 45분

유후인

버스 2시간 20분 ＊예약 필수

전철 50분

야나가와 전철 41분 **다자이후**

기차 1시간~1시간 30분 or 버스 50분

기차 2시간 11분 or 버스 2시간 50분 ＊예약 필수 **벳푸**

후쿠오카 여행의 기본 정보

국명

일본
日本

언어

일본어
공항, 여행안내소, 기차역의 외국인 대응 창구 등을
제외하면 영어는 잘 통하지 않는다.

시차

없음
한국과 같다.

비자

무비자
관광 목적 90일까지
무비자 체류

비행시간

인천-후쿠오카
1시간 15분

부산-후쿠오카
1시간

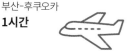

★ 부산-후쿠오카 배편 3시간 30분

통화

엔 ¥, 円

환율

100엔
= 약 929원

★ 2024년 9월 기준

전압

110V

흔히 돼지코라 부르는
11자 모양의 어댑터가 필요하다.

전화

· 대한민국 국가 번호 +82
· 일본 국가 번호 +81

긴급 연락처

주후쿠오카 대한민국 총영사관

📍 福岡市中央区地行浜1-1-3
📞 대표 전화(근무 시간) : +81-92-771-0461~2
📞 긴급 전화(근무 시간 외) : +81-80-8588-2806

24시간 영사 콜센터
+82-2-3210-0404(유료)

소비세

10%

· 상품 가격표나 식당 메뉴 가격에 소비세가
  포함인지 불포함인지 확인한다.

· 소비세 포함 가격 표시 税入

· 소비세 불포함 가격 표시 税抜き, 税抜, 税別, 本体

★ 음식료품, 식당 음식 포장(테이크아웃)은 소비세 8%

숫자로 보는 후쿠오카

220km
부산에서 후쿠오카까지의 거리
한국에서 가장 가까운 일본의 대도시

탑승구
Gate 48

4위
일본 공항 중 탑승률

4위 벳푸
10위 유후인
11위 구로카와

일본 온천 100선
후쿠오카에서 갈 수 있는
인기 온천 지역

234m
후쿠오카 타워 높이
일본의 타워 중 높이 3위

* 1위 도쿄 스카이 트리 634m
2위 도쿄 타워 333m

150엔
버스 기본요금

3위
라멘집 수

1위 니가타시, 2위 센다이시

＊인구 10만 명당 라멘집 비율

4위
세계에서 가장 식당이 많은 도시

1위 도쿄, 2위 파리, 3위 밀라노

일본은 물론 세계에서도 손꼽히는 미식의 도시

＊인구 1,000명당 식당 비율

1위
여름 축제 관객 동원 수

1위 하카타 기온 야마카사 300만 명

3위 하카타 돈타쿠 220만 명

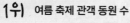

200만 마리
야나가와의 연간 장어 소비량

1위

**야키토리집 수 &
닭고기 구입량과 소비 금액**

후쿠오카 사람들의 못 말리는
닭고기 사랑

＊일본 52개 도시 기준

5분
**후쿠오카공항역에서
하카타역까지 지하철 이동 시간**

도심과 가장 가까운 대도시 공항

＊세계 48개 대도시 기준

믿고 따라가는 테마별 추천 일정

라쿠스이엔

COURSE ①

연차 안 쓰고 떠나는 꽉 채운 주말 여행
후쿠오카 1박 2일

후쿠오카는 비행시간이 짧고 공항에서 시내까지 금방 갈 수 있는 데다, 시내도 작은 편이라
1박으로도 알차게 여행할 수 있다. 휴가 내기 힘든 직장인에게 이보다 더 좋은 해외 여행지
는 없다.

¥ 여행 경비
교통비 1,300엔 + 입장료 900엔 + 식비 10,000엔 = 약 12,200엔

DAY 1

10:40 후쿠오카 공항 출발

버스 15분+도보 5분

11:00 점심 식사 하카타 라멘 신신
(하카타역 데이토스점)

도보 12분

12:20 스미요시 신사

도보 2분

13:00 라쿠스이엔

도보 8분

13:50 캐널 시티 쇼핑

도보 9분

16:00 간식 메이 카페

버스 25분+도보 8분

17:30 모모치 해변

도보 2분

18:30 후쿠오카 타워

버스 20분+도보 9분

19:40 저녁 식사 야키니쿠 호르몬 타케다

도보 6분

21:30 돈키호테 쇼핑

★ 후쿠오카 숙박

DAY 2

09:00 아침 식사 코메다 커피

도보 3분

10:00 한큐 백화점 쇼핑

도보 3분

11:00 아뮤 플라자 하카타 쇼핑

지하철 3분+도보 6분

12:10 점심 식사 스시 쇼군

도보 4분

13:00 텐진 쇼핑

도보 5분

15:00 간식 그린 빈 투 바 초콜릿

도보 5분

16:00 다이묘 쇼핑

도보 7분

17:30 저녁 식사 모츠나베 이치후지

도보 10분+지하철 11분+연결 버스 10분

19:30 후쿠오카 공항 도착

캐널 시티

텐진

COURSE ②

알차게 둘러보는 주말 핵심 관광
후쿠오카·다자이후 2박 3일

하루만 휴가를 내서 금·토·일, 또는 토·일·월로 다녀올 수 있는 주말 일정. 후쿠오카에 처음 가는 사람, 후쿠오카와 다자이후에서 관광, 쇼핑, 미식 투어를 골고루 경험하고 싶은 사람에게 추천한다.

💴 여행 경비
교통비 1,930엔 + 입장료 900엔 + 체험료 1,000엔 +
식비 15,600엔 = 약 19,430엔

쿠시다 신사

모모치 해변

포장마차 거리

DAY 1

10:40 후쿠오카 공항 출발

버스 15분 + 도보 5분

11:00 점심 식사 멘야 카네토라

도보 9분

12:20 도초지

도보 7분

13:00 쿠시다 신사

도보 3분

13:40 캐널 시티 쇼핑

도보 9분

15:50 간식 파티세리 조르주 마르소

도보 7분

16:50 텐진 쇼핑

도보 10분

19:00 저녁 식사 이토오카시

도보 6분

20:30 리버 크루즈 or 텐진 포장마차 거리
★ 후쿠오카 숙박

DAY 2

09:00 니시테츠 후쿠오카(텐진)역 출발

전철 25분

09:25 니시테츠 다자이후역 도착

도보 1분

09:30 다자이후 참배 길

도보로 바로

09:40 간식 카사노야

도보 1분

10:00 다자이후 텐만구

도보 3분

12:00 점심 식사 미들

도보 2분

13:00 니시테츠 다자이후역 출발

전철 25분

13:30 니시테츠 후쿠오카(텐진)역 도착

버스 25분+도보 10분

14:10 모모치 해변

도보 2분

16:00 후쿠오카 타워

버스 30분+도보 4분

18:00 저녁 식사 마츠스케

도보 7분

20:00 돈키호테 쇼핑

★ 후쿠오카 숙박

DAY 3

09:00 아침 식사 수프 스톡 도쿄

도보 15분

10:30 스미요시 신사

도보 2분

11:30 라쿠스이엔

도보 7분

12:30 점심 식사 우오덴

도보 11분

14:00 한큐 백화점 & 킷테 하카타 쇼핑

도보 5분

16:00 간식 다코메카

도보 8분

17:00 저녁 식사 아라키

도보 4분+지하철 5분+연결 버스 10분

19:30 후쿠오카 공항 도착

다자이후

후쿠오카 타워

COURSE ③

아이와 함께하는 여행
후쿠오카·벳푸 3박 4일

후쿠오카의 다양한 체험 시설과 귀여운 캐릭터 전문점을 둘러보고, 벳푸에서 지옥 순례와 온천욕을 즐기며 아이와 행복한 추억을 만들 수 있다. 식당은 아이들도 좋아하는 메뉴 또는 어린이용 메뉴를 갖춘 맛집으로 추천했다.

💲 여행 경비
교통비 14,790엔 + 입장료 6,160엔 + 식비 12,800엔
= 약 33,750엔

❗ 팁
1일차에는 지하철 1일권을 구입할 것. 인원수에 따라 어른과 어린이 1일권이 세트로 된 패밀리권이나 파미치카킷푸를 구입하면 더 저렴해진다. 2~3일차에 하카타→벳푸, 벳푸→하카타를 이동하는 기차편은 굳이 예약할 필요 없는 구간이긴 하지만, JR 규슈 사이트에서 예약하면 할인 요금이 적용된다. 4일차에 우미노나카미치 마린 월드로 가장 빨리 갈 수 있는 배는 주말에는 14시 배가 있지만, 평일에는 12시와 15시에 운항하므로 전철이나 버스를 이용하든가 일정을 조정해야 한다.
🏠 여객선 시간표 yasuda-gp.net/hakata

DAY 1

10:40 후쿠오카 공항 출발

버스 15분+도보 5분

11:00 포켓몬 센터

지하철 3분+도보 6분

12:30 점심 식사 카베야

도보 2분

14:00 호빵맨 어린이 박물관

도보 1분

15:30 간식 스즈카케

지하철 2분+도보 6분

16:30 짱구 스토어

도보로 바로

17:00 키디랜드

지하철 10분+도보 12분

18:00 후쿠오카시 과학관

도보 3분

19:00 저녁 식사 포크 본페이
　　　 * 후쿠오카 숙박

바다 지옥

DAY 2

08:30 하카타역 도착, 에키벤 구입

도보로 바로

09:00 하카타역 출발

기차 1시간 52분

11:00 벳푸역 도착

버스 20분+도보 5분

11:30 바다 지옥

도보 1분

12:10 스님 머리 지옥

도보 4분

12:40 가마솥 지옥 & 온천 달걀

택시 12분

13:30 점심 식사 벳푸역 주변

도보 또는 차로 이동

15:00 료칸 체크인

16:30 노천 온천 즐기기

18:00 가이세키 요리 즐기기
★ 벳푸 숙박

DAY 3

11:10 벳푸역 출발

기차 2시간 9분

13:30 하카타역 도착

도보 5분

13:40 점심 식사 멘야 카네토라

버스 20분+도보 5분

15:30 라라포트

버스 20분+도보 5분

18:00 저녁 식사 모츠나베 타슈
★ 후쿠오카 숙박

마린 월드 우미노나카미치

DAY 4

09:00 아침 식사 불랑주

버스 3분+도보 5분

10:00 캐널시티 쇼핑 동구리 공화국 &
디즈니 스토어 & 산리오 갤러리 & 점프 숍

도보로 바로

12:30 점심 식사 라멘 스타디움(캐널 시티 내)

버스 15분+도보 5분

14:00 하카타 부두에서 배 탑승

배 20분(평일은 15시 출발)

14:25 우미노나카미치 여객선 터미널 도착

도보 3분

14:30 마린 월드 우미노나카미치

도보 3분

16:35 우미노나카미치 여객선 터미널에서 배 탑승

배 20분

17:00 저녁 식사
하카타 토요이치(베이사이드 플레이스)

택시 10분

19:00 후쿠오카 공항 도착

COURSE ④

캐리어 가득 채워오는 쇼핑 여행
후쿠오카 2박 3일

하카타역과 텐진, 야쿠인 일대, 조금 떨어진 라라포트까지 후쿠오카의 인기 쇼핑 명소들을 효율적으로 알차게 쇼핑할 수 있는 일정. 도중에 맛집과 카페에 들러 휴식도 취하고 미식 투어까지 즐길 수 있다.

¥ 여행 경비
교통비 1,100엔 + 식비 14,000엔 = 약 15,100엔

DAY 1

10:40 후쿠오카 공항 출발

버스 15분+도보 5분

11:00 하카타역 도착

도보 3분

11:20 점심 식사 모츠나베 야마야

도보 7분

13:30 카페 푸글렌

버스 20분

15:00 라라포트 후쿠오카 쇼핑

버스 30분

17:00 캐널 시티 쇼핑

도보 6분

19:00 저녁 식사 아타라요

★ 후쿠오카 숙박

DAY 2

`10:00` **파르코 쇼핑** 프랑프랑 & 키디랜드

도보 9분

`12:30` **점심 식사** 오오시게 쇼쿠도

도보 6분

`14:00` **카페** 마누 커피

도보 9분

`15:00` **텐진 지하상가 쇼핑**

도보 10분

`16:00` **야쿠인쇼핑** 후쿠오카 생활도구점 &
스리 비 포터스 & 하이타이드 스토어

도보 10분

`18:00` **다이고쿠 드러그 쇼핑**

도보 7분

`19:00` **저녁 식사** 니쿠마루

도보 9분

`20:30` **돈키호테 쇼핑**

　★ 후쿠오카 숙박

마루이

마잉구

하이타이드 스토어

Standard Products

스탠더드 프로덕츠

DAY 3

`10:00` **아뮤 플라자 하카타 쇼핑**
도큐 핸즈 & 포켓몬 센터

도보 1분

`11:00` **마잉구 쇼핑**

도보 8분

`12:00` **점심 식사** 이쿠라

도보 9분

`13:00` **하카타 버스 터미널 쇼핑**
다이소 & 스탠더드 프로덕츠 & 스리피

도보 2분

`14:00` **하카타 데이토스 쇼핑**
후쿠타로 & 쿠바라혼케

도보 5분

`15:00` **간식** 다코메카

도보 3분

`16:00` **킷테 하카타 쇼핑**
하카타 마루이 & 칼디 커피팜

도보 4분

`17:10` **저녁 식사** 하카타 멘가도

지하철 5분+연결 버스 10분

`18:30` **후쿠오카 공항 도착**

COURSE ⑤

잡식가의 즐거운 먹방 여행
후쿠오카·야나가와 2박 3일

도쿄, 오사카, 삿포로 못지않은 미식 도시 후쿠오카에서 다양한 장르의 맛집들을 섭렵하고 싶은 여행자에게 추천하는 일정. 맛집 투어를 하다가 관광 명소에 들러 산책도 하고 쇼핑도 즐기면서 소화를 시키면 하루 네 끼도 문제 없다.

🌐 여행 경비
교통비 2,730엔 + 입장료 1,000엔 + 체험비 1,700엔 +
식비 31,000엔 = 약 36,430엔

텐진 중앙 공원

칸미도코로 타키무라

카와타로

DAY 1

10:40 후쿠오카 공항 출발

버스 15분+도보 5분

11:00 하카타역 도착

도보 4분

11:10 간식 구입 다코메카(빵) & 마잉구(특산품, 과자)

지하철 3분+도보 10분

11:40 점심 식사 타츠미즈시

도보 2분

13:00 간식 칸미도코로 타키무라

도보로 바로

13:40 하카타 리버레인 쇼핑

도보 6분

14:30 후쿠야 쇼핑

도보 5분

15:00 캐널 시티 쇼핑

도보 3분

17:00 저녁 식사 카와타로

도보 3분

18:30 나카스 포장마차 거리

★ 후쿠오카 숙박

DAY 2

09:00 니시테츠 후쿠오카(텐진)역 출발

전철 49분

09:50 니시테츠 야나가와역 도착

도보 3분

10:00 뱃놀이

도보 2분

11:02 타치바나 저택 오하나

도보 3분+버스 6분

12:00 점심 식사 간소 모토요시야

도보 12분

13:20 니시테츠 야나가와역 출발

전철 47분

14:10 니시테츠 야쿠인역 도착

도보 5분

14:20 야쿠인 카페 순례
커피 카운티 & 렉 커피 & 마누 커피

도보 3분

16:00 야쿠인 쇼핑 스리 비 포터스 & 후쿠오카 생활
도구점 & 하이타이드 스토어 & 서니 마트

도보 11분

17:00 다이묘 쇼핑

도보 7분

18:00 저녁 식사 덴푸라 나가오카

도보 8분

19:30 이자카야 하츠유키

★ 후쿠오카 숙박

DAY 3

09:00 아침 식사 이토오카시

도보 6분

10:10 간식 스톡

도보 2분

10:30 아크로스 후쿠오카

도보로 바로

11:00 텐진 중앙 공원

도보 7분

11:40 케고 신사

도보 5분

12:00 점심 식사 잇푸도 다이묘 본점

도보 3분

13:00 텐진 디저트 순례 키르훼봉 & 그린 빈 투 바
초콜릿 & 파티세리 조르주 마르소

도보 5분

15:00 텐진 쇼핑

도보 10분

17:00 저녁 식사 미츠마스

도보 13분+지하철 11분+연결 버스 10분

19:30 후쿠오카 공항 도착

다이묘

스톡

COURSE ⑥

감성을 충전하는 힐링 여행
후쿠오카·구로카와 온천·고쿠라·
모지코·시모노세키 3박 4일

매일 똑같이 반복되는 일상에 지친 마음을 보듬고 메마른 감
성을 채우기에 후쿠오카만 한 곳이 없다. 도심 속 고즈넉한
성과 신사에서 여유로운 시간을 보내고, 근교 소도시와 온
천 마을, 섬으로 걸음을 옮겨 자연 풍경 속에서 소소한 행복
도 맛볼 수 있다.

💲 여행 경비
교통비 12,540엔(북큐슈 산큐 패스 2일권 구매) + 체험
비 1,500엔 + 입장료 2,860엔 + 식비 14,800엔
= 약 31,700엔

❗ 팁
1~2일차에는 북큐슈 산큐 패스 2일권을 구입하는 게 이
득이다. 3일권을 구입해 3일차에도 버스로 이동할 수 있
겠지만 이동 시간이 너무 길어서 비추다. 3일차에 하카
타→고쿠라, 고쿠라→하카타로 움직일 때, 기차는 저렴
한 특급 소닉을 이용하자. 예약할 필요 없는 구간이지만
JR 규슈 사이트에서 예약하면 요금을 할인받을 수 있다.

DAY 1

11:58 후쿠오카 공항 출발

고속버스 2시간 16분

14:14 구로카와 온천 도착

도보 또는 차로 이동

14:30 료칸에 짐 맡기기

도보 이동

15:00 마패 구입 카제노야

도보 1분

15:15 당일온천 오야도 노시유(마패 사용)

도보 3분

15:50 간식 도라도라

도보 1분

16:00 지장당

도보 1분

16:10 간식 파티세리 로쿠

도보로 바로

16:20 안탕

도보 2분

16:30 마루스즈 다리

도보 이동

17:00 료칸 체크인

17:20 노천온천 즐기기

18:30 가이세키 요리 즐기기 ★ 구로카와 온천 숙박

구로카와 온천

구로카와 온천

이코이 료칸

DAY 2

10:00 료칸 체크아웃

도보 이동

10:10 온천가 산책 및 기념품 쇼핑

도보 이동

11:00 점심 식사 와로쿠야

도보 1분

12:10 당일온천 신메이칸(마패 사용)

도보 2분

13:00 간식 이코이 료칸의 온천달걀과 사이다
(마패 사용)

도보 또는 료칸 차량 이용

14:05 구로카와 온천 버스 정류장 출발

고속버스 2시간 35분~3시간

17:00 하카타 버스 터미널 도착

도보 또는 버스로 이동

18:00 저녁 식사 텐진 포장마차 거리
★ 후쿠오카 숙박

DAY 3

09:01 하카타역 출발

기차 40분

09:42 고쿠라역 도착

도보 13분

10:00 고쿠라성 & 고쿠라성 정원

도보 8분

12:00 점심 식사 사루타히코

도보 5분

13:00 고쿠라역 출발

기차 14분(모지코역 하차)+배 5분+도보 5분

13:40 카라토 시장

도보로 바로

14:00 간식 카라토 시장 초밥(금·토·일)

도보 5분

14:40 아카마 신궁

도보 8분+배 5분

15:30 모지코 레트로

도보 3분

17:00 저녁 식사 카레 혼포

도보 2분

18:00 모지코역 출발

기차 1시간

19:00 하카타역 도착 ★ 후쿠오카 숙박

모지코 레트로

노코노시마

노코노시마 선착장

모모치 해변

노코노시마

DAY 4

08:00 하카타역 출발

버스 40분

09:00 메이노하마 선착장에서 배 탑승

배 10분

09:10 노코노시마 선착장 도착

버스 15분

09:30 노코노시마 아일랜드 파크

버스 15분

12:00 점심 식사 잣코

도보 1분

13:00 간식 히로 노코 마켓

도보 1분

13:50 노코노시마 선착장에서 배 탑승

배 10분

14:00 메이노하마 선착장 도착

버스 15분+도보 5분

14:30 모모치 해변

도보 2분

16:00 후쿠오카 타워

버스 23분

17:20 저녁 식사 모츠나베 타슈

지하철 5분+연결 버스 10분

19:30 후쿠오카 공항 도착

COURSE ⑦

관광까지 즐기는 온천 여행
후쿠오카·유후인·벳푸 4박 5일

도시와 온천, 둘 다 놓치고 싶지 않은 부지런한 여행자를 위한 일정. 각기 개성이 다른 온천 마을 유후인과 벳푸에서 이국적인 일본 온천과 료칸 문화를 경험하고 충분한 휴식을 통해 체력을 끌어올린 후, 후쿠오카로 돌아와 관광과 쇼핑, 미식까지 알차게 즐길 수 있다.

¥ 여행 경비
교통비 10,070엔 + 입장료 2,400엔 + 식비 20,200엔
= 약 32,670엔

❗ 팁
1일차 공항→벳푸, 3일차 유후인→하카타를 이동하는 고속버스는 반드시 사전에 예약해야 한다.

DAY 1

11:12 후쿠오카 공항 출발

고속버스 2시간 20분

13:15 벳푸 키타하마 정류장 도착

도보 10분 이내

13:25 **점심 식사** 벳푸역 주변

도보 또는 차로 이동

15:00 료칸 체크인

16:00 료칸 구경 & 온천욕 즐기기

18:00 가이세키 요리 즐기기
★ 벳푸 숙박

야와라기노사토 야도야

유노츠보 거리

가마솥 지옥

가이세키 요리

DAY 2

`08:50` 벳푸역 서쪽 출구 정류장 출발

버스 20분

`09:10` 바다 지옥

도보 1분

`09:40` 스님 머리 지옥

도보 4분

`10:10` 가마솥 지옥

도보 6분+버스 16분

`11:20` 벳푸역 서쪽 출구 정류장 출발

버스 50분

`12:10` 유후인역 앞 버스 센터 도착

도보 2분

`12:20` 점심 식사 모미지

도보 1분

`13:30` 유노츠보 거리 쇼핑
하우스 & 에이코프(간식과 술)

도보 9분

`14:30` 간식 미르히 & 금상 고로케

도보 또는 차로 이동

`15:30` 료칸 체크인

`16:00` 료칸 구경 & 온천욕 즐기기

`18:30` 저녁 식사 료칸에서 가이세키 요리 or 카르네
★ 유후인 숙박

DAY 3

09:00 킨린 호수

도보 20분

10:00 유후인역 앞 버스 센터 출발

버스 2시간 20분

12:20 하카타 버스 터미널 도착

도보 7분

12:30 점심 식사 하카타 라멘 신신

도보 10분

13:30 간식 불랑주

도보 4분

14:30 도초지

도보 6분

15:10 쿠시다 신사

도보 3분

16:00 캐널 시티 쇼핑

도보 9분

18:00 저녁 식사 소노헨

★ 후쿠오카 숙박

DAY 4

09:30 아침 식사 코메다 커피

도보 5분+지하철 9분

10:30 후쿠오카시 미술관

도보 1분

11:30 오호리 공원

도보 5분

12:30 점심 식사 다이다이

도보 10분

14:00 간식 자크

버스 10분+도보 15분

15:00 모모치 해변

도보 2분

16:30 후쿠오카 타워

버스 25분+도보 5분

18:30 저녁 식사 모츠코

★ 후쿠오카 숙박

DAY 5

09:40 하카타역 출발

버스 20분

10:00 라라포트 후쿠오카 쇼핑

도보로 바로

12:30 점심 식사 라라포트 내 음식점

버스 20분

14:00 아뮤 플라자 쇼핑

지하철 6분

15:30 텐진 백화점 쇼핑
파르코 & 미츠코시 & 다이마루 & 이와타야

도보 5분

17:30 저녁 식사 하카타 고마사바야

도보 5분+지하철 11분+연결 버스 10분

19:30 후쿠오카 공항 도착

킨린 호수

똑똑하게 비교 선택, 교통 패스

교통비 비싸기로 유명한 일본에서는 여행자를 위해 할인되는 교통 패스들을 다양하게 출시하고 있다.
하지만 너무 다양한 것이 문제라면 문제. 교통수단, 사용 구역, 사용 일수 등을 꼼꼼히 따져야 본전을 뽑을 수 있다.

🔭 후쿠오카만 본다면

① 후쿠오카 지하철 1일권

지하철 시영 지하철을 하루 동안 무제한으로 탈 수 있는 티켓이다. 지하철 1구간 요금이 210엔이므로 1일권의 본전을 뽑으려면 세 번 넘게 타야 한다. 후쿠오카 시내에서는 지하철보다 버스를 더 많이 타게 되므로 내가 지하철을 얼마나 탈지 체크하고 사는 것이 좋다.

🏠 subway.city.fukuoka.lg.jp/kor/fare/one

이용 구역	공항을 포함한 후쿠오카시 전체
이용 가능 교통편	후쿠오카시 지하철 모든 노선
요금	일반 640엔(어린이 320엔) / 패밀리권(어른 1명+어린이 1명 세트) 800엔 / 파미치카 킷푸(어른 2명+어린이 무제한) 1,000엔 **★ 초등학생 100엔 패스** 토·일요일, 공휴일, 지정된 봄, 여름, 겨울 휴가 기간에만 구입 및 이용할 수 있다.
유효 기간	1일(구매 혹은 사용 개시 당일)
구매 방법	· 한국 여행사에서 산 경우, 후쿠오카 공항 국제선 출국장 1F HIS 카운터에서 패스를 받는다(원하는 날짜에 사용 가능). · 지하철역의 자동발매기에서 사는 경우, 구입한 당일만 사용 가능하다. · 패밀리권, 파미치카 킷푸, 초등학생 100엔 패스는 이용할 사람 모두가 직접 지하철역 창구에 가서 사야 한다.

이용 방법	개찰기에 패스를 통과시킨다.
기타 혜택	후쿠오카 타워, 후쿠오카시 미술관, 후쿠오카 아시아 미술관, 후쿠오카시 박물관, 하카타 향토관, 후쿠오카시 과학관, 쇼후엔 등의 입장권 할인(홈페이지 확인)

② 후쿠오카 투어리스트 시티 패스
Fukuoka Tourist City Pass

지하철, 버스, 사철, JR, 선박 공항을 포함해 후쿠오카 시내에서 거의 모든 교통수단을 탈 수 있다고 해도 무방할 정도로 활용도가 높다. 다만 패스 가격이 비싸 본전 뽑기가 쉽지는 않다. 예를 들어, 하루에 노코노시마, 모모치 해변, 롯폰마츠까지 모두 둘러보고 공항 가는 지하철까지 이용해야 본전을 뽑을 수 있다.

🏠 gofukuoka.jp/ko/citypass

이용 구역	공항을 포함한 후쿠오카 시내
이용 가능 교통편	• 버스: 공항을 포함한 시내 전역의 니시테츠 버스, 웨스트 코스트 라이너를 제외한 쇼와 버스 • 지하철: 후쿠오카시 지하철 모든 노선 • 전철: 니시테츠 전철 후쿠오카(텐진)역~잣쇼노쿠마역 구간, 카이즈카선 전체 ★ 다자이후 확장패스를 구입하면 니시테츠 전철로 다자이후까지 갈 수 있다. 요금은 일반 2,800엔(어린이 1,400엔). 단, 다자이후 라이너 버스 타비토는 이용할 수 없다. • JR 기차: 후쿠오카 시내의 보통 열차, 쾌속 열차 • 선박: 메이노하마~노코노시마 항로, 하카타 부두(베이사이드 플레이스)~사이토자키(마린월드, 우미노나카미치 해변공원)~시카노시마 항로 ★ 선박 이용 시 매표소 창구에 패스를 제시, 확인증 수령 후 탑승
요금	일반 2,500엔(어린이 1,250엔)
유효 기간	1일(사용 개시 당일)
구매 방법	• 공항 국제선 버스 터미널, 하카타역 종합 안내소, 하카타 버스 터미널, 니시테츠 후쿠오카(텐진)역, 텐진 고속버스 터미널 등에서 여권 제시 후 실물 패스 구매 가능 • 스마트폰 앱 my route에서 모바일 패스 구매 가능
이용 방법	• 실물 패스는 사용 일을 스크래치로 긁어낸 후 보여주면 된다. • my route 앱에서 구매하면, 사용하는 날에 '이용 개시'를 터치해 활성화한 후 버스 운전사, 기차나 지하철역 직원에게 my route 앱의 패스 화면을 보여준다(인터넷 연결 필수).
기타 혜택	후쿠오카 타워, 후쿠오카시 미술관, 후쿠오카시 과학관 돔 시어터, 쇼후엔, 후쿠오카 아시아 미술관, 라쿠스이엔, 마린 월드 우미노나카미치 등의 입장권 할인(홈페이지 확인)

---

my route 앱에서 모바일 교통권 구매

후쿠오카 시내 6시간 패스, 후쿠오카 시내 24시간 패스, 후쿠오카 투어리스트 시티 패스, 다자이후 야나가와 관광 티켓 등 후쿠오카 외에도 규슈 각 지역, 요코하마, 오키나와, 아이치, 에히메, 토야마현의 교통권까지 다양하게 판매한다. 모바일 교통권이라 한국 혹은 일본에서도 필요할 때 바로 구입하고, 앱만 열면 사용할 수 있으니 무척 편리하다. 스크래치 방식으로 개시 날짜만 표시하는 종이 패스는 개시 당일에만 사용 가능하지만, 모바일 교통권은 개시한 시점부터 유효 시간이 적용되어 실제 사용 시간이 더 길다. 패스를 사용할 때는 앱의 QR코드를 기기에 스캔하거나 보여주어야 하므로 인터넷 연결이 원활하도록 해외 데이터를 사용할 수 있게 하고, 휴대폰 배터리가 방전되지 않도록 보조 배터리를 챙기는 것이 좋다.

③ 후쿠오카 시내 6시간, 24시간 패스
Fukuoka City 6-hour, 24-hour Pass

니시테츠 버스 후쿠오카 시내버스 6시간권, 24시간권이라고 생각하면 된다. 전체 시내버스 중 니시테츠 버스의 점유율이 90%이니 거의 모든 버스를 탈 수 있는 셈. 보통 많이 다니는 구간의 시내버스 요금이 150~300엔이므로, 평균 6시간권은 네 번 이상, 24시간권은 여섯 번 이상 버스를 타면 본전을 뽑을 수 있다. 특히 키즈 프리 혜택이 있어 아이와 함께 여행한다면 꽤 이득이다.

🏠 www.nishitetsu.jp/bus/sumanori

이용 구역과 교통편	공항을 포함한 후쿠오카 시내의 니시테츠 노선 버스 ★ 다자이후는 이용 불가
요금	일반 6시간 700엔(어린이 350엔), 24시간 1,100엔(어린이 550엔) ★ **키즈 프리 혜택** 어른 1명당 어린이 1명이 무료로 탑승할 수 있다.
유효 기간	사용 개시로부터 6시간, 24시간(실물 패스는 사용 개시 당일)
구매 방법	· 스마트폰 앱 my route로 모바일 패스 구매 가능 · 후쿠오카 공항 국제선 버스 터미널, 하카타 버스 터미널, 텐진 고속버스 터미널 등에서 실물 패스를 판매한다. 단, 개시 당일만 이용할 수 있고, 가격이 앱에서 사는 것보다 100엔 더 비싸다. ★ 실물 패스는 6시간권은 없고 1일권만 있다.
이용 방법	· 실물 패스를 사용하기 위해서는 먼저 사용 일을 스크래치로 긁어내 개시한다. · 모바일 패스는 사용하는 날에 my route 앱을 켜서 '이용 개시'를 터치해 활성화한다. · 버스 탈 때는 정리권을 뽑아 가지고 있다가 내릴 때 요금 통에 넣고, my route 앱의 패스 화면이나 실물 패스를 버스 운전사에게 보여준다.
기타 혜택	없음

🔭 후쿠오카와 다자이후, 야나가와를 하루에 본다면

④ 후쿠오카 시내+다자이후 라이너 버스 타비토 24시간 패스
Fukuoka City+Dazaifu Liner Bus Tabito 24-hour Pass

니시테츠 버스 후쿠오카 시내 24시간 패스와 동일한 기능(니시테츠 버스 시내 구간 이용)에 다자이후를 오가는 버스 '타비토'까지 이용할 수 있는 패스. 후쿠오카에서 다자이후를 다녀오고, 후쿠오카 시내버스를 600엔 이상 타거나, 아이와 함께 후쿠오카에서 다자이후에 다녀오는 사람이라면 본전을 뽑을 수 있다.

🏠 www.nishitetsu.jp/bus/sumanori

이용 구역과 교통편	공항을 포함한 후쿠오카 시내의 니시테츠 노선 버스+다자이후 라이너 버스 타비토 ★ 타비토는 하카타 버스 터미널~후쿠오카 공항 국제선~다자이후역 앞 왕복 운행

요금	일반 2,000엔(어린이 1,000엔)
	★ 키즈 프리 혜택 어른 1명당 어린이 1명이 무료로 탑승할 수 있다.
유효 기간	개시로부터 24시간(실물 패스는 사용 개시 당일)
구매 방법	• 스마트폰 앱 my route로 모바일 패스 구매 가능
	• 실물 패스는 후쿠오카 공항 국제선 버스 터미널, 하카타 버스 터미널, 텐진 고속버스 터미널 등에서 판매한다. 단, 개시 당일만 이용할 수 있고, 가격이 앱에서 사는 것보다 100엔 더 비싸다.
이용 방법	• 실물 패스는 사용 일을 스크래치로 긁어낸 후 내릴 때 버스 기사에게 보여주면 된다.
	• 사용하는 날에 my route 앱을 켜서 '이용 개시'를 터치해 활성화한다.
	• 버스 탈 때는 정리권을 뽑아 가지고 있다가 내릴 때 요금 통에 넣고, my route 앱의 패스 화면이나 실물 패스를 버스 운전사에게 보여주면 된다.
기타 혜택	없음

⑤ 다자이후 야나가와 관광 티켓
Dazaifu & Yanagawa Sightseeing Ticket Pack

니시테츠 전철 후쿠오카에서 다자이후와 야나가와를 다녀올 수 있는 니시테츠 전철의 왕복 승차권과 야나가와의 뱃놀이 체험권이 합쳐진 패스. 하루에 두 지역을 모두 둘러본다면 구입할 만하다.

🏠 www.ensen24.jp/kippu/kr/dazaifu-yanagawa

이용 구역과 교통편	니시테츠 후쿠오카(텐진)역 또는 야쿠인역 → 다자이후역 → 야나가와역 → 니시테츠 후쿠오카(텐진)역 또는 야쿠인역 순서로 이동하거나 니시테츠 후쿠오카(텐진)역 또는 야쿠인역 → 야나가와역 → 다자이후역 → 니시테츠 후쿠오카(텐진)역 또는 야쿠인역 순서로 이동할 경우의 니시테츠 전철 구간. 야나가와의 뱃놀이 편도 구간.
요금	일반 3,210엔(어린이 1,610엔)
유효 기간	개시로부터 2일
구매 방법	• 스마트폰 앱 my route로 모바일 패스 구입 가능
	• 실물 패스는 니시테츠 후쿠오카(텐진)역, 야쿠인역에서 판매하며, 가격이 앱에서 사는 것보다 130엔 비싸다.
이용 방법	• 사용하는 날에 my route 앱을 켜서 '이용 개시'를 터치해 활성화한다. 전철역 개찰구 끝에 앱의 QR코드를 스캔하는 기기가 있다.
	• 야나가와의 뱃놀이 체험권은 쇼게츠 승선장松月乗船場에서만 사용할 수 있다.
	• 니시테츠 전철은 반드시 정해진 루트로만 다녀야 하며, 다자이후 또는 야나가와만 왕복하거나 다른 역에서 하차 등은 패스 사용 불가.
기타 혜택	다자이후 텐만구의 보물전, 기타하라 하쿠슈 생가의 입장권, 쿠루메 니시테츠 택시, 야나가와의 코가신 기모노관 렌탈비 등의 할인(홈페이지 확인)

👀 유후인, 벳푸, 구로카와 온천 중 한 곳에 다녀온다면

⑥ 북큐슈 산큐 패스 2일권, 3일권

버스 후쿠오카에서 구로카와 온천, 유후인, 벳푸, 고쿠라, 시모노세키 등을 오가는 고속버스를 이용할 계획이라면 산큐 패스를 검토해 보자. 구로카와 온천을 후쿠오카에서 왕복하면 북큐슈 산큐 패스 2일권은 무조건 본전을 뽑을 수 있다. 또 2일 동안 유후인, 벳푸 중 한 곳을 왕복하고 시내버스 등을 240엔 이상 이용한다면, 또는 후쿠오카→유후인→벳푸→후쿠오카 순으로 이동한다면 2일권을 사는 게 이득이다. 만일 3일 동안 후쿠오카에서 유후인, 벳푸, 구로카와 온천, 기타큐슈(후쿠오카→고쿠라→모지코→시모노세키→후쿠오카) 중 2곳 이상 왕복한다면 3일권을 사는 게 이득이다.

🏠 www.sunqpass.jp/korean

이용 구역	후쿠오카, 사가, 나가사키, 오이타(유후인, 벳푸 등), 구마모토(구로카와 온천) 5개 현+시모노세키
이용 가능 교통편	· 버스: 후쿠오카, 사가, 나가사키, 오이타, 구마모토현의 고속버스, 공항 버스, 시내 노선 버스. 후쿠오카~시모노세키 구간의 고속버스, 시모노세키의 산덴 교통, 블루 라인 교통의 노선 버스 · 선박: 메이노하마~노코노시마, 하카타 부두~사이토자키~시카노시마, 시모노세키~모지코, 구마모토~시마바라 외항, 미나미시마바라~아마쿠사
요금	2일권 6,000엔, 3일권 9,000엔
유효 기간	개시일부터 비연속 2일(2일권)/연속 3일(3일권)
구매 방법	· 한국 여행사에서 사는 것이 저렴하고 편하다. 온라인에서 구입하고 받은 QR코드를 후쿠오카 공항 국제선 터미널 니시테츠 버스 인포메이션, 텐진 고속버스 터미널, 하카타 버스 터미널 3층에서 실물 패스로 교환한다. ★ 온라인에서 개시 날짜를 지정해 구입해도 교환처에서 수정할 수 있다.
이용 방법	· 산큐 패스 이용이 가능한 버스, 배에는 산큐 패스 마크가 붙어있다. 북큐슈 산큐 패스를 쓸 수 있는 경우, 마크 하단에 빨간색으로 '北部九州'라고 쓰여있다. · 시내버스는 뒷문으로 타서 정리권을 뽑고, 내릴 때 정리권을 요금 통에 넣으며 패스를 버스 운전사에게 보여준다. · 고속버스는 버스 터미널의 발권 창구에 가서 패스를 보여주고 승차권을 받는다. 유후인, 벳푸 등 사전 예약 필수인 고속버스는 미리 사이트에서 예약하되, 결제 방법을 버스 또는 현장 결제로 선택하면 된다. 예약한 버스를 탈 때는 창구에서 예약 번호와 패스를 함께 제시하고 승차권을 받는다. 버스에 탈 때 패스를 보여주고 승차권을 기사에게 제출한다. 고속버스 예약 www.highwaybus.com/gp/index · 배는 매표소에 패스를 보여주고 티켓을 받는다.
기타 혜택	후쿠오카 타워, 마린 월드, 후쿠오카 아시아 미술관, 하카타 향토관, 후쿠오카시 박물관, 규슈 국립박물관, 다자이후 텐만구 보물관 등 입장권 할인 및 일부 식당, 호텔, 상점의 서비스 혜택(홈페이지 확인)

★ 많이 이용하는 버스 노선과 요금
이용할 노선의 요금을 계산해 본 후 패스를 살지 말지 결정하자.

주요 버스 구간	편도 요금	왕복 요금	비고
후쿠오카~구로카와 온천	3,470엔	6,220엔	예약 추천
후쿠오카~고쿠라역 앞	1,350엔	2,500엔	
후쿠오카~시모노세키(카라토 시장)	1,700엔	3,200엔	
모지코역 앞~고쿠라역 앞	440엔	880엔	
후쿠오카 공항/시내~유후인	3,250엔	5,760엔	예약 필수
후쿠오카 공항/시내~벳푸	3,250엔	5,760엔	예약 필수
유후인역 앞 버스 센터~벳푸역 앞	1,100엔	2,200엔	
후쿠오카 시내~다자이후	700엔	1,400엔	

🔭 후쿠오카에서 유후인, 벳푸, 모지코에 모두 다녀온다면

⑦ **JR 북큐슈 레일 패스 3일권, 5일권**

JR 기본적으로 버스보다 기차 요금이 비싸기 때문에 JR 레일 패스보다 산큐 패스를 사는 것이 더 저렴하다. 하지만 유후인노모리 등을 타고 기차 여행의 낭만을 즐기고 싶은 사람은 JR 레일 패스 3일권을 고려해 볼 수 있다. 후쿠오카→유후인→벳푸→후쿠오카를 이동하고, 후쿠오카에서 고쿠라와 모지코에 다녀온다면 3일권은 본전을 뽑을 수 있다. 반면 5일권은 장거리 구간을 세 번 이상 왕복하거나, 신칸센이 포함되는 구간(후쿠오카~나가사키, 후쿠오카~구마모토)을 포함해 장거리를 두 번 이상 왕복하지 않는 이상 본전 뽑기가 매우 어렵다.

🏠 www.jrkyushu.co.jp/korean/railpass

이용 구역	후쿠오카, 사가, 나가사키, 오이타(유후인, 벳푸 등), 구마모토 5개 현
이용 가능 교통편	• JR 열차와 신칸센(하카타~고쿠라 구간 신칸센 제외) • 지정석 이용 가능 횟수 6회, 자유석은 무제한
요금	3일권 1만 2,000엔(어린이 6,000엔), 5일권 1만 5,000엔(어린이 7,500엔)
유효 기간	개시일부터 연속 3일/5일
구매 방법	• 한국 여행사에서 사고, 하카타역 JR 규슈 '표 파는 곳' 창구에서 실물 패스를 받는다(예약 바우처, 여권 필수). ★ 실물 패스 수령 시 필요한 지정석 티켓을 요청해 함께 받아두면 편하다. • 하카타역, 고쿠라역, 벳푸역 등의 JR 규슈 창구에서 판매한다(여권 필수 지참).
이용 방법	• 개찰기에 패스를 통과시킨다. 지정석 티켓은 역무원이 요청할 때 보여주면 된다. • 유후인노모리처럼 예약 필수인 데다 인기가 높아 금방 매진되는 기차는 일찌감치 국내에서 인터넷으로 지정석을 예약한 뒤 현지에서 실물 티켓으로 받아야 한다. ★ 현지 기차역에서 JR 패스 이용자가 지정석 예약 시 6회까지 무료이나, 한국에서 온라인으로 지정석을 예약할 때는 수수료 1,500엔을 내야 한다. JR 패스 온라인 예약 kyushurailpass.jrkyushu.co.jp/reserve
기타 혜택	후쿠오카 타워, 규슈 철도 기념관, 모지코 레트로 크루즈 등의 요금 할인 및 돈키호테 나카스점, 니시진점, 고쿠라점, 고쿠라 우오마치점, 빅카메라 텐진 1호관, 2호관 할인(홈페이지 확인)

★ 많이 이용하는 기차 노선과 요금
이용할 노선의 요금을 계산해 보고 패스를 살지 말지 결정하자.

주요 기차 구간	편도 요금	왕복 요금	비고
하카타역~유후인역	유후인노모리 5,160엔(지정석) / 특급 유후 4,660엔(지정석, 자유석)	유후인노모리 1만 320엔(지정석) / 특급 유후 9,320엔(지정석, 자유석)	유후인노모리 예약 필수 / 온라인 예약 시 왼쪽의 할인 요금 적용
하카타역~벳푸역	3,150엔(지정석, 자유석)	6,300엔(지정석, 자유석)	온라인 예약 시 왼쪽의 할인 요금 적용
하카타역~고쿠라역	1,470엔(지정석, 자유석)	2,940엔(지정석, 자유석)	온라인 예약 시 왼쪽의 할인 요금 적용
고쿠라역~모지코역	280엔	560엔	온라인 예약 불가
유후인역~벳푸역	1,630엔(자유석)	3,260엔(자유석)	

PART 2

가장 멋진
후쿠오카
테마 여행

여긴 꼭 가야 해

후쿠오카의
대표 명소

모두의 취향을 만족시킬 순 없지만,
반드시 가봐야 한다고 모두가 입을 모아
말하는 데는 그만한 이유가 있다.
남녀노소 누구나 만족할 만한 볼거리,
즐길 거리가 있어 믿고 보는
후쿠오카 명소들을 소개한다.

후쿠오카 타워 P.246

일본에서 세 번째로 높은 타워에서 내려다
보는 풍경은 낮과 밤 각기 다른 매력이 있다.
실내 전망대에서 너른 바다와 반짝이는 도
시 전경을 360도 파노라마로 편하게 즐길
수 있고, 곳곳의 포토 존에서 기념사진도 남
기기 좋다.

캐널 시티 P.164

협곡처럼 굽이치는 붉은색 건물과 광장을 따라 흐르는 수로는 마치 리조트 같은 분위기
를 자아낸다. 쇼핑, 식사, 분수 쇼까지 모두 즐길 수 있는 후쿠오카 필수 코스.

모모치 해변 P.245

후쿠오카 도심에서 20분만 가면 만날 수 있는 바다. 푸른 바다와
하늘이 맞닿은 풍경에 가슴이 뻥 뚫리는 기분이다. 해변의 유럽 스
타일 건축물 마리존은 사진 스폿으로도 인기 있다.

오호리 공원 P.234, 후쿠오카성 터 P.233

귀여운 백조 보트가 둥둥 떠다니는 호수, 세계적인 예술 작품을 만날 수 있는 미술관, 일본의 옛 풍경을 간직한 후쿠오카성 터, 멋진 호수 뷰의 카페까지 공원 산책이 즐겁다.

다자이후 텐만구 P.262

키 큰 녹나무와 매화나무 아래를 거닐며 천 년 역사의 신사를 둘러보고, 참배 길에서 귀여운 길거리 간식을 맛보며 즐겁게 산책할 수 있다.

벳푸 지옥 순례 P.301

모든 것을 녹여버릴 듯이 팔팔 끓는 온천과 눈앞을 가리는 자욱한 수증기, 난생
처음 보는 색깔의 온천 연못은 정말 우리가 상상한 지옥 그 자체. 족욕, 마시는
온천수, 지옥 달걀 등의 체험도 재미있다.

근교 온천 마을
유후인 P.276

복잡한 도시에서 벗어나 자연
풍경을 감상하며 온천욕을 즐
기고 시골 마을의 감성까지 느
낄 수 있는 최고의 힐링 투어.

포토 존에서
여행 인증하기

후쿠오카의 추억이
방울방울

여행 후 남는 것은 사진과 추억뿐.
카메라 프레임 안에 후쿠오카의 특색 있는
풍경을 잘 담아내면서 나도 돋보일 수
있는 포토 존들이 곳곳에 많다. 장소에 따라
활기 넘치게, 때로는 감성적으로,
때로는 귀엽게 다양한 포즈를 취해보자.

① 레트로풍의 모지코역 플랫폼에서 P.326
② 다자이후 텐만구의 황소 동상 앞에서 P.264
③ 유후산을 배경으로 유후인역 앞에서 P.280
④ 노코노시마 아일랜드 파크의 꽃밭에서 P.256
⑤ 텐진 중앙 공원 FUKUOKA 조형물 앞에서 P.201
⑥ 모모치 해변 마리존 앞에서 P.245
⑦ 라라포트 건담 앞에서 P.171

④

⑤

⑥

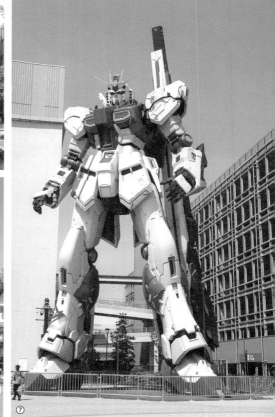

⑦

후쿠오카 & 근교 벚꽃 명소

일본의 봄은 벚꽃이다. 만약 개화 시기인 3월 말~4월 초에 맞춰 여행한다면
피크닉 매트와 간식을 준비해 보자. 그리고 파란 하늘을 배경으로 흰색과 핑크색으로
물결치는 벚꽃 아래 누워보자. 여기가 천국인가 싶게 행복할 것이다.

마이즈루 공원 P.233

후쿠오카 시내 최고의 벚꽃 명소. 후쿠오카성 터를 중심으로 공원 전체에 1,000여 그루
의 벚꽃이 만발해 온통 벚꽃 천지다. 왕벚나무, 처진개벚나무, 산벚나무 등 19종의 다양
한 벚나무를 만날 수 있다. 해가 진 후 조명을 밝힌 밤 벚꽃도 무척 환상적이다.

텐진 중앙 공원 옆 강변 산책로 P.201

텐진 중앙 공원 옆 강변 산책로를 따라 아름다운 벚꽃
터널이 생기는데, 흐르는 강물과 어우러져 무척 감성
적이다. 산책로에 서서 보아도 아름답고 다리 위에서
보아도 좋다.

고쿠라성 P.317

고쿠라

천수각 주변으로 300그루의 벚꽃이 활짝 피면 성벽과 해자, 벚꽃이 무척이나 일본스러운 풍경을 만들어낸다. 해가 지면 벚꽃에 조명을 밝혀 로맨틱한 분위기를 낸다.

니시 공원 P.249

관광객보다는 후쿠오카 시민들이 주로 찾는 벚꽃 명소다. 언덕 정상에 있는 공원 전망대에 오르면 벚꽃도 보고 바다 전망도 감상하고 일석이조. 공원 안에 있는 테루모 신사는 일본 벚꽃 명소 100선에 선정되기도 했다.

우미노나카미치 해변 공원 P.251

공원 전체에 1,600그루의 벚나무가 있는데, 그중 최고의 스폿은 꽃의 언덕이다. 언덕을 온통 파란색으로 물들이는 네모필라꽃밭 옆으로 흰색과 핑크색 벚꽃들이 늘어선 모습은 어디에서도 볼 수 없는 독특한 풍경이다.

야나가와 수로 P.271

야나가와

수로 주변의 벚나무는 30그루로 많지는 않지만, 뱃놀이를 하면서 벚꽃 구간을 지날 때 감성이 최고로 올라간다. 배에서 바라보는 벚꽃도 아름답고, 다리 위에서 바라보는 수로와 놀잇배, 벚꽃의 풍경도 끝내준다.

🚶

로맨티시즘의 끝판왕

노을 & 야경 명소

자연과 도시가 선사하는 최고로 로맨틱한 순간은 일몰과 야경이지 않을까.
어둑해진 하늘로 내려앉은 붉은색 노을, 완전한 어둠 속에서
도시의 불빛이 수놓은 화려한 야경을 마주하면, 기다렸던 시간이 아깝지 않다.

아타고 신사 P.250

후쿠오카 타워와 바다가 함께 찍힌 사진은 알고 보면 모두 여기에서 찍은 것이다.
높은 언덕 위에 자리한 신사 옆 전망대에 서면 하카타만의 바다와 후쿠오카 타
워, 주변의 도시 야경까지 드넓게 펼쳐진다.

나카스 강변
하루요시 다리 P.169

나카강, 나카스의 포장마차 거리, 캐널
시티의 야경까지 한눈에 담을 수 있는
야경 명당. 대도시답지 않게 소박한 정취
가 흐르고, 환하게 불을 밝힌 포장마차
에서 사람의 온기까지 느껴지는 감성 가
득한 도시 야경을 만날 수 있다.

모모치 해변 P.245

노을 지는 해변을 배경으로 인생 사진을 찍을 수 있다. 특히 여름~초가을에는 서쪽 하늘뿐만 아니라 다른 방향의 하늘까지 붉게 물들어 360도 노을을 볼 수 있는 날도 있다.

미야지다케 신사 P.249

일 년에 딱 두 번 볼 수 있는 희귀한 일몰 풍경으로 유명한 곳. 해가 질 때, 참배 길 계단 꼭대기에 올라서면 바다까지 뻗은 길이 온통 황금색으로 빛난다. 꼭 그 시기가 아니라 언제 가도 장관이다.

사라쿠라산 전망대 P.321

케이블카를 타고 산 정상에 올라서면 기타큐슈 시가지와 간몬해협까지 환상적인 야경이 드넓게 펼쳐진다. 수많은 다이아몬드를 뿌려놓은 것처럼 아름답게 빛나는 야경은 '신일본 3대 야경'으로 선정되었다.

🚶

열기로 후끈후끈

여름은
축제의 계절

후쿠오카의 여름을 더욱 뜨겁게 달구는 것이
바로 여름 축제인 마츠리. 전통 복장을
입고 거리를 행진하는 전통 마츠리부터
밤하늘을 아름답게 수놓는 불꽃놀이, 맥주와
길거리 음식을 맛볼 수 있는 이벤트까지
시민들과 함께 어울려 신나게 즐기다 보면
더위도 이겨낼 수 있다.

5월 3~4일
하카타 돈타쿠 博多どんたく

골든 위크 기간에 열려 매년 200만 명이 관람하는 초대형 시민 축제. 후쿠오카성을 축성한 구로다 번주를 기리기 위해 830년 전 열었던 축제에서 시작되었다. 하카타역 앞을 비롯해 시내 곳곳에 무대가 설치되어 다양한 행사가 열리고, 화사한 전통 의상을 입은 참가자들과 시민들까지 합세해 수백 미터의 행렬이 도로를 행진한다. 꽃으로 장식한 자동차가 카퍼레이드를 펼치기도 한다.

7월 1~15일
하카타 기온 야마카사 博多祇園山笠

780년을 이어온 후쿠오카의 대표 축제. 조텐지를 창건한 쇼이치 국사가 가마를 타고 길에 물을 뿌려 역병을 물리쳤다는 데서 시작되었다. 이 축제는 일본 축제 관객 동원 수 1위를 기록할 만큼 매년 엄청난 인파가 몰린다. 축제 이름의 '기온祇園'은 축제를 주관하는 쿠시다 신사에서 모시는 역병 퇴치의 신을 가리키는 말이고, '야마카사山笠'란 신을 모시는 거대한 가마를 이르는 말이다. 매년 7월 1일에 높이 10m가 넘는 화려한 장식 가마가 쿠시다 신사, 카와바타 상점가, 캐널 시티, 하카타 리버레인 등 시내 13곳에 전시되어 온통 축제 분위기로 들뜬다. 축제의 최고조를 맞는 7월 15일 오전 4시 59분, 큰 북소리를 신호로 전통 복장을 한 7팀의 남자들이 무게 1톤에 달하는 거대한 가마를 각각 메고 쿠시다 신사를 출발해 5km를 내달린다. 이 경주를 오이야마追い山라고 부르는데, 수많은 남자들이 힘차게 '왓쇼이ワッショイ'라고 외치며 교대로 가마를 메고 달리는 모습이 최고의 장관을 연출한다. 이때 메고 달리는 가마는 현대에 들어서며 전선에 걸리는 등 안전 문제가 발생하여 전시용 장식 가마보다 높이가 낮은 것을 사용하고 있다.

8월 13일

간몬해협 불꽃놀이 축제 関門海峡花火大会

매년 8월 13일 모지코와 시모노세키 양쪽 해안에서 열리는 서일본 최대급 규모의 불꽃놀이 축제. 무려 1시간 가까이 1만 5,000발의 불꽃놀이가 화려하게 펼쳐진다. 항구 도시의 야경과 바다, 불꽃놀이를 함께 볼 수 있어 일본 전국에서도 손꼽히는 축제. 카라토 시장 앞, 모지코 레트로 등 관람하기 좋은 구역은 유료 입장이다. 관람 구역과 입장료는 매년 달라지니 홈페이지 참고.

🏠 www.kanmon-hanabi.love

8월 중순 7일간

하카타 여름 축제 はかた夏まつり

JR 하카타 시티 앞 광장에서 열리는 여름 축제로, 저녁 5시부터 10시까지 진행된다. 더위를 식히기 위해 땅에 물을 뿌리는 이벤트를 비롯해 일본 축제에 꼭 등장하는 요요 낚시, 슈퍼볼 던지기 등의 체험 프로그램도 있어 가족이 함께 가기도 좋다. 맥주, 빙수, 야키소바 등 길거리 간식을 파는 포장마차도 들어서는데, 후쿠오카의 유명 양조장이나 식당에서 출점하기도 해 이것저것 맛보는 재미가 있다. 광장 앞 무대에서는 규슈 출신 아티스트들이 다양한 공연을 펼친다.

일본 기차 여행의 묘미

감성 열차 타고
온천 마을로

후쿠오카와 온천 마을 유후인을 오가는 특급 관광 열차 유후인노모리.
귀엽고 레트로한 감성의 녹색 열차를 타고 푸른 전원 풍경을
감상하는 기차 여행은 이동 시간부터 즐거운 경험이다.
운행 편수가 적고 인기가 매우 높은 열차여서 최대한 빨리 예약하는 것이 좋다.

특급 유후인노모리
ゆふいんの森

'유후인의 숲'이라는 이름에서 마치 유럽의 산악 열차가 연상되는 이 열차는 세련된 녹색 차체 디자인이 돋보인다. 녹색과 나무 질감을 이용한 복고풍 내부 인테리어도 고급스럽다. 열차 바닥이 다른 열차보다 높아서 유후인으로 가는 길의 창밖 풍경을 좀 더 리얼하게 감상할 수 있는 것이 특징. 유후인노모리 열차는 4량 열차와 5량 열차 두 가지가 번갈아 운행되는데, 실내 장식은 각각 조금 다르지만 기본 구성은 비슷하다. 기차 안에는 뷔페차(매점)가 있어서 스낵, 맥주, 디저트, 기념품 등을 판매하며 여기에서 기차 탑승 기념 스탬프를 찍을 수 있다. 뷔페차 옆에는 '살롱 스페이스'라는 휴게실이 있는데, 매점에서 산 것을 먹으며 와이드 전망 창으로 바깥 풍경을 감상할 수 있다. 만일 3~4명이 함께 타면 4명이 마주보고 앉는 그룹용 좌석인 '박스 시트'를 예약해도 좋다. 가운데에 대형 테이블이 있어서 간식을 놓고 먹기도 편하다.

열차 정보

운행 횟수	하루 3편 왕복
소요 시간	2시간 18분
요금	편도 5,690엔 • JR 규슈 사이트에서 예약하면 5,160엔 • 승차일에 따라 요금이 약간 달라질 수 있다.
참고 사항	JR 북규슈, 전큐슈 레일 패스 사용 가능

유후인노모리 운행 시간표

정차역(상행)	하카타역	유후인역	벳푸역
1호	09:17 출발	11:31 도착	
3호	10:11 출발	12:27 도착, 12:30 출발	13:27 도착
5호	14:38 출발	16:50 도착	

정차역(하행)	벳푸역	유후인역	하카타역
2호		12:01 출발	14:19 도착
4호	14:43 출발	15:54 도착, 15:56 출발	18:10 도착
6호		17:17 출발	19:28 도착

최고의 명당자리

열차의 양쪽 맨끝, 운전석 바로 다음 자리는 운전석의 넓은 차창을 통해 멋진 풍광을 감상할 수 있다. 역방향인 뒷자리보다 정방향인 맨 앞자리가 최고 인기 좌석이다.

하카타에서 유후인으로 갈 때 맨 앞좌석　1A, 1B, 1C, 1D

유후인에서 하카타로 갈 때 맨 앞좌석　4량 열차는 4호차의 13A, 13B, 13C, 13D, 5량 열차는 5호차의 15A, 15B, 15C, 15D

특급 유후 vs. 특급 유후인노모리

후쿠오카에서 유후인으로 환승 없이 가는 기차는 특급 유후特急ゆふ와 특급 유후인노모리 두 가지가 있다. 유후는 일반 특급 열차이고, 유후인노모리는 특별한 콘셉트로 디자인한 특급 관광 열차. 하카타역~유후인역 구간은 하루 6편이 왕복하는데, 절반은 유후인노모리, 절반은 유후가 운행한다. 관광 열차인 특급 유후인노모리의 예약은 빨리 마감되며, 특급 유후(인터넷 예약 시 4,660엔)의 티켓은 비교적 늦게까지 남는 편이다. 소요 시간은 특급 유후가 정차역이 좀 더 많아서 8분 정도 더 걸린다.

JR 규슈 사이트에서 할인 요금으로 예약하기

승차권? 지정석? 알쏭달쏭한 일본 기차 티켓

승차권은 기차를 탈 수 있는 티켓으로 무조건 사야 하는 것이다. 승차권만 샀다는 것은 자유석을 이용한다는 의미로, 자유석 구역 중 빈자리에 앉을 수 있다. 다만 자유석의 수는 한정되어 있으므로 승객이 몰려 빈자리가 없으면 서서 가야 한다. 반면 지정석은 예약석이다. 지정석 티켓을 사면 정해진 좌석에 앉아갈 수 있다는 의미. 물론 지정석 티켓만 살 수는 없고, 승차권과 지정석 티켓이 둘 다 있어야 한다. 기차의 온라인 예약을 진행해 보면 열차 요금이 그린석, 지정석, 자유석으로 나뉜 것을 볼 수 있다. 지정석을 선택해 예약하면 승차권과 지정석권을 같이 사게 되는 것이다. 참고로, 가장 비싼 그린석은 고급 예약석인데 일반 지정석과 큰 차이가 없어 추천하지 않는다.

JR 북규슈 레일 패스가 있으면 예약을 안 해도 될까?

유후인노모리는 전 좌석이 지정석이므로, JR 패스를 가졌더라도 지정석 티켓이 반드시 필요하다. 따라서 한국에서 JR 패스를 산 다음 JR 패스 온라인 예약 사이트에서 지정석을 예약하면 된다. JR 패스 이용자가 현지 기차역에서 지정석을 예약하는 것은 무료이지만, 한국에서 온라인으로 지정석을 예약할 때는 유후인노모리 1,500엔, 특급 유후, 소닉, 규슈신칸센 등 1,000엔의 수수료가 있다. 현지 기차역에서 예약한 패스를 수령할 때 지정석의 실물 티켓도 함께 받아야 한다.

JR 패스 온라인 예약 사이트

🏠 kyushurailpass.jrkyushu.co.jp/reserve

유후인노모리의 모든 좌석은 지정 좌석제로 예약 필수이며, 승차일 한 달 전부터 예약할 수 있다. 현지 기차역에서 예약하면 정상 요금을 내야 하지만, JR 규슈 사이트에서 규슈 넷 티켓九州ネットきっぷ을 선택하면 할인받아 5,160엔으로 예약할 수 있다.

🕐 온라인 예약 시간 05:30~23:00
🏠 예약 사이트 www.jrkyushu.co.jp/trains/yufuinnomori

회원 가입

먼저 회원 가입을 해야 하는데, 이것이 가장 큰 난관이므로 미리 해놓기를 추천한다. 크롬에서 번역 기능을 이용해 한글 화면을 보면서 차근차근 입력한다. 이때 일본어 가타카나로 이름을 입력해야만 다음 화면으로 넘어갈 수 있으니 가타카나 변환 사이트를 이용하고, 주소는 숙소의 주소를 넣자. 만약 JR 규슈 사이트의 회원 가입과 예약 과정이 너무 어려운 사람은 여행사의 예약 대행 서비스를 이용하면 수월하다. 대행 수수료는 1인당 1만 원 정도 든다.

티켓 예약

좌석에 상관없이 요금은 모두 같으므로 명당 좌석은 먼저 예약하는 것이 임자. 크롬으로 사이트에 들어가 구글 번역 기능을 이용해 한글 화면으로 보면서 예약하면 어렵지 않다(모바일의 경우 한국어 번역 화면에서 입력이 되지 않으면 일본어 화면에서 입력). 또 JR 규슈 사이트 자체에서 한글을 지원하지만 좌석 지정은 일본어 페이지에서만 할 수 있으니 주의할 것(사이트의 한글 페이지에서 예약하면 좌석이 랜덤으로 지정된다). 만일 유후인노모리가 만석이라면 어쩔 수 없이 일반 열차인 특급 유후를 예약해야 한다. 특급 유후도 미리 홈페이지에서 예약해야 할인 요금(지정석, 자유석 모두 4,660엔)으로 탈 수 있다.

실물 티켓 수령

온라인으로 예약했어도 반드시 실물 티켓을 발권해야 기차를 탈 수 있다. 이때 반드시 지참할 것은 결제 시 사용한 신용카드. 발권은 JR 하카타역의 JR 규슈 '표 파는 곳'(녹색으로 표시된 곳) 자동 발매기(또는 창구)에서 하면 되는데, 도중에 인증 번호를 눌러야 한다. 인증 번호는 예약 시 입력한 전화번호의 마지막 4자리 숫자다.

기차 여행의 즐거움,
에키벤 駅弁

기차역에서 파는 도시락 에키벤. 하카타역에서 유후인, 벳푸 등으로 가는 특급 열차나 구마모토, 가고시마 등으로 가는 신칸센을 탈 때 에키벤을 사서 기차 안에서 먹는 것도 즐거운 경험이다. 하카타역의 에키벤토駅弁에서 판매하는데, 신칸센 개찰구와 지쿠시 출구, 하카타 출구 부근 이렇게 총 3곳이 있다. 참고로, 하카타역과 고쿠라역에서 에키벤을 판매하고, 유후인역과 벳푸역, 모지코역 등은 판매하지 않는다.

추천 에키벤

쿠로부타 멘타이 벤토 黒豚めんたい弁当
￥1,180엔

달걀지단, 초생강을 곁들인 가고시마 흑돼지 양념구이와 명란젓이 양념된 밥 위에 올라가 있어 누구나 좋아할 맛이다. 반찬으로 우엉조림과 갓절임도 들어있다.

카시와메시 かしわめし ￥780엔

살짝 양념된 밥 위에 잘게 자른 닭고기 양념구이, 지단, 김가루가 예쁘게 뿌려져 있다. 수수하지만 딱히 다른 반찬이 필요 없을 만큼 맛있는 도시락.

하카타 사이지키 벤토 博多 彩時記 弁当
￥1,500엔

세 가지 밥과 열두 가지 반찬으로 다양한 맛을 즐길 수 있는 에키벤. 반찬이 고기와 생선, 채소를 다양하게 사용한 튀김과 조림, 구이로 구성되어 푸짐하게 먹을 수 있다.

일본 여행의 하이라이트
온천,
어디로 갈까

매년 조사하는 '일본 온천 100선'에서
벳푸가 4위, 유후인이 10위, 구로카와 온천이
11위(2023년 기준)에 오를 정도로 세 지역
모두 일본에서 손꼽히는 온천 지역이다.
단순천이라 피부 자극이 적기 때문에 남녀노소
누구나 즐기기 좋다는 것도 큰 장점이다.

유후인 vs 벳푸 vs 구로카와 온천

	유후인	벳푸	구로카와 온천
이동 시간	하카타역에서 기차로 2시간 20분 버스로 2시간 10분	하카타역에서 기차로 2시간 11분 버스로 2시간 50분	하카타 버스 터미널에서 버스로 2시간 36분
원천 수, 용출량	일본 2위. 원천 852곳, 용출량 분당 3만 8,600L	압도적인 일본 1위. 원천 2,217곳, 용출량 분당 8만 3,058L	원천 28곳, 용출량 분당 2,500L
관광	킨린 호수, 유후산이 바라다 보이는 유노츠보 거리. 관광보다는 거리 산책이 메인.	벳푸 지옥 순례. 관광의 임팩트로 따지면 벳푸가 우위일지도 모른다.	관광 명소는 거의 없는 편. 마패를 구입해 노천온천 순례를 하며 거리 산책하는 것이 메인.
타깃	아기자기한 온천 거리에서 디저트를 먹거나 쇼핑을 즐기고, 다양한 전시관과 미술관을 둘러보는 등 관광보다는 분위기를 즐기고 료칸을 체험하는 것이 메인. 여성, 커플, 젊은 층에 인기.	다양한 벳푸 지옥의 생생함을 눈앞에서 볼 수 있는 데다, 오래 걷지 않고도 지옥 순례가 가능해 부모님이나 아이와 함께 가기 좋다. 아이와 함께라면 식사가 뷔페인 숙소에 추천.	번잡하거나 지나치게 상업화된 곳이 싫은 사람, 호젓한 산골 마을과 전통 온천의 분위기를 즐기고 싶은 사람에게 적합. 여성, 커플, 부모님과 함께하는 여행자에게 추천.
분위기	유노츠보 거리는 매우 붐비지만, 그곳만 벗어나면 풍부한 자연의 한적한 전원 풍경을 즐길 수 있어 운치 있다.	전통적인 온천 마을보다는 소도시 시내의 느낌이 강하다. 바닷가에 온천 호텔들이 모여있어 휴가 기분이 난다.	산속에 자리한 아담한 마을이라 조용하고 차분한 분위기. 전통 온천 마을의 분위기를 잘 유지하고 있다.
료칸	대형 온천 호텔이 없고 아담한 규모의 전통 료칸이 많다. 최근에는 넓은 부지의 고급 료칸, 독채만 운영되는 료칸이 많이 생겨났다. 유후산 아래와 평지 곳곳 한적하게 자리 잡은 료칸이 많아서 번잡스럽지 않다.	대형 온천 호텔이 많다. 벳푸만의 바닷가를 따라 비교적 최근 문을 연 신상 온천 호텔들이 줄지어 있다. 오션 뷰 온천과 객실이 장점. 유 식사를 뷔페식으로 제공한다거나 야외 수영장을 갖추는 등 리조트 느낌의 호텔도 많다.	대형 온천 호텔은 없고 전부 중소형 전통 료칸들이다. 대부분이 도보 15분 거리의 온천가에 모여있다.
노천탕	유후산 전망을 즐길 수 있는 노천탕이 가장 인기. 일부는 대형 공동 노천탕을 갖추었지만, 대개는 개인만 쓰는 소규모 노천탕이 많다.	벳푸만의 바다를 바라보며 온천욕을 즐길 수 있는 노천탕이 인기 있다.	자연적이고 전통적인 분위기의 노천탕. 노천온천 순례 마패를 구입하면 2~3곳의 노천탕을 체험할 수 있다.
숙박 요금	유후인의 인기가 워낙 높고 객실 수가 적은 고급 료칸들이 많다 보니 숙박비가 상당히 비싸다.	객실 수가 많은 대형 온천 호텔이 주류를 이루다 보니 유후인에 비해 저렴하게 숙박할 수 있다.	유후인보다 요금이 합리적인 편이며, 고가 료칸부터 중저가 료칸까지 다양하다.
식당	유노츠보 거리 주변에 식당과 디저트 가게들이 많다. 단, 저녁에 영업하는 곳은 드물다.	벳푸역 주변에 식당, 술집들이 많고 대개 저녁 늦게까지 영업한다.	식당과 디저트 가게가 몇 곳 있지만 수가 매우 적다. 게다가 저녁에 영업하는 곳이 드물다.

감성 가득, 유후인에서

무소엔 夢想園

유후인에서 보기 드물게 넓은 노천 온천을 갖춘 료칸. 유후산의 전망까지 훌륭해서 인기가 매우 높다. 평일에는 요일별로 이용하지 못하는 탕도 있으니 홈페이지를 참고.

🚶 JR 유후인역에서 도보 20분 📍大分県由布市湯布院町川南1243 🕐 10:00~14:00 💴 13세 이상 1,000엔, 5~12세 700엔(수요일 여탕, 금요일 남탕 할인), 수건 300엔 📞 +81 97 784 2171 🏠 www.musouen.co.jp/lg_ko

산스이칸 山水館

유후인 최대 규모의 온천 료칸. 역에서 가까워 관광을 마치고 마지막 코스로 들르면 좋다. 노천 온천에서 유후산의 멋진 전망을 감상할 수 있다. 온천욕 후에는 료칸 양조장에서 만드는 수제 맥주를 마셔보자.

🚶 JR 유후인역에서 도보 5분 📍大分県由布市湯布院町川南108-1 🕐 12:00~16:00 💴 13세 이상 700엔, 4~12세 400엔, 수건 100엔 📞 +81 97 784 2101 🏠 www.sansuikan.co.jp

누루카와 온천 ぬるかわ温泉

유노츠보 거리에서 킨린 호수로 가기 전에 있어 접근성이 무척 좋은 온천 료칸. 관광 전후 편하게 들르기 좋다. 실내탕, 노천탕, 가족탕을 모두 갖추고 있다.

🚶 JR 유후인역에서 도보 18분 📍大分県由布市湯布院町川上1490-1 🕐 08:00~20:00 💴 일반 600엔, 초등학생 이하 300엔 📞 +81 97 784 2869 🏠 hpdsp.jp/nurukawa

호젓한 구로카와 온천에서

오야도 노시유 お宿 のし湯

료칸을 둘러싼 일본식 정원은 중후하면서 소박한 분위기가 운치 있다. 당일온천이 가능한 노천탕 역시 나무에 둘러싸여 계곡에 몸을 담그는 선녀나 신선이 된 기분이다.

🚶 구로카와 온천 버스 정류장에서 도보 7분 📍熊本県阿蘇郡南小国町大字満願寺6591-1 🕐 10:00~18:00 💴 600엔 또는 마패 사용 📞 +81 967 44 0308 🏠 noshiyu.jp

오갸쿠야 御客屋

구로카와 온천에서 역사가 가장 오래된 료칸이라 전통 가옥의 운치를 느낄 수 있다. 당일온천으로 대욕장과 반노천탕, 노천탕까지 다양하게 체험할 수 있는 것이 장점이다.

🚶 구로카와 온천 버스 정류장에서 도보 5분 📍熊本県阿蘇郡南小国町大字満願寺6546 🕐 08:30~21:00 💴 700엔 또는 마패 사용 📞 0967-44-0454 🏠 www.okyakuya.jp

신메이칸 新明館

바위를 깎아 만든 동굴 온천은 당일 온천으로도 인기. 숙박객이 아니어도 별도 요금(40분 1,500엔)으로 가족탕을 이용할 수 있어 프라이빗하게 즐기고 싶은 사람에게 추천한다.

🚶 구로카와 온천 버스 정류장에서 도보 5분 📍熊本県阿蘇郡南小国町満願寺6608 🕐 10:30~15:00 💴 500엔 또는 마패 사용 📞 0967-44-0916 🏠 shinmeikan.jp

본격적으로, 벳푸에서

오오에도온센 모노가타리 벳푸 세이후
大江戸温泉物語 別府清風

오션 뷰 노천탕으로 인기 높은 대형 온천 호텔. 온천만 할 수는 없지만, 온천욕이 포함된 저녁 뷔페 플랜을 이용할 수 있다(사전 예약 필수, 단 숙박객이 많아 혼잡한 날은 예약 불가).

🚶 JR 벳푸역 동쪽 출구에서 도보 9분 📍 大分県別府市北浜 2-12-21 🕐 뷔페 17:00 또는 17:30, 온천 15:00~24:00
💴 일반 5,628엔, 초등학생 3,834엔, 3세 이상 2,739엔
📞 +81 57 005 2268 🏠 beppu.ooedoonsen.jp

오니이시노유 鬼石の湯

스님 머리 지옥 안에 자리한 온천 시설. 운치 있는 목조 건물에 실내탕과 노천 온천, 가족탕, 휴게실까지 갖추고 있다. 노천탕은 1층과 2층에 2곳이 있는데 주변이 푸른 수목으로 둘러싸여 시원한 개방감을 즐기며 목욕할 수 있다.

🚶 JR 벳푸역에서 2, 5, 24, 41번 버스 20분, 스님 머리 지옥 안에 위치 📍 大分県別府市鉄輪559-1 🕐 10:00~22:00
💴 중학생 이상 620엔, 초등학생 300엔, 유아 200엔, 수건 150엔(준비해 가자) 📞 +81 97 727 6656
🏠 www.oniishi.com

효탄 온천 ひょうたん温泉

노천 온천에 실내탕, 가족탕, 모래찜질, 사우나, 식사까지 가능한 테마형 온천 시설. 일본 전통 온천의 분위기를 살리면서도 세련되고 깔끔한 시설로 인기가 높다.

🚶 JR 벳푸역 동쪽 출구에서 버스 25분, 간나와 하차 후 도보 6분 📍 大分県別府市鉄輪159-2 🕐 09:00~25:00
💴 13세 이상 1,020엔, 7~12세 400엔, 4~6세 280엔
📞 +81 97 766 0527 🏠 www.hyotan-onsen.com

짧은 일정, 후쿠오카 시내에서

나미하노유 波葉の湯

베이사이드 플레이스에 있어 시내에서 가장 접근성 좋은 온천 시설. 노천 온천은 투명 지붕과 벽이 있어 개방감은 부족하다. 가족탕도 있다.

🚶 지하철 나카스카와바타역 6, 7번 출구에서 도보 18분 📍福岡市博多区築港本町13-1 🕐 10:00~23:00 ❌ 무휴 ¥ 평일 1,000엔, 토·일·공휴일 일반 1,150엔, 3세~초등학생 500엔, 수건 350엔
📞 +81 92 271 4126 🏠 namiha.jp

테리하 스파 리조트 Teriha Spa Resort

숙박 시설도 함께 운영하는 온천 시설. 고농도 탄산천, 거품탕 등 9가지 실내탕과 노천탕을 즐길 수 있다(사우나, 암반욕, 가족탕은 별도 요금). 깔끔한 시설로 현지인들에게 인기 있다.

🚶 하카타역, 텐진역에서 무료 셔틀버스 50~70분(홈페이지 참조)
📍福岡市東区香椎照葉5丁目2-15 照葉ガーデンスクエア内
🕐 08:00~다음 날 02:00(01:00 접수 마감) ❌ 부정기 ¥ 날짜에 따라 990~1,390엔(홈페이지 참조, 어린이는 300엔 할인), 수건 220엔
📞 +81 92 683 1010 🏠 www.terihaspa.jp

나카가와 세이류 那珂川清滝

나카강 상류 농촌 마을에 자리한 온천 시설. 자연에 둘러싸여 있는 데다 목조 인테리어로 운치 있는 료칸의 분위기를 고스란히 즐길 수 있다. 가족탕은 사전 예약 필수.

🚶 니시테츠 오하시역에서 무료 셔틀버스 27분(홈페이지 참조)
📍 那珂川市南面里326 🕐 10:00~22:00(21:00 입장 마감)
❌ 목요일 ¥ 일반 평일 1,400엔, 토·일·공휴일 1,600엔, 어린이 600엔
📞 +81 92 952 8848 🏠 www.nakagawaseiryu.jp

제대로 즐기고 본전 뽑자
온천에 가서 꼭 할 것

01. 가족탕에서 우리끼리만 오붓한 시간 보내기
02. 료칸의 꽃, 가이세키 요리 맛보기
03. 유카타 차림으로 온천가 산책하기
04. 벳푸에서 해돋이, 유후인에서 유후산을 바라보며 온천욕하기
05. 공짜로 할 수 있는 무료 족욕탕 순례
06. 온천 후 맛보는 온천 달걀과 사이다의 조합
07. 구로카와 온천에서 마패 들고 노천탕 투어하기
08. 온천가를 걸으며 달콤한 디저트 맛보기

지구와 나를 위한
작은 행동
지속가능한
여행을
실천하는 곳

환경 문제가 그 어느 때보다 중시되는
요즘, 여행의 기준도 달라져야 한다.
환경 친화적인 여행지를 찾아 영감을 얻고,
환경을 생각하는 트렌드를
고려해 음식을 고르고 로컬 푸드를
소비하는 일은 나와 지구를 위한
작지만 큰 발걸음이 된다.

아크로스 후쿠오카 Acros Fukuoka P.200

'자연과의 공생'을 테마로 1995년 완공된 친환경 건물. 옥상의
계단식 정원에는 무려 5만 그루의 식물을 친환경 공법으로 재배
중이다. 식물 재배는 도심의 열섬 현상을 완화시키고 에너지 절
감 효과도 있다.

앤드 로컬스 & Locals P.237

일찍이 지역 농가와 도시의 가교 역할을 자처하며 로컬 푸드를
소개하는 데 힘써온 곳이다. 지역 생산자들의 식재료와 가공품
을 리브랜딩하여 스토리를 부여하고, 적정 가격에 판매하는 일
까지 앞장서고 있다.

소누소누 Sonu Sonu P.220

군더더기 없는 세련된 가게에서 타코라이스, 버거,
카레, 타르트 등 100% 비건 요리를 맛볼 수 있다.
가장 인기가 많은 메뉴는 콩고기로 만든 비건 타
코라이스. 오가닉 와인과 맥주를 맛볼 수 있는 것
도 이곳의 장점이다.

나이스 플랜트 베이스드 카페 P.225
NICE Plant-based Cafe

비건 그 이상의 버거를 선보이는 곳. 패티, 마요네즈, 케첩, 번까지
모두 식물성 재료로 만든다. 병아리콩과 현미 등으로 만든 패티는
비건에 대한 인식을 바꿀 만큼 맛이 훌륭하다.

에바 다이닝 Evah Dining P.188
달걀, 유제품, 동물성 식재료를 배제한 자연식을
추구하는 마크로비오틱 식당. 농약을 쓰지 않고
재배한 현미, 농약과 화학 비료를 사용하지 않거
나 최소화해 재배한 채소 등으로 요리해 환경에
도 도움이 되고 건강에도 좋다.

마누 커피 Manu Coffee P.229
서드 웨이브The 3rd Wave 커피의 기수로서 후쿠오카에서 10년 이
상 입지를 다져온 마누 커피. 커피 찌꺼기를 이용한 유기농 비료
'마누아'를 개발해 지역 농가와 함께 농사를 짓는 등 환경의 선순
환을 위해 끊임없이 고민하고 있다.

최고의 미식 도시
후쿠오카의
대표 음식

일본 미식의 도시 중에서도 후쿠오카가
으뜸으로 꼽히는 이유는 라멘, 곱창, 닭꼬치처럼
대중적인 음식들이 많아 누구나
저렴하고 편하게 즐길 수 있기 때문이다.
풍부한 자연에서 얻는 식재료와
천 년 넘는 상인의 도시가 만들어 낸
독특한 식문화는 알면 알수록 흥미롭다.
이곳, 후쿠오카에서는 식탐을 좀 부려도 좋다.

모츠나베 もつ鍋

일본식 소곱창전골. 가장 인기 있는 된장 맛 외에 간장 맛,
미즈타키(백숙) 스타일 등도 있다.

하카타 라멘 博多ラーメン

돈코츠 라멘의 한 부류로, 끈적끈적할 정도로 진한 돼지
사골 국물과 아주 가는 면이 특징이다.

멘타이코 辛子明太子

부산의 명란젓을 일본인 입맛에 맞게 변형시킨 것으로, 후
쿠오카의 최고 명물 음식이다.

우동 うどん

후쿠오카의 우동은 소화가 잘되는 부드러운 면이 특징이다. 특히 우엉튀김을 올려주는 고보텐 우동이 유명.

미즈타키 水炊き

일본식 닭백숙. 후쿠오카의 토종닭으로 요리하며, 육수에 닭고기, 채소 등을 순서대로 넣어가며 끓여 먹는다.

야키토리 焼き鳥

후쿠오카는 일본에서 야키토리집이 가장 많은 도시. 닭껍질꼬치와 삼겹살꼬치, 채소말이꼬치가 유명하다.

고마사바 ごまさば

간장 양념과 깻가루, 채소를 버무려 먹는 고등어회무침. 밥반찬이나 안주로 즐겨 먹는다.

교자 餃子

'한입 교자'라고 불리는 작은 만두를 철판에 구워 먹는 것이 후쿠오카 스타일. 취향에 따라 유즈코쇼(유자고추절임)를 곁들이기도 한다.

우나기 세이로무시 うなぎせいろ蒸し

야나가와식 장어찜덮밥. 양념한 밥 위에 숯불구이한 장어를 올리고 증기로 쪄내 무척 부드럽다.

야키 카레 焼きカレー

모지코의 명물 음식. 무쇠 팬에 담은 카레라이스 위에 치즈와 달걀을 얹고 그라탱처럼 오븐에 구워낸다.

야메차 八女茶

후쿠오카현 야메시와 치쿠고시에서 생산되는 녹차 브랜드. 일본에서 최상급으로 꼽히는 고급 녹차 옥로玉露의 45%가 야메에서 생산된다.

후쿠오카의 첫 끼는 라멘

최근 한국에서 초밥에 버금가는 인기를 누리는 것이 바로 라멘, 그중에서도 돈코츠 라멘이다.
이 돈코츠 라멘이 시작된 곳이 바로 후쿠오카라는 사실! 한국인에게도 매우 유명한
이치란, 잇푸도가 바로 후쿠오카에서 출발한 가게들이다.

라멘 종류

라멘을 구성하는 3요소는 국물과 면, 고명. 그중에서도 라멘의 맛을 좌우하는 것은 국물이다. 국물에 어떤 육수를 쓰느냐, 어떤 양념으로 맛을 내느냐로 라멘 종류를 나눌 수 있다.

돈코츠 라멘 とんこつラーメン

돼지 사골 육수 라멘인 돈코츠 라멘은 후쿠오카현 쿠루메시에서 시작되어 규슈 각지로 퍼졌다. 후쿠오카시 내에서도 하카타에서는 매우 진한 국물을 쓰는 반면, 항구 쪽의 나가하마에서는 좀 더 맑은 국물을 쓰는 등 지역에 따라 스타일이 다르다. 요즘에는 돼지 뼈 특유의 냄새를 없애고 맛에 차별화를 주기 위해 닭 뼈나 해물을 섞어 국물을 내는 곳도 많아졌다. 오래 끓여내 끈적끈적할 정도로 진한 육수와 매우 가느다란 면이 특징인 하카타 라멘은 돈코츠 라멘의 한 부류라고 생각하면 된다. 우리가 잘 알고 있는 이치란, 잇푸도가 모두 하카타 라멘을 파는 집이다. 과거 하카타의 노동자들은 점심에 저렴하고 빨리 먹을 수 있는 부두 근처 포장마차에서 라멘을 많이 먹었는데 포장마차에서는 음식을 빨리 내야 하니 돼지 사골을 계속 끓여서 국물은 점점 희고 진해졌고, 면은 빨리 삶을 수 있게 가느다란 것을 사용했다. 이것이 포장마차의 인기 메뉴로 사랑받으면서 하카타 라멘으로 자리 잡은 것이다.

토리가라 라멘 鶏ガララーメン

닭 뼈 육수 라멘. 토리파이탄 라멘鶏白湯ラーメン이라고 부르기도 한다. 닭 뼈로 육수를 내기 때문에 국물이 흰색을 띠며 걸쭉하고 진한 편이지만, 돼지 사골 육수처럼 무겁거나 끈적이지 않고 뒷맛이 깔끔하며 가벼운 것이 특징. 보통 소금으로 간을 하는 곳들이 많다. 대체로 맛이 순하면서도 감칠맛이 좋다.

후쿠오카의 면 리필 문화, 카에다마 替玉

보통 일본의 다른 지역에서는 라멘 곱빼기 주문이 가능한데, 주로 가느다란 면을 쓰는 후쿠오카에서는 면이 불 수 있기 때문에 곱빼기 대신 면을 리필하는 '카에다마'를 해준다. 가격도 100~150엔 정도로 무척 저렴하다. 단, 리필을 하려면 국물을 꽤 남긴 상태에서 요청해야 한다.

추천 맛집

🍴 천연 돈코츠 라멘
이치란 총본점 P.183

돈코츠 라멘에 매콤한 소스를 처음 넣은 곳. 내 입맛대로 매운 단계와 옵션을 고를 수 있어 좋다.

🍴 정통 하카타 돈코츠 라멘
잇푸도 다이묘 본점 P.215

진한 국물의 돈코츠 라멘과 찰떡궁합을 자랑하는 매콤한 숙주무침이 자꾸 생각나는 맛이다.

🍴 달걀 반숙이 들어간 라멘
하카타 라멘 신신 텐진 본점 P.216

후쿠오카 돈코츠 라멘의 새 강자. 다른 라멘집보다도 더 가느다란 지름 1mm의 극세 면을 사용한다.

교카이 라멘 魚介ラーメン

가다랑어, 멸치, 밴댕이 같은 말린 생선에 다시마, 조개, 새우 등 다양한 해산물로 국물을 낸다. 해산물 특유의 깔끔하고 시원한 맛이 난다. 최근에는 깊은 맛을 내기 위해 해산물에 돼지 뼈나 닭 뼈를 추가하는 가게들도 많아지고 있다. 보통 간장으로 간을 하는 경우가 많다.

쇼유 라멘 醬油ラーメン

간장으로 맛을 내 국물이 투명하고 연한 갈색을 띠며, 맛이 소박하고 담백하다. 가장 기본 라멘이며 일본인에게는 매우 익숙한 맛이기도 하다.
보통 해물 육수, 닭 뼈 육수와 궁합이 좋다.

인기 라멘 토핑

- **구운 돼지고기 チャーシュ** 🔊 차슈
- **달걀 玉子** 🔊 타마고
- **파 ねぎ** 🔊 네기
- **김 のり** 🔊 노리
- **죽순조림 メンマ** 🔊 멘마
- **목이버섯 キクラゲ** 🔊 키쿠라게

시오 라멘 塩ラーメン

소금으로 간을 한 라멘으로, 보통 닭 뼈나 돼지 뼈를 연하게 우린 육수를 사용한다. 국물이 투명하며 맛이 심플하고 깔끔한 것이 특징이다. 돈코츠나 쇼유 라멘 같은 진한 맛보다 가벼운 국물 맛을 선호하는 사람들에게 인기 있는 라멘.

미소 라멘 味噌ラーメン

된장으로 국물 맛을 내는 라멘으로, 맛이 부드러우면서 진한 것이 특징이다. 된장은 고기의 누린내를 없애주는 역할을 하기 때문에 돼지 뼈 육수를 쓰는 경우도 많다. 국물 맛이 진하다 보니 채소를 넣어도 맛이 희석되지 않기 때문에 숙주, 양배추, 옥수수 등의 고명을 많이 넣는 가게가 많다. 최근에는 된장 양념에 고춧가루를 추가한 매운 된장 라멘辛味噌ラーメン도 인기를 끌고 있다.

테이블에 세팅된 기본 양념을 활용하자

가게마다 다르지만 일반적으로는 간 마늘, 참깨, 시치미(매콤한 가루 양념) 등이 제공된다. 후쿠오카에서는 규슈에서 많이 먹는 양념인 유즈코쇼(유자고추절임)가 함께 놓인 경우가 많다. 처음에는 라멘 그대로 먹다가 중간에 취향에 따라 양념을 추가해 맛에 변화를 주어도 좋다.

🍴 추천 맛집

🍴 화이트 트러플 향이 좋은 닭 백탕면
라멘 나오토 P.217

카푸치노처럼 부드러운 거품의 걸쭉한 닭 육수에 화이트 트러플 오일을 넣은 세련된 라멘.

🍴 사이폰 라멘
오오시게 쇼쿠도 P.215

말린 생선, 닭 뼈, 돼지 뼈를 커피 추출 기구인 사이폰에 넣고 진공 상태로 육수를 끓여 낸 후 간장으로 맛을 내 국물이 맑고 깊다.

일본인의 소울 푸드
우동 vs 소바

후쿠오카는 우동, 소바의 발상지

중국 송나라에서 유학하던 쇼이치 국사는 1241년 귀국해, 2년 동안 하카타에 머무르며 조텐지라는 사찰을 창건하고 포교 활동을 했다. 그는 이 시기에, 중국에서 배운 제분 기술과 우동, 소바, 양갱, 만두 등의 제조법을 하카타 사람들에게 가르쳤다고 한다. 그래서 일본의 우동, 소바는 후쿠오카에서 처음 시작되었다고 말하는 것이며, 지금도 조텐지에 가면 우동, 소바 발상지의 기념비를 볼 수 있다. 일부에서는 그보다 앞선 821년 중국에서 유학한 구카이 대사가 귀국해 사누키(카가와현)에 머물렀는데, 이때 우동 제조법을 전파하지 않았을까 하는 설도 있다.

우동

우동의 발상지이면서 전국에서 유명한 밀 산지인 덕분인지, 후쿠오카 사람들의 우동 사랑은 대단하다. 부드러운 면발과 맑은 국물이 특징인 하카타 우동은 주로 점심으로 먹지만 저녁에 안주 삼아, 또는 간식이나 야식으로 먹는 사람도 무척 많다. 가장 인기 있는 메뉴는 우엉튀김이 올라간 고보텐 우동ごぼう天うどん, 우엉튀김과 소고기가 들어간 니쿠 고보텐 우동肉ごぼううどん이다.

분 것 같은 부드러운 면발

사누키 우동 같은 다른 지역 우동에 비해 후쿠오카 우동은 면이 상당히 부드럽다. 우리가 흔히 떠올리는 쫄깃한 우동 면보다는 부드러운 칼국수 면과 비슷하기도 하다. 하카타에는 예부터 장사하는 사람이 많았는데, 식사를 빨리 해야 하는 경우가 많으니 소화가 잘 되도록 일부러 면을 부드럽게 삶았던 방식이 지금까지 유지되고 있다. 무조건 쫄깃한 면을 좋아하는 사람은 붓카케 우동 같은 냉우동을 선택하면 원하는 식감을 즐길 수 있다.

국물이 맑고 개운하다

말린 붕장어, 가다랑어포, 다시마 등으로 육수를 내고 묽은 간장으로 간을 하기 때문에 국물 맛이 맑고 가벼우며 개운하다. 시원한 국물은 한국인 입맛에도 잘 맞아 술 마신 후 해장에도 딱 좋다. 가게마다 차이가 나지만 전반적으로 간이 세지 않아 건강한 맛이기도 하다. 간이 부족하다면 테이블에 있는 시치미를 추가하면 된다.

 추천 맛집

🍴 고보텐 니쿠 우동
하가쿠레 우동 P.186

맑고 개운한 국물 맛은 이 집이 단연 일등. 면발, 고명까지 모두 완벽하다.

🍴 규스지 우동
우동비요리 P.240

소 힘줄이 들어갔음에도 담백하고 깔끔한 국물. 간이 약하지만 건강한 맛이다. 싱겁다면 테이블의 시치미를 뿌려 먹자.

🍴 채소 텐푸라 붓카케 우동
만다 우동 P.218

일곱 가지 채소튀김을 잔뜩 올려주는 붓카케 우동. 쫄깃한 면발과 깔끔한 츠유 소스, 고소한 튀김까지 삼박자가 훌륭하다.

소바

메밀을 사용한 일본의 전통 면 요리. 메밀 100%로 만드는 주와리 소바十割蕎麦가 있는가 하면, 밀가루를 조금 섞어 쫄깃함을 살린 소바도 있다. 차갑게 또는 따뜻하게 1년 내내 즐겨 먹는 소바. 면이 부드러워 쉽게 끊어지기 때문에 그 해의 액운을 끊는다는 의미로 섣달 그믐날 저녁에 먹으면서 해를 넘기는 풍습도 있을 정도로 일본인의 생활 속에 깊이 들어와 있는 소울 푸드다.

의외로 종류가 다양하다

소바 하면 가다랑어포 육수에 간장, 맛술, 설탕을 넣어 만든 츠유에 채반에 담겨 나오는 차가운 소바를 조금씩 찍어 먹는 자루 소바ざるそば를 떠올리기 마련이다. 하지만 우동처럼 따뜻한 국물에 넣어 먹기도 하며 유부, 튀김, 고기, 생선 등 고명에 따라 종류도 매우 다양하다.

소바 삶은 물도 먹는다

차가운 소바를 주문하면 면 삶은 물인 따뜻한 소바유そば湯를 같이 내주는데, 그냥 마셔도 구수하고 소바를 다 먹고 남은 츠유에 부어서 수프처럼 즐겨도 좋다. 비타민B1, B2, 식물성 단백질 등 영양분이 풍부한 소바유는 알코올을 분해하는 나이아신이란 성분이 들어있어 숙취 해소에도 도움이 된다.

 추천 맛집

🍴 와리고 소바
카베야 P.187
껍질 붙은 메밀로 뽑아 향이 좋은 소바 위에 츠유를 뿌려 먹는다.

🍴 오로시 소바
나미만 P.269
홋카이도산 유기농 무농약 메밀로 직접 뽑은 면은 풍미가 좋고 건강에도 좋다.

명란젓

매콤짭짤한 명란은 밥반찬 말고도 즐길 방법이 무궁무진하다. 후쿠오카의 많은 식당에서
명란젓이 들어간 다양한 요리를 선보인다. 명란젓이 들어간 과자, 후리카케, 마요네즈 같은 제품은
한국에서 후쿠오카의 맛을 되살리기에 좋은 아이템이다.

일본식 명란젓, 멘타이코 明太子

명태의 난소를 소금에 절여 숙성시킨 후, 고춧가루를 넣은 양념에 담가 발효시킨
명란젓이다. 부산에서 나고 자란 일본인이 한국의 명란젓에 반해, 후쿠오카로 귀
국한 후 일본인 입맛에 맞게 만들어 판 것이 바로 일본식 명란젓의 원조 가게인
후쿠야ふくや의 시작이다. 이후 제조법을 독점하지 않고 다른 가게에도 전수하면
서 후쿠오카의 명물로 널리 알려지기 시작했다. 명란젓을 판매하는 가게도 많지
만, 명란젓 요리를 선보이는 식당이나 이자카야도 많다. 심지어 가끔 기본 반찬
으로 명란젓이 나올 만큼 후쿠오카의 명란젓 사랑은 대단하다.

명란젓 요리를 맛볼 수 있는 식당

① **우오뎬** P.184 명란 하나를 통째로 올려주는 호화로운 덮밥. 비주얼과 맛 모두 잡았다. 톡톡 터지는 연어알에 보들보들한 달걀말이까지 더해져 밥 한 그릇 뚝딱이다.

② **포타마** P.188 큼직한 사각 김밥 안에 후쿠야의 명란, 스팸, 달걀말이, 갓조림, 차조기까지 다양한 재료가 합쳐져 신기하게 좋은 맛을 낸다.

③ **슈퍼 마리오** P.219 통 크게 명란 한 국자를 파스타 위에 올려준다. 짜지 않고 매콤한 명란을 진한 크림소스의 생파스타에 비벼 먹으면 입안에서 고소함이 팡팡 터진다.

④ **풀풀 하카타** P.193 따뜻하면 더 맛있고 식어도 맛있는 명란바게트. 10분 간격으로 계속 구워내기 때문에 언제 가든 갓 구운 명란바게트를 살 수 있다.

⑤ **빵토 에스프레소토 하카타토** P.191 살짝 구운 큐브 식빵 사이에 명란, 명란크림, 명란버터를 넣은 명란토스트는 살짝 허기졌을 때 간식이나 아침 식사로 먹기 딱이다.

흰밥X명란젓의 강력 조합을 맛볼 수 있는 식당

모츠나베 야마야 博多もつ鍋 やまや

명란젓 브랜드 야마야가 운영하는 모츠나베 전문점. 런치 타임(14:00 주문 마감) 한정 메뉴인 닭튀김 정식, 돼지고기생강구이 정식, 생선구이 정식 등(1,400~1,600엔)을 시키면 야마야의 명란젓을 무한정 먹을 수 있다.

🚶 JR 하카타역 지쿠시 출구에서 도보 3분 📍 福岡市博多区博多駅中央街1-1 🕐 11:00~15:00, 17:00~22:00(토 저녁 ~22:45) ❌ 연말연시 📞 +81 92 412 0888 🏠 restaurant-yamaya.com

후쿠타로 福太郎

인기 명란젓 브랜드 후쿠타로에서 운영하는 상점 겸 카페. 흰쌀밥에 추천 명란젓 4종, 된장국이 나오는 소박하지만 맛깔난 세트 메뉴めんたいこ4種(550엔)을 맛볼 수 있다.

🚶 JR 하카타역 지쿠시 출구 방향 1층 데이토스 내 📍 福岡市博多区博多駅中央街1-1 🕐 상점 08:00~21:00, 카페 11:00~16:30 ❌ 무휴 📞 +81 92-433-1331 🏠 www.fukutaro.co.jp

명란젓이 들어간 제품

후쿠타로 멘베이
福太郎 めんべい

명란젓맛 새우과자. 납작한 센베이 스타일로 짭짤 매콤해 중독성 있는 맛이다. 무난한 플레인을 포함해 열 가지 맛이 있다.

📍 공항 면세점, 후쿠타로 텐진 테르라점, 하카타역 데이토스점 ￥8봉지 600엔

후쿠야 러스크
ふくや ラスク

명란젓의 톡 쏘는 매운맛 속에 설탕의 달달함과 마늘의 임팩트가 있는 바삭한 러스크. 한입 크기여서 부스러기를 흘리지 않고 먹을 수 있다.

📍 후쿠야 나카스 본점, 하카타역 데이토스점 ￥12봉지 1,100엔

야마야 명란 마요네즈 타입
やまや 明太マヨネーズタイプ

명란젓을 마요네즈 안에 넣은 제품. 샐러드나 파스타, 빵 등에 뿌려 먹거나 채소를 찍어 먹어도 맛있다.

📍 공항 면세점, 야마야 하카타역 마잉구점, 데이토스점 ￥648엔

시마모토 명란 마요네즈
島本 めんたいマヨネーズ

다른 제품에 비해 명란이 많이 들어가 비주얼부터 다르다. 냉장 보관해야 하므로 출국하는 날 사자.

📍 시마모토 하카타역앞점, 한큐점 ￥中 460엔

야마야 명란 튜브
やまや めんたいチューブ

100% 명란젓을 껍질을 벗겨 먹기 편하게 튜브 형태로 만들었기 때문에 쭈욱 짜기만 하면 된다.

📍 공항 면세점, 야마야 하카타역 마잉구점, 데이토스점 ￥756엔

후쿠타로 파라파라 멘타이
福太郎 ぱらぱらめんたい

분말 타입의 명란 후리카케. 따뜻한 밥이나 파스타, 차가운 두부 위에 뿌려도 되고, 식빵에 마요네즈를 바른 뒤 그 위에 뿌려서 구워도 맛있다.

📍 후쿠타로 텐진 테르라점, 하카타역 데이토스점 ￥432엔

뜨끈한 국물에 마음까지 사르르
모츠나베 vs 미즈타키

모츠나베 もつ鍋

일본식 소곱창전골. 제2차 세계대전 당시 강제 노역에 동원되어 탄광에서 일했던 조선
인들이 저렴한 곱창과 부추를 끓여먹은 데서 시작되었다고 하니, 우리에게는 슬픈 역사
의 흔적이 남아있는 음식인 셈이다. 소곱창은 주로 소장, 양, 천엽을 사용하고, 가다랑어
포, 다시마 육수에 간장, 된장 등으로 맛을 낸다. 쫄깃한 소곱창에서 나오는 고소한 육
즙과 지방의 단맛이 국물을 구수하게 만드는 비결. 거기에 양배추에서 스며나온 단맛이
곱창의 느끼함을 잡아주고, 부추의 향과 파릇파릇한 색깔이 식욕을 돋운다. 다 먹고 나
면 마무리로 죽이나 면을 넣어 끓여 먹는 것이 먹방의 완성.

어떤 맛을 주문할까

- **된장 맛 みそ** 흰 된장을 써서 구수하며 깊은 맛이 난다. 가장 인기 있고 무난한 맛이므로, 선택하기 어려울 땐 된장 맛을 고르자.
- **간장 맛 しょうゆ** 연한 간장을 사용해 국물이 맑고 깔끔하다. 일본인들이 많이 선택하며, 한국인 입맛에도 잘 맞는다.
- **미즈타키 스타일 水炊き風** 닭 뼈 육수를 사용해 국물이 무겁지 않고 개운하다. 진한 국물보다는 깔끔한 국물을 선호하는 사람에게 추천한다.
- **매운 된장 맛 辛みそ** 흰 된장에 고춧가루 또는 고추장을 섞어 매콤한 편이다. 한국인에게도 익숙한 맛. 다만, 그렇게 맵지는 않다.

미즈타키 水炊き

일본식 닭백숙. 규슈의 토종닭을 사용하고, 국물이 담백하면서 시원한 전골 요리다. 사실 나가사키에서 먼저 먹기 시작했는데, 후쿠오카로 전해지며 유명해져서 지금은 후쿠오카의 명물 요리로 자리 잡았다. 닭 뼈, 또는 뼈 붙은 닭고기로 육수를 내는데 소금, 간장 같은 조미료를 전혀 넣지 않는 것이 특징이다. 대신 무를 갈아 넣은 폰즈나 유즈코쇼(유자고추절임) 같은 양념장에 고기나 건더기를 찍어 먹는다.

재료 넣는 순서가 있다

미즈타키의 모든 요리 과정은 식당의 종업원이 직접 해주기 때문에 편안하게 이야기하면서 식사할 수 있다. 하지만 재료가 추가될 때마다 변하는 국물 맛을 즐기는 것이 포인트이므로, 순서를 미리 알면 제대로 알고 즐길 수 있다.

① 육수가 끓기 시작하면 맨 처음 닭고기를 넣는다. 뼈가 붙은 토막살을 넣기 때문에 국물의 감칠맛이 강해진다.

② 다음으로 양배추, 파, 당근 같은 채소를 넣어 살짝 익으면 건져 먹는다. 채소 본연의 달큰한 맛이 배어나와 국물이 더욱 맛있어진다.

③ 마지막으로 닭고기 경단을 넣는데, 다진 닭고기살의 육즙이 순식간에 확 퍼지면서 국물 맛이 훨씬 깊고 진해진다.

④ 마무리로 오래 끓여 진해진 육수에 죽雑炊(조스이)이나 짬뽕 면ちゃんぽん麺(짬뽕멘)을 끓여 먹는다.

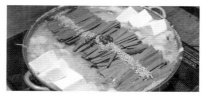

모츠나베 이치후지 P.217

정통 모츠나베를 맛보고 싶다면 이곳을 추천한다. 이 집만의 배합 비율로 만든 흰 된장으로 국물을 낸다.

모츠코 P.183

닭 뼈 육수를 사용해 담백하고 개운한 국물을 즐길 수 있다. 마무리 때의 볶음면 스타일 짬뽕 면도 별미.

모츠나베 타슈 P.182

빨간색의 매운 된장 맛 모츠나베를 맛볼 수 있는, 흔치 않은 곳. 매콤한 국물이 한국인 취향 저격.

다이다이 P.236

사가현佐賀県의 토종닭으로 요리하며, 다른 식당과 달리 닭 뼈가 아닌 내장과 닭고기로 육수를 낸다.

초밥과 해산물 요리

일본에서 해산물을 빼놓고는 미식을 논할 수 없다. 다양한 어종이 잡혀 일본 전국 1위 어장으로
꼽히는 후쿠오카에서 수준급의 초밥과 해산물 요리를 즐길 수 있다.

초밥

일본 어느 지역에서나 초밥을 먹을 수 있지만, 지역마다 인기 있는 종류는 조금씩
다르다. 후쿠오카의 경우 근해에서 많이 잡히는 전갱이, 방어, 고등어, 오징어 초
밥이 인기 있다. 참고로 후쿠오카의 회전초밥은 일본의 16개 대도시 중에서 가장
저렴하다고 하니 희소식이 아닐 수 없다.

인기 메뉴

- **참치 중뱃살** 中トロ 🔊 츄-토로
- **참치 대뱃살** 大トロ 🔊 오-토로
- **연어** サーモン 🔊 사-몬
- **연어알** いくら 🔊 이쿠라
- **성게** うに 🔊 우니
- **새우** 海老 🔊 에비
- **광어 지느러미살** えんがわ 🔊 엔가와
- **오징어** イカ 🔊 이카
- **장어** うなぎ 🔊 우나기
- **방어** ブリ 🔊 부리
- **고등어** サバ 🔊 사바
- **전갱이** アジ 🔊 아지

 추천 맛집

타츠미즈시 P.185

후쿠오카의 톱클래스 초밥집임에도
가격이 합리적이어서 현지인, 여행객
모두에게 인기가 높다.

우오타츠 스시 P.253

어시장 내 초밥집이라 가능한 최
상급 재료와 저렴한 가격으로 아
침 일찍부터 손님들이 찾아온다.

마사쇼 P.254

모모치 해변 근처의 소중한 초밥
맛집. 특히 점심에는 가격까지 착
하다.

해산물 요리

신선한 생선은 회로 즐기는 것이 가장 심플하면서 맛있다. 안주로 먹을 때는 회로 먹고, 든든하게 식사를 하려면 밥 위에 얹어 회덮밥으로 즐겨도 좋다. 초고추장을 따로 주는 우리나라와 달리 묽은 간장 양념을 밥에 미리 뿌려 주기 때문에 고추냉이만 살짝 곁들여서 먹으면 된다.

인기 메뉴

- **오징어 활어회** いか活造り ◀) 이카 이케즈쿠리
- **참깨 고등어회무침** ゴマサバ ◀) 고마사바
- **연어알 성게덮밥** うにいくら丼 ◀) 우니이쿠라동
- **연어알덮밥** いくら丼 ◀) 이쿠라동
- **성게덮밥** うに丼 ◀) 우니동
- **참치회덮밥** まぐろ丼 ◀) 마구로동
- **카이센동** 海鮮丼

추천 맛집

🍴 카이센동
이토오카시 P.216

아침, 점심, 저녁 언제든지 카이센동을 먹을 수 있는 곳. 같이 주는 된장국은 해장에 딱이다.

🍴 연어알 성게덮밥
타케하타 P.253

밥 위에 가득 올라간 찬란한 황금색의 성게와 영롱한 빛깔의 연어알의 맛은 입안에 넣는 순간 깜짝 놀라게 된다.

🍴 오징어 활어회
카와타로 P.183

눈앞의 수조에서 헤엄치는 오징어를 바로 잡아 회로 떠 주는 오징어 활어회로 명성이 자자하다.

🍴 참깨 고등어회무침 정식
하카타 고마사바야 P.217

후쿠오카의 명물 고등어회를 맛보고 싶다면 이곳을 추천한다. 저렴한 가격과 맛, 미친 회전율까지 갖춘 곳.

육식파의 원픽 메뉴

야키니쿠

후쿠오카는 해산물 천국으로 유명하지만, 스시 다음으로 인기 높은 메뉴는 의외로 야키니쿠!
사실 규슈는 일본에서도 소고기, 돼지고기가 맛있기로 유명한 지역이다. 육식파에게는 절대 놓칠 수 없는 메뉴다.

알고 먹으면 더 맛있다! 소고기의 인기 부위

일본은 육식의 역사가 짧다 보니 초기에는 기술이 없어 외국인들이 도축을 맡았다.
그러다 보니 영어와 한글 명칭이 그대로 부위 명칭으로 굳은 것들이 많아 왠지 낯설지 않다.

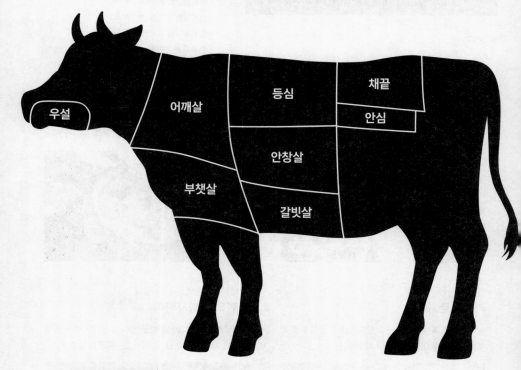

육류가 맛있기로 유명한 규슈

규슈는 온화한 기후와 천혜의 자연환경, 차별화된 고급 사료로 맛의 수준을 높인 브랜드 육
류를 다양하게 즐길 수 있는 곳이다. 일본 3대 소고기인 최고급 미야자키규를 비롯해 하카타
와규, 오이타 분고규, 가고시마 흑소, 나가사키 와규, 사가규, 이마리규, 구마모토 아카규 등
브랜드 소고기는 물론이고, 일본을 대표하는 가고시마 흑돼지를 비롯해 미야자키의 키나코
돼지, 나가사키 아카네 돼지, 가고시마의 차미돈 등 브랜드 돼지고기도 많다.

🔍 살코기

갈빗살 カルビ 🔊 카루비
한글에서 유래된 용어로, 뱃살이라 봐도 무방하다. 지방이 많아 부드럽고 양념과도 잘 어울리는 인기 부위.

어깨살 ロース 🔊 로스 / 肩ロース 🔊 카타로스
로스는 원래 등의 넓은 부위 전체를 가리키는데, 대개 어깨 쪽 목심인 카타로스를 말한다. 적당한 식감, 진한 풍미, 지방이 적어 담백한 부위.

등심 リブロース 🔊 리부로스
넓은 등심 부위 중 중앙의 갈빗살. 근육이 적고 지방의 감칠맛을 느낄 수 있어 인기인 희소 부위.

채끝 サーロイン 🔊 사로인
등심 중 허릿살. 화려한 마블링과 살살 녹는 육질이 특징인 최고급 부위.

안심 ヒレ 🔊 히레
갈빗대 안쪽 허릿살. 지방은 적지만 촉촉하고 맛이 깔끔하며 육질이 매우 부드럽다.

부챗살 ミスジ 🔊 미스지
소 앞다리의 윗부분. 다른 부위에 비해 지방이 적은 편이라 덜 느끼하고 진한 고기 맛을 즐길 수 있다.

🔍 내장

안창살 ハラミ 🔊 하라미
횡격막의 근육 부분. 부드러우면서도 적당히 탄력이 있어 씹는 맛이 좋고, 지방이 적어 담백하면서 고기의 진한 감칠맛이 특징이다.

우설 タン 🔊 탄
소의 혀. 부드러운 식감이 특징으로, 지방이 적고 살코기가 많은 편이라 담백하다. 일본인들이 특히 좋아해 첫 메뉴로 많이 선택한다.

소 양 ミノ 🔊 미노
소의 첫 번째 위장. 적당한 두께감으로 탄력 있는 쫄깃한 식감이 특징이다. 지방이 적은 편이고 냄새가 없어 내장에 익숙하지 않은 사람도 먹기 쉬운 부위.

곱창 マルチョウ 🔊 마루쵸
소장을 뒤집어서 자른 것이라 통 모양이다. 대창에 비해 껍질이 얇아 부드럽고 지방이 많아 맛이 진하다. 탄력이 있어 탱글탱글한 식감.

대창 シマチョウ 🔊 시마쵸 / テッチャン 🔊 텟창
소의 대장. 탄력이 강해 씹는 맛이 좋고, 곱창에 비하면 지방이 적고 담백한 편이다. 소 한 마리에 3~5kg밖에 안 나오는 희귀 부위다.

추천 맛집

니쿠마루 P.221
규슈산 흑소 와규를 개인 숯불에 구워 먹는 세련된 식당. 고급 와규를 맛보고 싶다면 여기다.

야키니쿠 호르몬 타케다 P.221
소, 돼지 가리지 않고 1인분 418엔부터 시작하는 가성비 갑의 야키니쿠집.

---🍴---

토핑에 따라 달라진다

덮밥의 무한한 변신

일본만큼 덮밥을 좋아하는 나라도 없을 것이다. 소고기, 돼지고기, 닭고기 같은 육류부터
장어, 각종 생선회에 이르기까지 토핑의 재료에 따라 달라지는 것은 물론이고,
토핑을 생으로 올리는지 굽거나 튀기는지에 따라서도 종류가 무궁무진하다.

후쿠오카에서 꼭 먹어야 할 덮밥 TOP 5

TOP ❶

모듬회덮밥
海鮮丼 🔊 카이센동

참치, 연어, 새우, 연어알 등 다양
한 제철 생선회를 밥이 안 보일
만큼 듬뿍 올려주는 화려한 비주
얼의 덮밥.

추천 맛집 이토오카시 P.216

TOP ❷

스테이크덮밥
ステーキ丼 🔊 스테키동

눈이 내린 듯 아름다운 마블링의 소고기
를 미디움으로 구워 밥 위에 올린다. 감칠맛
나는 육즙이 밥에 스며들어 꿀맛이다.

추천 맛집 모미지(유후인) P.291

TOP ❸

튀김 덮밥
天丼 🔊 텐동

뭐든 튀기면 맛있어진다. 새우, 생선살 튀김과 고구마, 버섯, 연근 등 채소 튀김을 곁들여 재료의 조화도 훌륭하다.

추천 맛집 잣코(노코노시마) P.257

TOP ❹

돈가스 계란 덮밥
カツ丼 🔊 카츠동

바삭한 돈가스에 보들보들 익힌 계란과 소스에 절인 양파를 뿌려준다. 한번 먹어보면 습관이 되는 덮밥의 스탠다드.

추천 맛집 스미요시 쇼쿠도(구로카와 온천) P.313

우나기 세이로무시

히츠마부시

TOP ❺

장어덮밥 鰻丼 🔊 우나동

맛도 가격도 가장 럭셔리한 덮밥. 일본인들의 보양식이자 특별한 날 먹는 장어덮밥은 다 비슷해 보일지 몰라도, 알고 보면 지역에 따라 꽤 다르다. 후쿠오카에 간다면, 그중에서도 세이로무시 또는 히츠마부시를 선택할 것을 강력 추천한다. 같은 장어덮밥이어도 조리법부터 맛, 먹는 법도 확연히 다르다는 사실!

	후쿠오카에서는 이것이 대세 **우나기 세이로무시** 鰻 せいろ蒸し	3가지 스타일로 맛보는 재미 **히츠마부시** ひつまぶし
출신	야나가와	나고야
특징	장어를 입에 넣는 순간 살살 녹는 극강의 부드러움	숯불 향이 살아있는 겉바속촉의 장어구이
조리법	장어에 양념을 발라가며 숯불에 구운 후, 나무 그릇에 밥을 넣고 그 위에 구운 장어와 지단을 올려 증기로 쪄낸다.	장어에 양념을 발라가며 숯불에 천천히 구운 후 밥 위에 올려서 낸다.
토핑	지단	잘게 썬 김, 쪽파, 고추냉이
먹는 법	밥에 장어와 지단을 곁들여 먹으면 된다. 증기로 쪄낸 그릇째로 서빙해주니 다 먹을 때까지 따뜻하게 먹을 수 있다.	주걱으로 장어덮밥을 4등분 한 후, 밥그릇에 4분의 1을 덜어서 그냥 먹고, 4분의 1은 쪽파와 고추냉이를 곁들여 먹고, 4분의 1은 김, 쪽파, 고추냉이를 얹은 후 육수를 부어 오차즈케 스타일로 먹는다. 남은 덮밥은 그중 가장 마음에 드는 스타일로 먹으면 된다.
추천 맛집	간소 모토요시야(야나가와) P.273	히츠마부시 와쇼쿠 빈쵸 P.185

맥주랑 찰떡궁합
야키토리 & 교자 & 텐푸라

후쿠오카의 명물 요리는 하나같이 반주하기에 좋은 음식들이라, 애주가에게는 이보다 더 기쁠 수 없다.
특히 그중에서도 육즙 팡팡 터지는 야키토리와 교자, 기름에 튀겨내 바삭바삭한 텐푸라는
시원한 맥주와 함께라면 얼마든지 먹을 수 있을 만큼 최고의 궁합을 자랑한다.

인기 메뉴

- **닭 껍질 とり皮** 🔊 토리카와
- **삼겹살 豚バラ** 🔊 부타바라
- **야채말이 野菜巻き** 🔊 야사이마키
- **닭 다리살과 파 ねぎま** 🔊 네기마
- **다진 닭고기 つくね** 🔊 츠쿠네
- **닭 간 レバー** 🔊 레바
- **닭 염통 ハツ** 🔊 하츠
- **닭 날개 手羽先** 🔊 테바사키
- **닭 목살 せせり** 🔊 세세리

야키토리 焼き鳥

마치 우리나라의 치맥처럼 맥주와 최고의 궁합을 내는 음식은 바로 야키토리(닭 꼬치구이)다. 한입 크기로 자른 재료를 꼬치에 꽂아 숯불에 구워내니, 맥주 한 모금에 안주 한입 하기 딱 좋고 향긋한 불향과 고소한 육즙이 알코올을 부른다.

후쿠오카에서 시작된 야채말이 토마토, 쪽파, 아스파라거스, 참마, 연근 등 다양한 채소를 삼겹살에 돌돌 말아 꼬치에 꽂아 구워낸다. 채소가 구워지며 달콤한 즙이 배어나는 동시에 삼겹살의 고소한 육즙이 스며들어 건강하면서도 훌륭한 맛을 낸다.

주문이 어렵다면 세트 메뉴로 번역기를 사용해도 꼬치를 하나하나 고르기 어려울 수 있다. 그럴 땐 추천 꼬치구이를 골고루 모아놓은 세트 메뉴를 주문하는 게 편하다. 세트 메뉴는 보통 꼬치 개수에 따라 서너 가지가 준비되어 있어서 먹을 만큼 주문할 수 있다.

교자 餃子

후쿠오카의 교자는 한입 크기의 미니 사이즈가 대세. 바삭한 만두피 안에 꽉찬 고기와 채소의 맛이 맥주 안주로 그만이다. 대개는 뜨거운 철판에 구워 나오는데, 종종 만둣국으로 먹기도 한다.

텐푸라 天ぷら

튀김의 일본어가 바로 텐푸라. 튀김을 분식의 일종으로 여기는 우리나라와 달리 일본에서 텐푸라는 전문점이 많을 정도로 고급 기술이 필요한 요리이다. 후쿠오카에는 해산물이 풍부한 만큼 고등어, 전갱이, 오징어, 새우 등의 해산물 튀김이 다양하며, 물론 제철 채소를 튀긴 것도 무척 맛있다.

 추천 맛집

마츠스케 P.223

이 집의 시그니처 메뉴 모차렐라 토마토말이와 하카타 토로타마(반숙달걀삼겹살말이)는 맥주와 최강의 조합.

미츠마스 P.223

154엔의 저렴한 닭껍질구이는 맥주와 함께라면 10개도 먹을 수 있다.

아타라요 P.224

세련된 오픈 키친의 바에서 최고의 야키토리 오마카세를 즐길 수 있다.

유신 P.187

애피타이저 교자로 시작해 다양한 안주를 맛볼 수 있는 세련된 이자카야.

텐푸라 나가오카 P.220

갓 튀긴 텐푸라를 안주 삼아 다양한 술을 즐길 수 있는 텐푸라 이자카야.

한잔하며 맛있게 하루를 마무리

이자카야

후쿠오카의 맛있는 음식에 술이 빠지면 섭섭하다. 시원한 맥주부터 일본 전통주인 사케와 소주,
입가심으로 좋은 하이볼, 사와 같은 칵테일까지 다양하게 즐길 수 있다. 이왕이면 규슈산 술에
후쿠오카 명물 안주를 곁들여 후쿠오카 스타일로 즐겨보자.

❶ 니와노우구이스　　❷ 키타야　　❸ 치에비진　　❹ 타카키야　　❺ 쿠로키리시마

이자카야 이용 팁

먼저 마실 것부터 주문한다

저녁 시간에 이자카야에 갔을 때는 술이든 음료수든 1인 1잔은 기본으로 주
문하는 것이 매너다. 테이블에 앉으면 마실 것부터 주문하고, 첫 술로 목을
축이면서 메뉴를 천천히 보고 안주를 고르면 된다.

기본 안주는 무료가 아니다

일본 이자카야에는 자릿세ぉ通し(오토오시)라는 것이 있다. 테이블에 앉으면
작은 그릇에 담긴 안주를 1인당 1개씩 주는데, 이건 무료가 아니다. 나중에 계
산할 때 영수증을 보면 1인당 300~500엔 정도의 자릿세가 포함된다.

이왕이면 규슈의 술을 골라보자

사케는 후쿠오카현의 ❶ 니와노우구이스庭のうぐいす, ❷ 키타야喜多屋와 오이
타현의 ❸ 치에비진智恵美人, ❹ 타카키야鷹来屋를 추천한다. 소주는 미야자
키에서 생산되는 고구마 소주 ❺ 쿠로키리시마黒霧島가 가장 인기 있다.

후쿠오카라서 맛볼 수 있는 인기 안주

- 곱창초절임 酢もつ 🔊 스모츠
- 참깨 고등어회무침 ゴマサバ 🔊 고마사바
- 말고기회 馬刺し 🔊 바사시
- 닭수프 鳥スープ 🔊 토리수프
- 닭뼈 육수 오차즈케 鶏ガラ茶漬け
  🔊 토리가라차즈케

이자카야의 술 메뉴

① **맥주ビール** ◀) 비루 생맥주生ビール(나마비루)와 병 맥주瓶ビール(빙비루)가 있다.

② **사케日本酒** ◀) 니혼슈 일본식 청주. 첨가물 없이 쌀로만 빚은 준마이슈純米酒가 맛과 향이 깔끔해 가장 무난하다.

③ **소주焼酎** ◀) 쇼추 일본 정통 증류주. 알코올 도수가 20~40도여서 온더록스, 또는 찬물(미즈와리)이나 더운물(오유와리)을 섞어 마신다.

④ **하이볼ハイボール** 얼음 잔에 위스키를 넣고 탄산수를 부어 만든 칵테일.

⑤ **매실주梅酒** ◀) 우메슈 온더록스로, 또는 탄산수를 섞기도 한다.

⑥ **레몬사와レモンサワー** 탄산수에 소주, 레몬즙을 넣은 칵테일. 레몬을 통째로 넣어 주는 곳도 있다.

⑦ **우롱하이ウーロンハイ** 우롱차에 소주를 넣어 만든 칵테일.

⑧ **료쿠차하이緑茶ハイ** 녹차에 소주를 넣어 만든 칵테일.

⑨ **카시스 오렌지カシスオレンジ** 달콤한 베리 맛 리큐르인 카시스와 오렌지주스를 섞은 칵테일.

 추천 맛집

친자 타키비야 P.222
로바다야키로 구운 생선구이를 안주 삼아 맥주, 니혼슈, 일본 소주 등 다양한 주종을 즐길 수 있다.

소노헨 P.190
일식 퓨전 요리와 전국 양조장에서 골라온 사케를 페어링할 수 있다. 니혼슈 무제한이 포함된 6,000엔 코스 메뉴도 인기.

하츠유키 P.221
후쿠오카에서 생산되는 다양한 사케를 갖춘 오뎅 바. 다른 곳에서 볼 수 없는 독특한 오뎅이 많다.

서서 먹고 마시는 것도 트렌드
스탠딩 바

일본에는 서서 마시는 술집 타치노미立ち飲み, 서서 먹는 식당 타치구이立ち食い라는 독특한 문화가 있다. 예전에는 아저씨들만의 아지트 같은 느낌이었다면, 요즘은 남녀 누구나 편하게 즐기는 젊고 세련된 분위기의 가게들이 많아졌다. 타치노미와 타치구 이는 서서 먹고 마신다는 점 때문에 오래 머물지 않아 회전율이 좋고, 가격도 저렴하 다. 최근에는 취급하는 술 종류도 사케, 와인, 위스키에 이르기까지 다양하고, 안주도 일식부터 양식까지 전문적으로 요리하는 곳이 많기 때문에 취향에 맞게 선택할 수 있다. 대부분 카운터석이라 혼자 가도 편안한 분위기다. 가볍게 한잔하거나 2차로 짧 게 마시고 싶을 때, 혼술하고 싶을 때 들르면 딱 좋다.

밥을 서서 먹는다고?

식당에 가서 돈 내고 식사하는데 굳이 서서 먹는다는 것이 우리 문화에서는 이해하기 힘들지만, 일본에서는 꽤 오래된 문화다. 타치구이가 처음 시작된 것은 에도 시대 에도(도쿄)의 초밥집. 사실 초기의 초밥집은 포장마차에서 바로 쥐어주는 초밥을 서서 먹는 스타일이었다. 현대에 들어 가장 일반적인 타치구이 식당은 주로 소바집이고, 종종 초밥, 닭꼬치구이, 꼬치튀김집도 있다. 인기 체인 식당 중 저렴한 스테이크집인 이키나리 스테이크いきなり!ステーキ도 대표적인 타치구이 식당 중 하나. 공통적으로 타치구이는 조리에 시간이 걸리지 않는 요리가 제공되는 것이 특징이다.

저렴한 가격이 매력적인 타치노미

동네 선술집 분위기부터 세련된 유럽 스타일의 카운터 바까지 선택지가 넓어진 타치노미의 최대 장점은 뭐니뭐니해도 가격이다. 안주는 100~300엔대가 주를 이루고, 비싸도 500엔을 넘지 않는다. 주류의 가격도 일반 이자카야에 비하면 저렴하다. 타치노미에는 '센베로せんべろ'라는 문화가 있어, 1,000엔으로 술 2~3잔에 안주 2종 정도가 포함된 세트 메뉴를 한정 시간에 판매하는 곳들이 있으니 메뉴판을 잘 살펴보자.

 추천 맛집

아라키 P.189

와인 등 술 2잔에 텐푸라 2개, 안주 2개가 나오는 어른의 해피 세트가 단돈 1,100엔이라니, 가지 않을 이유가 없다. 게다가 주류는 원하는 것을 고르는 방식.

코우바시야 P.191

2층은 일반 이자카야지만 1층은 밤 11시부터 문을 여는 스탠딩 바. 안주도 1인용 미니 사이즈로 나오니 양도 적당하고, 가격도 저렴해서 혼술, 낮술하기 딱 좋다.

스시 쇼군 P.218

1,000엔 전후의 저렴한 가격에 이 정도 퀄리티와 양을 주다니 놀라울 정도다. 서서 먹는 스시 바라 불편할까 싶지만, 맛있으니 충분히 즐겁다.

🍴

맛집 옆에 맛집, 다 모인

푸드 홀

식사하기
좋은 곳

우마이토 うまいと

하카타역 바로 옆이라 접근성이 좋다. 모츠나베 오오야마, 하카타 라멘 신신, 테무진(교자), 텐진 호르몬(곱창구이), 하카타 토리카와 다이진(야키토리) 등은 웨이팅 필수.

📍 킷테 9~10층, 지하 1층

하카타 이치방가이 博多1番街

식당이 14곳뿐이지만 인기 식당의 비율이 높다. 회전초밥 우오가시, 하카타 라멘 잇코샤, 모츠나베 오오야마, 텐진 호르몬(곱창구이) 등이 특히 인기 있다. 아침 7시부터 영업하는 가게도 있어 아침 먹으러 가기에도 좋다.

📍 하카타역 지하 1층

오이치카 Oichica

인근 직장인, 쇼핑객, 여행자들이 모여 항상 붐비고 항상 줄 선다. 키와미야(햄버그스테이크), 하카타 라멘 신신, 텐푸라 타카오, 모츠나베 오오야마, 멘야 카네토라(츠케멘), 텐진 호르몬(곱창구이) 같은 인기 식당이 많다.

📍 파르코 본관, 신관 지하 1층

백화점과 쇼핑몰, 기차역을 중심으로 정말 다양한 푸드 홀이 존재하는 후쿠오카.
식당가가 많은 만큼 라멘집만 모여있는 곳, 식당가와 상점가를 겸한 곳, 이자카야들이 모인 곳 등
콘셉트도 다양하다. 그 많은 식당가 중에서 접근성과 식당 구성이 알짜배기인 곳만 골랐다.

라멘 먹기
좋은 곳

하카타 멘가도 博多めん街道

하카타역 지쿠시 출구 쪽에 자리한 라멘 전문 식당가.
멘야 카네토라, 하카타 라멘 신신, 하카타 잇코샤, 도
산코, 나가하마 넘버원 등 라멘집 12곳이 모여있다.

📍 데이토스 아넥스 2층

라멘 스타디움 ラーメンスタジアム

일본 전국에서 선발된 라멘집 7곳이 모인 라멘 전문 식
당가. 입점 후 일정 기간이 지나면 졸업해 나가고 새로
운 식당이 들어오는 스타일이다.

📍 캐널 시티 센터 워크 5층

술 마시기
좋은 곳

텐진 이나치카 天神イナチカ

최근 문을 연 세련된 분위기의 푸드 홀로, 식당 13곳이
모여있다. 넘버샷, 이나바초 잇케이, 니와카야 초스케,
이소카지, 시미루 등 식당의 절반이 이자카야여서 낮
이든 저녁이든 언제 가도 술 마시기 좋다. 카운터석이
많아 혼자 가도 어색하지 않은 분위기.

📍 텐진 비즈니스 센터 지하 1층

술과 사람의 온기가 느껴지는

일본식 포장마차

빌딩이 즐비한 도시 한복판, 따뜻한 불빛이 새어 나오는 포장마차 야타이やたい.
비닐 한 장을 들추고 좁은 포장마차 안에 들어가 앉으면
나이, 성별, 국적이 다른 사람들이 옹기종기 모여 앉아 즐겁게 이야기꽃을 피운다.
퇴근한 직장인도, 낯선 여행자도 이곳에선 긴장을 내려놓을 수 있다.

술과 음식, 사람을 좋아하는 후쿠오카 사람들

고급 식문화가 발달한 교토, 밀가루 음식이 발달한 오사카에 비교해도 절대 뒤지지 않는 미식의 도시 후쿠오카. 라멘으로 대표되는 면 요리와 풍부한 어장을 바탕으로 한 해산물 요리, 양계업과 함께 발달한 닭 요리, 우리나라의 영향을 받은 명란젓, 전쟁과 함께 발달한 곱창 요리에 이르기까지 종류도 다양할 뿐더러 모두 대중적인 음식이어서 고루 인기가 많다. 이렇게 다양한 식문화가 발달한 것은 예부터 아시아 각국과 교류가 많았던 지리적 위치 덕분이다. 자연스럽게 다양한 음식과 술 문화도 함께 발달했는데, 후쿠오카를 비롯한 규슈 사람들은 유전자 특성상 알코올 분해 능력이 높아 술이 세다는 설도 있다. 외부와 교류가 많은 항구 도시의 특성상 후쿠오카 사람들은 친화력이 좋은 편이며 쾌활한 사람들이 많다고도 한다.

후쿠오카만의 야타이 문화

제2차 세계대전이 끝나고, 싸고 간단히 먹을 수 있는 포장마차(야타이) 문화는 일본 전국에 널리 퍼졌다. 경제 성장과 함께 도시화가 진행되며 거리 경관과 식품 위생법 이슈로 그 많던 포장마차는 거의 사라졌다. 하지만 술과 사람을 좋아하고 특유의 감성을 즐기는 후쿠오카에서만큼은 포장마차의 인기가 유독 높았다. 그래서 시의 엄격한 법적 허가를 받은 포장마차들이 지정된 장소에서 영업하며, 지금은 후쿠오카의 명물이 되었다.

영업장소

후쿠오카에는 모두 100여 채의 포장마차가 영업하고 있다. 캐널 시티 옆 나카강 강변에 36채의 포장마차가 모여 포장마차 거리를 이루며, 텐진역 근처에는 54채의 포장마차가 곳곳에서 영업한다. 2023년 6월부터는 나가하마 어시장 근처에 새로운 포장마차 7곳이 문을 열었다. 여행자에게 가장 많이 알려진 곳은 나카스. 포장마차가 강변을 따라 일렬로 늘어선 모습이 활기차고 분위기 있어서 항상 사람들로 붐빈다. 텐진은 퇴근길 들르기 좋은 위치여서 현지인들이 많이 찾는 편이고 나카스에 비해 좀 더 차분하게 마시기 좋은 분위기. 포장마차의 감성을 즐기려면 복잡한 나카스보다는 텐진을 추천한다. 주로 와타나베 거리渡辺通り, 쇼와 거리昭和通り에 포장마차가 모여있다.

영업시간 및 휴무일

아무 것도 없던 거리에 5시쯤 되면 어디선가 포장마차가 나타나서 영업 준비를 시작한다. 포장마차마다 조금씩 다르지만, 보통 저녁 6~7시경 영업을 시작해 새벽 1~3시쯤 끝난다. 쉬는 날은 정해져 있지 않고 포장마차마다 제각각이다. 다만 야외 영업인 만큼 비가 오거나 바람이 많이 불면 갑자기 쉬기도 한다. 연말연시에는 영업은 하지만 평소보다 포장마차 수가 적다.

나카강

⚇ 나카스카와바타

텐진·쇼와 거리 구역

⚇ 텐진

나카스 구역

텐진·와타나베 거리 구역

주문

규정에 따라 모든 포장마차는 메뉴판에 가격이 명시되어 있으니 걱정할 것 없다. 일부 포장마차는 한글, 영어 메뉴를 갖춘 곳도 있다. 포장마차에서는 1인 1메뉴 주문이 원칙. 포장마차에 따라 자릿세(기본 안주 제공)를 받는 곳도 있다. 야키토리는 굽는 데 시간이 걸리므로, 마실 것과 함께 빨리 나오는 오뎅이나 곱창조림을 주문해 먹으면서 기다리는 게 좋다.

메뉴

포장마차에서 가장 대중적인 메뉴는 라멘과 오뎅, 야키토리, 교자. 그 밖에 튀김, 우동, 모츠나베, 명란 달걀말이 같은 일본 요리, 볶음밥, 마파두부 같은 중화 요리를 비롯해 최근에는 한국 요리와 프랑스 요리를 내는 곳도 생기는 등 포장마차마다 다양한 메뉴를 선보인다. 안주 가격은 대개 800엔 이하. 우리나라와 달리 후쿠오카 포장마차에서는 식품위생법상 생선회나 샐러드 같은 날것은 취급하지 못한다.

이용 팁

- 포장마차에 가방이나 짐을 놓을 자리는 없으니, 숙소나 코인 로커에 두고 가볍게 오는 것이 좋다. 일본은 치안이 좋지만 야외이고 오가는 사람이 많은 만큼 소지품을 잘 간수하자.
- 화장실을 이용하려면 주인에게 물어보자. 근처 공중화장실이나 화장실을 이용할 수 있는 제휴 편의점을 안내해 준다.
- 최근에는 QR코드나 신용카드 결제하는 곳도 생기고 있긴 하지만, 결제는 대부분 현금만 가능하다.
- 좌석 수가 기껏해야 10석 정도로 적고 웨이팅도 있는 만큼 너무 오래 머무는 것은 예의가 아니다. 일부 포장마차는 이용 시간에 제한을 두는 경우도 있다. 또 새로운 손님이 들어오면 다들 조금씩 양보해 자리를 만들어 주는 것이 미덕이다. 가볍게 야타이 문화를 경험한다는 마음으로 즐기는 것이 좋다. 혼자 가기는 어색할 수 있지만 자리 잡기가 좋아 오히려 편할 수도 있다.

토모짱 ともちゃん

텐진의 야타이 중 가장 인기 높은 곳 중 하나. 현지인들에게 돈코츠
라멘으로 유명하다. 오뎅, 야키라멘, 와규 갈매기살구이, 규탄구이
등도 맛있다. 웬만한 악천후에는 쉬지 않는다는 것이 주인의 원칙이
라 다른 곳이 닫았을 때도 이곳은 영업할 가능성이 크다.

🚶 지하철 텐진역 12번 출구에서 도보 3분 📍 福岡市中央区天神1-14
🕐 화~일 18:15~다음 날 01:00 ❌ 월요일

나가짱 永ちゃん

방송으로 유명해진 다른 인기 포장마차에 비해 줄이 적지만, 맛으로
승부하는 현지인 맛집. 돈코츠 라멘, 명란 달걀볶음, 오뎅, 꼬치구이
등 모두 맛있지만, 주인장이 면과 다양한 재료를 넣고 웍에 볶아주는
야키라멘이 별미다. 야키라멘은 매일 스타일이 달라지는 것도 묘미.

🚶 니시테츠 후쿠오카(텐진)역 북쪽 출구에서 도보 1분 📍 福岡市中央区天
神1丁目 6-8 天神ツインビル西側 🕐 월~토 18:00~다음 날 01:00
❌ 일요일

오카모토 おかもと

니시테츠 후쿠오카(텐진)역에서 지하철 와타나베도리역으로 이어
지는 도로변에 포장마차가 몇 곳 있다. 그중에서도 가장 인기 있고,
특히 현지인들에게 맛있기로 소문난 포장마차가 바로 이곳. 과묵하
지만 친절한 주인장이 만드는 라멘과 짬뽕, 오뎅과 닭꼬치 등 다양
한 메뉴들이 고루 인기 있다.

🚶 니시테츠 후쿠오카(텐진)역 미츠코시 출구에서 도보 5분 📍 福岡市中央
区渡辺通4丁目 BiVi福岡前 🕐 목~화 18:30~다음 날 01:00 ❌ 수요일

후쿠오카로 모여든 최고의 바리스타들
커피 성지 순례

맛있는 산미의 싱글 오리진 커피
커피 카운티 P.228

오너인 모리 타카아키 씨가 남미와 아프리카에 가서 농사를 함께 짓는 등 직접 만나 신뢰를 쌓은 농장들과 직거래한 원두만 사용한다. 각 원두의 개성을 온전히 느낄 수 있게 오직 싱글 오리진만을 고집하는 카페. 쿠루메시의 본점에서 직접 로스팅한 원두를 사용한다.

도구 없이 오직 손기술로 만드는 라테 아트
커넥트 커피 P.227

세계 라테 아트 대회 2위 등 화려한 수상 경력의 바리스타 안도 타카히로의 카페. 가게에서 직접 로스팅하기 때문에 카페에 가까워질수록 구수한 냄새가 강해진다. 어떤 도구도 사용하지 않고 만들어 내는 정교한 라테 아트에 눈이 즐겁고, 부드럽고 고소한 커피 맛에 또 한 번 행복해진다.

카리스마 바리스타의 스모키한 드립 커피
아베키 P.229

앤티크 가구로 꾸민 아담한 카페. 흰 옷을 입고 커피를 내리는 오너 바리스타의 편안한 카리스마에 압도되는 분위기다. 아베키라는 카페 이름은 주인의 성을 그대로 붙인 것이다. 적당한 산미에 과일 향과 스모키한 향이 나는 드립 커피는 부드럽고 고소한 치즈케이크와 잘 어울려 팬들이 많다.

미식에 관심 많은 후쿠오카 사람들은 커피 맛에도 까다롭다. 톱클래스 바리스타들이 모여
치열하게 경쟁하는 후쿠오카의 수준 높은 커피 분야에서 개성과 트렌드를 추구하며
현지인들에게 사랑받는 카페들을 소개한다. 두세 군데를 돌며 맛을 비교해 보면 저마다의 개성을 확실히 느낄 수 있다.

향을 중시하는 노르딕 커피의 선구자
푸글렌 P.193

북유럽 3대 커피를 후쿠오카에서도 맛볼 수 있다. 원
두 향을 최대한 살리는 노르딕 로스팅은 직화식이 아
닌 롤링 스마트사의 완전 열풍식 로스
팅 기계를 이용한다. 원두 겉을 태우
지 않고 속까지 가열해 쓴맛 없는
깨끗한 뒷맛과 부드러운 단맛, 균
형 잡힌 과실의 풍미를 내는 것이
특징이다.

아침부터 밤까지 마실 수 있는 스페셜티 커피
렉 커피 P.229

월드 바리스타 챔피언십에서 2위를 한 바리스타 이와세
요시카즈의 카페. 싱글 오리진도 좋지만 자체 블렌드 원
두도 인기가 높다. 잡미 없이 균형 잡힌 맛의 하카타 블렌
드가 대표 상품 중 하나. 상쾌한 산미와 캐러멜 같은 단
맛, 견과류 같은 풍미 등이 어느 것
하나 튀지 않고 잘 어우
러진다.

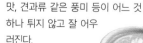

커피와 어울리는 디저트

토라야 미니 양갱 とらや 小形羊羹
500년 역사의 화과자 전문점 토라야의 시그니처 상품. 적당한
단맛과 부드러움이 쌉싸래한 커피와 잘 어울린다. 홍차, 꿀, 검
은콩 등 맛도 다양하다.
이와타야, 한큐, 미츠코시
백화점 지하 식품 매장에
서 판매.

¥ 1개 324엔

하카타 토리몬 博多 通りもん
만주 속에 연유와 버터로 만든 흰색 앙금이 들어있어 일본 전
통 과자 같으면서도 서양 디저트의 맛도
물씬 느껴져 커피와 잘 어울린다.
공항 면세점, 시내 기념품 코너
에서 판매.

¥ 8개 1,240엔

프레스 버터 샌드 Press Butter Sand
진한 버터 향을 풍기는 두툼하고 부드러운 과자 안에 버터크림
과 버터캐러멜 필링이 들어있다. 커피나 우유랑 먹으면 딱 좋다.
텐진 지하상가, 하카
타역 직영 매장에서
판매.

¥ 5개 1,107엔

다채로운 후쿠오카의 빵 문화
개성 넘치는 빵집

아맘 다코탄 P.240

오너가 이탈리안 셰프 출신으로, 이탈리안 요리에 사용하는 다양한 재료를 쓴 식사용 빵들이 이곳의 시그니처 메뉴다. 그 외에도 이탈리아의 전통 디저트 빵과 일본 스타일 디저트 빵에 이르기까지 달달한 간식용 빵의 라인업도 다양하다.

인기 메뉴

· **다코탄 버거 ダコタンバーガ** 506엔
· **명란 페페론치노 바게트 明太ペペロンチーノバケット** 506엔
· **마리토쪼 マリトッツォ** 356엔

다코메카 P.192

아맘 다코탄의 자매점. 기본적으로 아맘 다코탄과 비슷한 빵을 선보이지만, 매장 규모가 훨씬 큰 만큼 종류가 더 다양하고 약간 변형된 메뉴들도 선보여 비교해 보는 재미도 있다. 식사용 빵은 이탈리안 요리와 비슷한 스타일이 많아서 와인과도 무척 잘 어울린다.

인기 메뉴

· **다코메카 버거 ダコメッカバーガー** 562엔
· **나폴리탄 도그 ナポリタンドッグ** 313엔
· **토마토 카레빵 トマトカレーパン** 421엔

후쿠오카의 대표 음식에 이제 빵을 넣어야 한다! 후쿠오카 빵의 유명세를 이끌며
도쿄에까지 진출한 아맘 다코탄을 시작으로 각자의 개성을 살린 빵집들은 진화를 거듭하고 있다.
하루 종일 빵집 투어만 해도 좋을 만큼 종류도 스타일도 제각각이다.

불랑주 P.192

패스트리류로 인기가 높은 프랑스빵집이다. 가장 인기 많은 크루아상은 종류가 무려 스무 가지. 그 외에도 식빵, 바게트, 도넛까지 다양하게 즐길 수 있다. 아침 일찍 여는 빵집이라 모닝커피와 빵을 먹으러 오는 사람이 무척 많다.

인기 메뉴

· 크루아상 **クロワッサン** 506엔
· 퀴니아망 **クイニーアマン** 281엔
· 시소 소시지빵 **しそウィンナー** 250엔

스톡 P.227

지금 가장 핫한 빵집 아맘 다코탄과 다코메카의 감수를 맡았을 만큼 후쿠오카에서 실력을 인정받는 곳이다. 인기 1위인 명란바게트를 비롯한 식사용 빵이 인기가 높으며, 간식용 빵도 다양하다. 빵, 샐러드, 커피가 세트인 모닝 메뉴도 인기가 높다.

인기 메뉴

· 명란바게트 **めんたいフランス** 248엔~
· 빵 스톡(호밀빵) **パンストック** 270엔~
· 카카오 드 쇼콜라(초코빵)
  カカオドショコラ 334엔

〰 🍴 〰

맛은 기본, 비주얼은 덤

디저트로 당 충전

스즈카케 P.191

추천 스즈 파르페

고급 차 생산지인 후쿠오카현 야메시의 말차를 듬뿍 사용한 아이스크림, 제철 과일, 물양갱, 팥 등이 들어간 일본식 파르페는 너무 달지 않으면서 재료들의 합이 좋다. 아이스크림은 말차, 캐러멜, 바닐라, 검은깨 중 세 가지를 고를 수 있다.

메이 카페 P.228

추천 딸기 플라워 파르페

연초부터 5월까지 시즌 한정으로 제공하는 딸기 플라워 파르페. 이름처럼 꽃같이 예쁠 뿐 아니라 단맛이 강한 고급 딸기를 겉부터 속까지 가득 채워서 끝까지 맛있게 먹을 수 있다.

자크 P.237

추천 피스타 안탕스

예술적인 프랑스 디저트에 일본인 파티시에의 해석을 덧붙인 섬세한 케이크를 맛볼 수 있다. 이곳의 시그니처 케이크인 피스타 안탕스는 고소한 피스타치오 무스 안에 헤이즐넛 향의 밀크 초콜릿이 들어있다.

칸미도코로 타키무라 P.190

추천 당고 세트

내가 직접 미니 화로에 구운 따뜻한 당고에 취향대로 고른 세 가지 토핑을 예쁘게 얹은 다음, 말차나 호지차와 함께 먹으면 제대로 일본 여행 기분이 난다. 토핑은 여덟 가지 중에서 고를 수 있으니 고민하는 시간마저 즐겁다.

후쿠오카에선 삼시세끼가 모자랄 만큼 먹고 싶은 것이 많지만,
달달하고 시원한 디저트는 빼놓을 수 없다. 눈과 입이 즐거운 케이크부터
과일이 가득 든 파르페와 크레페, 일본 전통 간식 등 무궁무진한 일본 스위츠의 세계.

코바 카페 P.269

추천 브륄레 파르페

생딸기가 가득 든 파르페 위에 커스터드크림을 얹고, 설
탕을 뿌린 후 눈앞에서 토치로 열을 쏘아준다. 먹음직스
럽게 흘러내리는 커스터드크림과 캐러멜 향이 진한 설탕
막이 새콤달콤한 딸기와 잘 어우러진다.

텐잔 P.261

추천 딸기 찹쌀떡

후쿠오카의 명품 딸기 아마오우(11~4월 한정)가 들어간
딸기 찹쌀떡. 떡과 딸기를 함께 한입 베어 물면 딸기의 새
콤달콤한 과즙이 입안에 배어나오면서 달달한 단팥, 담
백한 떡과 무척 잘 어울린다.

카구노코노미 P.261

추천 금실 몽블랑

주문 즉시 밤 페이스트를 지름 1mm의 가는 면발로 뽑아
서 올려주는 몽블랑. 인기 아이스크림 브랜드인 다이묘
소프트아이스크림 위에 듬뿍 뿌려주는 모습을 눈앞에서
볼 수 있다. 바삭하게 씹히는 바닥의 머랭도 고소하다.

미르히 P.289

추천 미르히 푸딩

유후인산 우유로 만든 유리병 푸딩. 진
하고 고소한 우유 본연의 맛을 최대한
살린 푸딩과 그 아래 들어있는 달콤
쌉싸래한 캐러멜 시럽이 입안에서 살
살 녹는다.

디저트를 더욱 고급스럽게 만드는 후쿠오카 명품 딸기 아마오우

'딸기의 왕'으로 불리는 아마오우あまおう
는 알이 굵고 진한 단맛과 신맛의 균형이
훌륭한 고급 품종이다. 후쿠오카현의 야
메시, 구루메시 등에서 생산되는데, 제
철은 1월 중순~3월 말. 이 시기에는 모
든 디저트 숍이 일제히 아마오우 딸기를
넣은 시즌 디저트를 선보인다.

후쿠오카니까 꼭 살 것들

마지막 순간, 공항 면세점에서

갖고 싶은 것도 많고 선물하고 싶은 것도 많은 후쿠오카. 탐식 도시 후쿠오카의 맛을 고스란히 담아 집으로 가져갈 아이템들을 골라보자. 친구나 직장 동료에게 선물할 때도 좋고 나에게 주는 선물로도 훌륭하다.

칼비 자가리코 명란 맛
Calbee じゃがりこ 明太子味

면세점의 인기 감자 스낵 자가리코의 명란 맛 버전으로 규슈 지역에서만 판매한다. 부드러운 감자 스낵 안에 명란젓 알갱이가 들어있다.

¥ 8봉지 950엔

로이스 생초콜릿
Loyce Nama Chocolate

달콤 쌉싸래한 카카오와 우유 맛이 조화로운 고급 초콜릿. 말차, 샴페인, 오레 등 여러 종류가 있는데 오리지널이 가장 인기 있다.

¥ 1상자 800엔

로이스 포테이토칩 초콜릿
Royce' Potatochip Chocolate

짭쪼롬한 감자칩에 달콤한 초콜릿이 코팅되어 단짠의 행복을 느낄 수 있다. 초콜릿은 오리지널, 화이트, 마일드 3종류인데 오리지널이 가장 무난하다.

¥ 800엔

후쿠오카 공항 국제선 면세점

승객 수가 많은 시간대에는 면세점 기념품 코너의 계산대에 엄청나게 긴 줄이 생겨, 쇼핑을 포기하는 경우도 생긴다. 면세가 되는 백화점 지하 식품 매장에서 미리 사도 되고(면세점만큼 종류가 많지는 않다), 면세 가능 금액 이하로 소량만 산다면 하카타역 마잉구(면세 불가)가 종류가 다양하고 쾌적하다.

공항 면세점, 시내 기념품 코너에서

후쿠사야 카스텔라
Fukusaya Castella

포장부터 명품의 분위기를 풍긴다.
나가사키 3대 카스텔라 중 한 곳으로,
카스텔라 바닥에 굵은 설탕이
박혀 있어 씹는 맛이 좋다.

¥ 0.6호 1,350엔

하카타 토리몬
博多 通りもん

연유와 버터가 든 부드러운 흰 앙금의
만주. 후쿠오카에서만 팔다 보니
우리에겐 낯설지만 일본인들이
선물용으로 가장 많이 사는 과자다.

¥ 8개 1,240엔

히요코
ひよ子

병아리 모양의 만주.
누구나 히요코를 알지만 대부분
후쿠오카 과자인지는 모르는,
일본 전국 면세점의 베스
트셀러다.

¥ 7개 1,125엔

도쿄 바나나
Tokyo Banana

귀여운 바나나 모양의
카스텔라 안에 바나나 커스터드
크림이 들어 누구나 좋아하는 맛이다.
최근에는 포켓몬, 도라에몽 등의
인기 캐릭터 버전도 출시되고 있다.

¥ 8개 1,200엔

고베 프란츠
Kobe Franz

초콜릿 안에 건조 딸기가 들어있는,
달콤함과 새콤함이 어우러진
고급스러운 맛이다. 작고 예쁜 박스 포장이
선물용으로 그만이다. 초콜릿에
따라 종류가 나뉘는데 딸기 트러플, 말차,
셀레브 초코가 가장 인기 있다.

¥ 1,000엔~

미리미리, 시내에서

구테 드 로아
Gouter de Roi

가토 페스트 하라다의 대표 상품.
바게트에 고급 버터를 발라
바삭하게 구운 가토 러스크.
고급스러운 단짠의 조화가 훌륭하다.

📍 한큐 백화점 지하 1층, 다이마루 백화점 지하 2층
¥ 8봉지 756엔

슈거 버터 샌드 트리
Sugar Butter Sand Tree(슈거버터노키)

가벼우면서도 바삭한 통밀 쿠키
사이에 우유 맛의 화이트 초콜릿
샌드를 발랐다. 아마오우 딸기
크림이 든 후쿠오카 한정품도 맛있다.

📍 한큐 백화점 지하 1층, 공항 면세점
¥ 5개 378엔

프레스 버터 샌드
Press Butter Sand

생버터를 사용한 사각 쿠키 안에
버터크림과 버터캐러멜 필링이 들은
고급 과자. 기본 맛 외에 하카타 아마오우
딸기잼과 버터크림이 같이 들어간
제품도 인기가 높다.

📍 텐진 지하상가, 하카타역
¥ 5개 1,107엔

아만베리
AMANBERRY

바삭한 튈 위에 화이트초콜릿 크림과
명품 딸기 아마오우를 올렸다.
마치 쇼트케이크를 과자로 만든 느낌.

📍 한큐 백화점 지하 1층   ¥ 8개 1,166엔

난반 오라이
なんばん往来

아몬드가루를 듬뿍 넣은 미니 스펀지
케이크로 안에 들어간 필링에 따라
맛이 나뉜다. 가장 인기 있는 것은
라즈베리, 하카타 아마오우,
프리미엄 밀크 등이다.

📍 하카타역 1층 마잉구, 한큐 백화점
지하 1층   ¥ 5개 980엔

신신 라멘 밀키트
Shin Shin 半なま

매장에서 먹는 것과 상당히
높은 싱크로율을 보여준다.
취향에 따라 파, 마늘,
고춧가루를 첨가해도 맛있다.

📍 신신 라멘 각 매장
¥ 3인분 1,490엔

카야노야 다시
茅乃舎だし

일본 주부들의 요리 바이블 같은
다시 백. 다시마와 세 가지 말린
생선 분말로 만들었고, 3분만
우려도 깊고 깔끔한 맛을 낸다.

📍 쿠바라 혼케 하카타역 데이토스점,
이와타야점, 다이마루점, 라라포트점 ¥ 453엔~

커피 카운티 원두
Coffee County

바리스타와 상의해 원두를 정하고 먼저
커피를 마셔보자. 마음에 드는 원두를 사면
원두 값에서 커피 한 잔 값을 빼준다.

📍 커피 카운티 ¥ 200g 1,700엔~

하카타 오오야마 모츠나베 밀키트
博多おおやまもつ鍋セット

한국인에게 가장 많이 알려진 모츠나베 식당
오오야마의 모츠나베 밀키트는 채소만 더하면
집에서도 현지의 맛을 그대로 즐길 수 있다.
된장 맛, 간장 맛 두 가지가 있으며,
냉동 제품이므로 공항 가기 직전에 구입하자.

📍 하카타 오오야마 각 지점
¥ 2인분 3,780엔

닷사이23
獺祭23

야마구치현에서 생산되는 고급 사케로
일본의 인기 사케 랭킹에서 자주 1위에
오른다. 화사한 향과 처음 머금었을 때의
기분좋은 단맛, 깔끔한 뒷맛이 훌륭해
한국인에게도 매우 인기 있다.
공항 면세점에도 판매하지만 물량이
부족한 경우가 있으니, 면세 가능한
이와타야에서 미리 사두는 게 좋다.

📍 이와타야 본점 지하 2층 닷사이 직영점,
공항 면세점 ¥ 720ml 5,720엔~

10만 원 이하 나에게 주는 선물

쇼핑하고 싶은 것은 너무너무 많지만 예산은 한정되어 있다. 적당한 가격대로 최대의 즐거움을
누릴 수 있는 아이템을 쇼핑해 한국에 와서도 두고두고 행복해지자.

산토리 위스키
Suntory Whisky 角瓶

하이볼을 좋아한다면 사각 병의 산토
리 위스키 가쿠빈角瓶을 꼭 사오자.
국내보다 절반 이하의 가격이니 안
사면 손해다. 가장 저렴한 곳은 다
이묘의 주류전문점 야마야이지만,
마트, 빅카메라 주류 코너, 편의점
에서도 가격이 괜찮다.

📍 야마야 다이묘점
¥ 700ml 1,988엔

러쉬 배쓰밤
LUSH Bath Bomb

전반적으로 한국보다 정가가 낮은 편인데 환율
을 고려하면 더 저렴해진다. 반신욕을 좋아한
다면 일본 한정판 배쓰밤을 골라보자.

📍 파르코 5층, 아뮤 에스트 1층, 텐진지하상가
¥ 700엔~

후쿠오카에서 위스키, 와인을 사려면 여기

돈키호테, 빅카메라 주류 코
너, 슈퍼마켓에서도 다양한
주류를 만날 수 있지만, 좀 더
전문적이고 저렴한 곳을 찾
고 싶다면 주류 전문점으로
가야 한다. 사케는 하카타의 스미요시슈칸 P.173을 추천하며, 와인
이나 위스키를 찾는다면 아래 소개한 리쿼 숍, 와인 숍으로 가자.

야마야 다이묘점 やまや
사케, 소주, 위스키, 와인, 맥주 등 모든 주종을 판매하는 주류 백화
점. 전반적으로 가격도 저렴한 편이다. 면세 가능.

🚶 니시테츠 후쿠오카(텐진)역에서 도보 10분
📍 福岡県福岡市中央区大名1-2-16 🕐 10:00~22:00
❌ 부정기 📞 +81 92 753 8700

샴드뱅 CHARME du VIN
가게 이름 그대로 와인 숍이지만, 위스키, 브랜디, 진 등도 다양하게
갖추고 있다. 정리가 잘 되어 있어 구경하기 좋다. 면세 가능.

🚶 지하철 구시다진자마에역에서 도보 2분 📍 福岡市博多区祇園
町4-13 🕐 10:00~20:00 ❌ 일요일 📞 +81 92 292 5171
🏠 charme-du-vin.com

르 쎕 Cave de LE CEP
파리에 온 듯한 세련된 인테리어의 와인 숍. 와인 마니아들이 즐겨
찾는 곳으로, 특히 부르고뉴 와인의 라인업이 좋은 것으로 유명하
다. 면세 가능.

🚶 지하철 야쿠인오도리역에서 도보 5분 📍 福岡市中央区警固
3-3-1 🕐 12:00~20:00 ❌ 부정기 📞 +81 92 762 1777

휴먼 메이드 티셔츠
HUMAN MADE

귀여운 애니멀 그래픽 티셔츠. 보라색 로고의
후쿠오카 한정판을 골라봐도 좋다.

📍 휴먼 메이드 다이묘점 ¥ 10,780엔

비비안 웨스트우드 모자
Vivienne Westwood

모자 디자인에 따라 가격은 다르지만 면 소재와
심플한 디자인의 볼캡, 버킷햇은 9,900엔~
1만 3,000대에서 고를 수 있다. 로고 디자인이
포인트가 되어 인기가 많은 제품.
한큐 백화점과 미츠코시 백화점에서 게스트 할인 가능.

📍 한큐 백화점 1층, 미츠코시 백화점 1층 잡화 매장
¥ 9,900엔

퀄리티 퍼스트 슈퍼 VC100 더마 레이저 마스크팩
QUALITY 1st SUPER VC100

네 가지 비타민C가 배합된 고농도 에센스가 듬뿍 들어있는
3분 모공 케어 마스크팩. 1일1팩 하는 사람에게 추천한다.
장당 천 원도 안 되는 금액이고 5장이 들어있어 여행 중
사용하기 좋다.

📍 돈키호테, 드러그 일레븐, 다이고쿠 드러그 ¥ 770엔

시로 향수
SHIRO

국내에 입점되지 않아
일본에서만 살 수 있는
시로SHIRO 향수. 은은하면서도
트렌디한 향수이면서 가격도
합리적이다. 인기 있는 향은
사봉, 화이트릴리, 얼그레이,
화이트 티. 이와타야와 한큐
백화점에서 게스트 할인 가능.

📍 이와타야 본관 1층, 한큐 백화점 1층
¥ 40ml 4,180엔

쿠로미 펜라이트 커버
KUROMI ペンライトカバー

내가 사랑하는 아이돌의 응원봉을 귀엽게
감싸 보호해주는 쿠로미 펜라이트 커버.

📍 캐널 시티의 산리오 갤러리 ¥ 1,320엔

생활에 필요한
모든 것
라이프 스타일
브랜드

생활 전반에 필요한 모든 장르의
잡화들을 총망라하는 생활 잡화 브랜드는
살림에 관심 없는 사람도 꼭 들르게
되는 쇼핑 명소. 각 잡화점 브랜드마다
특징이 다르기 때문에 나의 라이프 스타일과
맞는 곳이 어디인지 파악할 필요가 있다.

무인양품 P.208

로고 없는 심플하고 세련된 디자인 덕분에 생활 잡화만으로
인테리어가 되는 브랜드다. 식품류부터 속옷, 양말을 비롯한
의류, 화장품, 침구, 주방 잡화, 문구, 가구, 가전제품에 이르기
까지 무인양품의 제품만으로 집 한 채를 채울 수 있다. 특히 주
방 잡화와 식품류는 한국 매장에 없는 상품들이 많으니 잘 살
펴 보자.

로프트 P.207

생활 잡화 전반을 다루는 대형 매장. 특히
로프트는 디자인 상품을 중심으로 큐레이
션하는 것으로 유명하다. 또한 후쿠오카 로
컬 브랜드를 발굴하거나 옛 브랜드를 다시
살리는 등 지역 특색을 살린 흥미로운 시즌
기획을 자주 선보인다.

도큐 핸즈 P.174

5층 규모의 대형 잡화점으로 주방용품, 문구, 캐릭터 굿즈, 화장품, 생활 잡화, 액세서리, 가방, DIY 재료에 이르기까지 정말 없는 게 없다. 특히 문구와 주방용품이 다양하니 관심 있다면 꼭 들러보길 추천한다. 아이디어 상품도 많아서 구경만 해도 재미있다.

프랑프랑 P.207

핑크색을 시작으로 파스텔 톤의 사랑스러운 컬러와 디자인을 선보이는 여성 타깃의 라이프 스타일 브랜드. 귀엽고 사랑스러운 디자인에 실용성과 아이디어를 갖춘 제품들이 다양하다.

스탠더드 프로덕츠 P.175

다이소의 상위 라인. 다이소 매장 한쪽에 자리해 규모가 그리 크지 않지만 알찬 구성을 선보인다. 절제된 디자인과 차분한 컬러의 제품들은 어느 인테리어에나 어울리는 잡화들이어서 남녀 모두에게 사랑받는다.

캐릭터 상품과 문구

귀여운 캐릭터 굿즈를 좋아한다면 후쿠오카에서 쇼핑 욕구를 주체하기 힘들 것이다.
캐널 시티와 파르코만 둘러봐도 십여 곳의 캐릭터 숍을 만날 수 있어 이틀 내내 구경해도 될 정도다.
그리고 문구 덕후들을 설레게 할 귀여운 문구 잡화도 빼놓을 수 없다.
특히 후쿠오카를 콘셉트로 한 문구 소품들은 선물용으로도 아주 좋다.

캐릭터 숍

동구리 공화국 P.179

토토로의 숲처럼 꾸민 매장 곳곳
에 귀여운 포토 존이 있다. 피겨,
봉제인형은 물론 문구, 생활 잡화
에 이르기까지 상품 디스플레이
자체가 귀여워 눈을 뗄 수 없다.

포켓몬 센터 P.179

포켓몬스터 팬들의 꿈의 공간. 인형,
스티커, 카드 같은 라이선스 상품 외
에 식품류, 생활 잡화 등 포켓몬 센
터만의 오리지널 상품도 다양하다.

산리오 갤러리 P.180

쿠로미, 폼폼푸린, 마이멜로디, 시나
모롤 등을 만날 수 있는 곳. 작은 거
울이나 헤어핀, 키링 등은 쓸어 담고
싶을 정도로 무척 귀엽다.

점프 숍 P.181

만화 잡지 〈주간 소년 점프〉 캐릭터
숍. 〈주술회전〉, 〈귀멸의 칼날〉의 캐
릭터 스티커, 피겨, 봉제 인형 등 귀
여운 굿즈들이 지갑을 열게 한다.

120

디즈니 스토어 P.180

공주의 성을 콘셉트로 꾸며진 매장 안에 들어가면 아이는 물론 어른도 동심의 세계로 빠져든다. 봉제 인형과 문구, 식기류 등이 무척 귀엽다.

키디랜드 P.213

귀여운 캐릭터들만 모아놓은 캐릭터 굿즈 백화점. 미피, 치이카와, 야옹선생, 스누피 등 몇 개의 숍이 옹기종기 모여있는 형태다.

짱구 스토어 P.212

만화 짱구의 캐릭터 총출동! 스티커, 키링, 배지 등 작고 귀여운 제품부터 미니 피겨가 든 입욕제, 문구, 양말 같은 실용적인 제품들도 있다.

문구

하이타이드 스토어 P.214

다양한 해외 문구 브랜드 사이에 레트로하고 귀여운 디자인의 로컬 문구 브랜드 제품이 존재감을 드러낸다.

줄리엣스 레터스 P.214

'편지'라는 이름과 콘셉트답게 엽서들이 무척 귀엽다. 특히 후쿠오카와 일본스러운 순간들을 콘셉트로 만든 일러스트 엽서를 추천한다.

토지 P.213

전통 문구점답게 전통 종이와 그림을 활용한 편지지, 수첩 등이 무척 귀엽다. 전통적인 문양을 현대적으로 재해석한 미니 봉투도 무척 세련된 제품.

비행깃값 벌어오는

백화점 브랜드 쇼핑

올 상반기 역대급 엔저 현상으로 인해 일본에서 고급 브랜드 쇼핑을 즐기는 사람들이 많아졌다.
이런저런 혜택을 잘 따지면 비행깃값 이상을 건질 수도 있다. 필요한 것은 두둑한 지갑과 스피드!

외국인에게 할인해 주는 이와타야, 한큐 백화점

후쿠오카에 많은 백화점이 있지만, 그중에서도 외국인 관광객을 대상으로 할인 혜택을 주는 이와타야와 한큐 백화점을 공략하자. 게스트 쿠폰(또는 카드)을 발급받으면 5%를 할인을 받을 수 있고, 여기에 면세까지 받으면 그야말로 돈 버는 쇼핑이다. 단 할인 적용이 되지 않는 브랜드가 있으니 주의할 것. 한국에는 품절인 모델이 일본에는 재고가 많은 경우도 있고, 종종 일본에만 판매하는 한정판도 있으니 득템 가능성도 높다. 여러 브랜드를 고루 둘러보고 싶다면 브랜드가 많은 이와타야가 좋고, 쇼핑할 브랜드를 이미 한두 곳 정해두었다면 한큐 백화점으로 가는 것도 좋다.

가장 먼저 할 일은 게스트 카드(쿠폰) 발급

게스트 카드(쿠폰)로 할인을 받으려면 반드시 구입할 때 제시해야 한다. 일단 구입하면 나중에 게스트 카드(쿠폰)를 제시해도 할인을 해주지 않는다. 발급(여권 제시 필수)은 매장이 아니라 면세 카운터(이와타야, 미츠코시 공통) 또는 인포메이션 데스크(한큐)에서 해주므로 쇼핑 전에 미리 준비하자. 한큐 백화점의 경우 구입할 때 매장에서 게스트 쿠폰을 발급해 주는 경우도 있지만 확실하게 하려면 미리 발급받는 게 안심이다.

카드+카드 결제는 불가

결제는 해외 사용 가능한 신용카드나 체크카드 또는 현금으로 할 수 있다. 다만 명품 브랜드의 경우 금액이 크므로 미리 카드 한도를 확인할 것. 카드 한도가 부족할 경우는 반드시 카드+현금으로 결제하거나 모두 현금으로 결제해야 한다. 카드+카드 결제는 불가능하니 주의하자.

관세는 얼마나 나올까

한국으로 입국할 때 면세 한도인 US$800을 초과하면 관세 신고를 해야 한다. 관세는 US$800를 초과한 금액에서 세율을 적용하는데 물품 종류, 개수 등에 따라 세율이 달라져 계산이 쉽지 않다. 그럴 때는 관세청의 '여행자 휴대품 예상 세액 조회'를 이용하면 쉽게 관세를 계산해 준다. 자진신고하면 관세의 30%(20만 원 한도)를 감면해 주고, 신고 미이행 시는 관세의 40%(반복적 신고 미이행자는 60%)의 가산세가 부과되니 주의하자. '여행자 관세신고' 앱으로 모바일 세관 신고를 할 수도 있다.

🏠 여행자 휴대품 예상세액 조회
www.customs.go.kr/kcs/ad/tax/ItemTaxCalculation.do

두 백화점의 게스트 할인 비교
이와타야 백화점 vs 한큐 백화점

	이와타야	한큐
위치	니시테츠 후쿠오카(텐진)역에서 도보 3분	하카타역에서 바로 연결
영업시간	10:00~20:00	
외국 관광객 할인 혜택	게스트 카드	게스트 쿠폰
	5% 할인	
	• **발급** 신관 7층 면세 카운터	• **발급** 1층 인포메이션 데스크(구찌 옆)
	• **유효 기간** 3년 (면세 카운터에서 기간 연장 가능)	• **유효 기간** 쿠폰에 표시된 날짜까지 (보통 7일 정도)
	• **사용 불가 브랜드** 에르메스, 까르띠에, 불가리, 티파니, 라이카, 미키모토, 파텍 필립, 반클리프 앤 아펠, 롤렉스의 일부 상품	• **사용 불가 브랜드** 루이비통, 불가리, 티파니, 에르메스, 샤넬 화장품 선글라스, 롤렉스, 미키모토, 까르띠에, 도모호른 링클, 블루 라벨 크레스트 브리지, 매킨토시 런던, 카시야마
	• **사용 불가 상품** 3,000엔 미만 상품(세금 제외), 세일 상품, 식품, 주류, 레스토랑, 카페 등	• **사용 불가 상품** 1,100엔(세금 포함) 미만 상품(매장에 따라 합산 5,000엔을 넘으면 쿠폰을 적용해 주기도 한다), 세일 상품, 럭키백, 식료품, 레스토랑, 카페, 상품권 등
	• **특이 사항** 후쿠오카 미츠코시 백화점을 비롯해 미츠코시 이세탄 그룹의 모든 백화점에서 사용 가능	• **특이 사항**: 오사카의 한큐 우메다와 한큐 멘즈, 한신 우메다, 도쿄의 한큐 멘즈, 고베 한큐에서도 사용 가능. 연간 면세 금액 100만 엔(세금 별도) 이상은 해외 고객 VIP 실버 카드(7% 할인), 구매 누계 500만 엔(세금 별도) 이상은 골드 카드(10% 할인)로 변경해 준다.
면세 카운터 위치	신관 7층	M3층

모르고 가면 낭패인
백화점 면세 Q&A

Q 세금 환급은 언제 받을까?

A 백화점의 경우, 매장에서 세금 포함 가격으로 구입한 후에 면세 카운터로 가서 당일 구입 물품들을 한꺼번에 일괄 수속해 세금을 돌려받는 방식이다. 따라서 구입 비용은 세금 포함 가격으로 준비해야 한다.

Q 전날 구입한 것과 합산해 면세를 받을 수 있나?

A 불가능하다. 면세는 구입한 당일에만 받을 수 있다.

Q 엄마, 아빠 카드로 사도 면세를 받을 수 있나?

A 면세를 받으려면 구입한 물건(세금 제외한 5,000엔 이상)과 영수증, 본인 여권을 제시해야 하고, 모두 본인 명의로 동일해야 한다. 따라서 가족 명의 카드로 구입하려면 카드 주인이 직접 면세 수속을 해야 한다.

Q 면세 환급액은 현금으로 받을까, 카드로 받을까?

A 현금으로 그 자리에서 바로 돌려받는 게 이득이다. 기본적으로 백화점에 지불되는 수수료(1.55%) 외에도 카드로 환급받을 경우 환전 수수료가 추가로 붙는 데다 환급받는 데 최소 1주일 이상 걸리기 때문.

Q 면세 수속하는 데 얼마나 걸리나?

A 1명에 2~3분 걸린다고 보면 된다. 대기자가 20명일 경우 40~50분은 대기해야 한다. 붐빌 때는 마감 시간 가까이 갔다가 면세를 받지 못하는 상황이 생길 수도 있다. 백화점 영업시간은 저녁 8시까지이지만, 면세 카운터는 그보다 15분 전에 종료되므로 시간 여유를 가지고 쇼핑할 것.

Q 면세를 받은 후 반품할 수 있나?

A 불가능하다. 면세 수속 후에는 반품 불가이므로 신중하게 구입하자.

환율과 쿠폰 덕을 톡톡히 볼 수 있는 명품 브랜드

해외 럭셔리 브랜드 중에서 금액적으로 가장 이득인 브랜드는 셀린느, 구찌, 프라다, 생로랑, 발렌시아가, 펜디, 롱샴, 메종 마르지엘라, 보테가 베네타 등. 백화점에서 외국인에게 주는 게스트 쿠폰(게스트 카드)이 적용되는 대표적인 브랜드이기 때문이다. 참고로 보테가 베네타, 돌체 앤 가바나, 디올(의류)은 이와타야 백화점에만 있다.

셀린느
Celine

정가 차이, 환율과 쿠폰, 면세를 고려하면 할인 폭이 가장 큰 브랜드가 바로 셀린느. 엔저 현상이 한창일 때 가방이 한국보다 30~100만 원 가량 저렴해 매장 앞에 항상 줄이 길게 늘어섰을 정도다. 이와타야(신관 2층), 한큐 백화점(1층 중앙) 모두 셀린느를 사려면 오픈런이 답이다. 이와타야의 경우 1층 정문 밖에서 기다리지만, 한큐 백화점에 오픈런 한다면 아뮤 에스트 쪽 8번 게이트(구찌 매장 옆)에서 기다려야 조금이라도 빨리 매장에 도착할 수 있다.

비비안 웨스트우드
Vivienne Westwood

비비안 웨스트우드는 이와타야, 한큐 백화점에 둘 다 있지만, 일본에만 판매하는 세컨드 브랜드인 비비안 웨스트우드 레드 라벨은 한큐 백화점에만 있다. 모두 게스트 할인도 적용된다. 한큐 백화점과 미츠코시 백화점 1층의 잡화 매장에도 비비안 웨스트우드의 모자, 장갑, 양말, 스타킹, 손수건 등이 있다. 미츠코시 백화점에서도 이와타야의 게스트 카드를 사용해 할인 받을 수 있고 이곳 잡화 매장이 상당히 충실해 쇼핑하기 좋다. 가방, 잡화, 액세서리만 집중해 보고 싶다면 파르코 1층의 비비안 웨스트우드 액세서리 매장도 좋다. 여기는 할인 쿠폰은 없지만 매장에서 바로 면세를 해준다.

일본 디자이너 브랜드는 무조건 일본이 저렴

엔저 환율이 아니더라도 일본 디자이너 브랜드는 항상 일본이 국내보다 훨씬 저렴하다. 안 사고 오면 뭔가 손해 보는 기분. 그만큼 쇼핑 경쟁도 치열하다. 원하는 모델과 사이즈가 다행히 남아 있다면 바로 구입하는 게 답이다. 이세이 미야케, 꼼데가르송 외에도 메종 키츠네, 요지 야마모토, Y-3 등도 눈여겨볼 만하다.

이세이 미야케
Issey Miyake

바오바오, 플리츠 플리즈, 이세이 미야케 미 등 가방과 의류 모두 꾸준히 사랑받는 이세이 미야케는 할인 쿠폰이 적용되는 이와타야, 한큐 백화점에서 사는 게 가장 저렴하다. 그런 만큼 매장 앞에 줄 서는 경우도 많고 물건이 금방 빠지기 때문에 오픈런 해야 원하는 상품을 살 확률도 높다. 재고는 매일 조금씩 채워지지만, 신상품은 보통 매월 1일, 15일 입고된다. 이와타야의 경우 이날은 입장 제한을 한다. 입고 3~5일 전에 매장에 가서 신청하면 추첨을 통해 당첨자에게 입고 전날 연락해 주는 방식. 홈페이지(www.iwataya-mitsukoshi.mistore.jp)에서 미리 공지하므로 체크할 것. 출국 날 오전 비행기를 타는 사람은 공항 면세점 매장도 둘러볼 만하다. 다만 오후부터는 재고가 빠져 물건이 별로 없을 가능성이 크다.

꼼데가르송 플레이
Comme Des Garcons Play

캐주얼한 디자인으로 인기 있는 꼼데가르송 플레이는 할인 쿠폰을 쓸 수 있는 이와타야에서 사는 게 가장 저렴하다. 플레이 매장은 백화점 1층 외부에 별도로 매장이 마련되어 있는데 입구 밖 기기에서 번호표를 뽑은 후 순서대로 입장하면 된다. 사람이 많을 때는 대기해야 하고 주말, 휴일, 제품이 입고되는 금요일은 번호표가 일찍 마감되기도 하니 오픈런 필수. 이와타야에서 번호표를 받지 못했다면 기온의 꼼데가르송 단독 매장으로 가자. 플레이, CDG 라인을 비롯해 여러 꼼데가르송 라인을 한자리에서 볼 수 있다. 할인 쿠폰은 없지만 면세를 받을 수 있으니 어쨌든 한국보다 저렴하고 이와타야에 없는 기본템 재고가 남아 있는 경우도 많다. 게다가 이와타야보다 훨씬 한가한 편이다.

쇼퍼들의 파라다이스
다이묘 쇼핑 지도

노스페이스
The North Face

휴먼 메이드
Human Made

리얼 맥코이
Real Mccoy's

유니온3
Union 3

베이프
BAPE STORE

히스테릭 글래머
Hysteric Glamour

칼하트
Carhartt

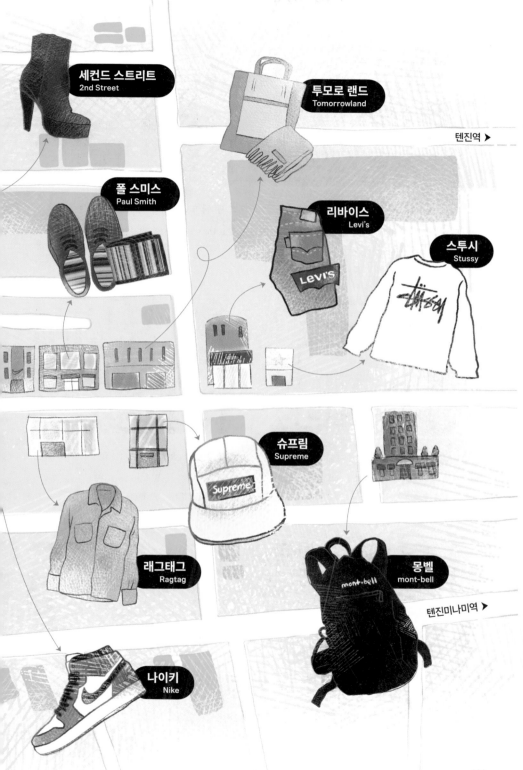

세컨드 스트리트
2nd Street

투모로 랜드
Tomorrowland

텐진역 ▶

폴 스미스
Paul Smith

리바이스
Levi's

스투시
Stussy

슈프림
Supreme

래그태그
Ragtag

몽벨
mont-bell

텐진미나미역 ▶

나이키
Nike

129

래그태그 Ragtag

밝고 세련된 매장 분위기와 깔끔한 디스플레이의 빈티지 의류 전문점. 미착용 중고도 많이 보유하고 있다.

스투시 Stussy

로고 티셔츠와 모자로 인기 높은 미국의 스트리트 패션 브랜드.

폴 스미스 Paul Smith

지브라 와펜 로고의 티셔츠나 독특한 컬러 매치로 포인트를 준 지갑이 인기.

리바이스 Levi's

'스테디 이즈 베스트'를 보여주는 청바지 브랜드. 직원들이 영어가 유창하다. 면세 가능.

나이키
Nike

3개 층을 모두 쓰는 단독 매장이라 물건이 많고 쾌적하다. 라인업이 다양하고 액세서리도 판매한다.

슈프림
Supreme

스타일리시한 매장 인테리어부터 눈길을 끈다. 매장이 넓고 물건도 다양한 편. 붐빌 때는 입장 인원을 제한.

히스테릭 글래머
Hysteric Glamour

빈티지 팝 감성의 스트리트 브랜드. 프린트가 화려한 티셔츠나 개성 있는 아이템들이 많다.

베이프
Bape Store

우리나라와 미국 뮤지션들도 많이 입는 일본의 하이엔드 스트리트 브랜드. 한국 매장보다 훨씬 저렴하다.

투모로 랜드
Tomorrowland

대표적인 편집 숍 중 하나. 아크네 스튜디오, 이자벨 마랑 등 고급 브랜드를 취급한다.

칼하트
Carhartt

미국 워크웨어, 캐주얼웨어 브랜드. 매장은 작은데 상품 구성은 알차다.

휴먼 메이드
Human Made

후쿠오카 한정인 보라색 로고의 제품들이 인기가 높다. 키링, 카드지갑 등의 한정판 소품도 눈여겨보자.

몽벨
mont-bell

평소에도 메기 좋은 백팩은 가벼우면서도 어디에나 잘 어울리는 디자인으로 인기가 높다.

노스페이스
The North Face

2층은 일본에서만 판매하는 시티캐주얼 라인인 노스페이스 퍼플 라벨 제품이 있다.

유니온3
Union 3

브랜드 구제 제품이 많은 빈티지 숍. 물품 수가 굉장히 많으며, 가격대가 높은 제품도 많은 편.

리얼 맥코이
Real Mccoy's

바이크, 아메카지, 밀리터리 룩으로 인기 있는 브랜드로 남자들 사이에서 샤넬 같은 존재.

세컨드 스트리트
2nd Street

빈티지 명품뿐 아니라 다양한 구제 브랜드 제품을 만날 수 있는 숍. 면세도 가능하다.

보물찾기 하는 기분으로

드러그스토어 탐험

먹는 약부터 붙이고 바르는 약, 화장품, 세제, 건강용품, 식품에 이르기까지 취급 카테고리도 다양하고
상품 종류도 무궁무진한 곳이 바로 드러그스토어. 많은 사람들이 사용해 보고
그 효과를 인정한 드러그스토어의 스테디셀러를 소개한다.

로이히츠보코
ロイヒつぼ膏

'동전 파스'로 유명한 소형 원형
파스. 어깨 결림이나 통증이 있
는 허리 등에 붙이면 온열감을
주어 고통이 완화된다.

¥ 156매 699엔

사론 파스
サロンパス

명함 사이즈로 유명한
일본의 국민 파스. 그
대로 붙여도 되고 용도
에 맞게 잘라서 붙여도
된다.

¥ 40매 654엔

오타이산
太田胃散

일본의 국민 소화제. 생약
성분의 순한 위장약으로 속
쓰림, 과식에도 효과가 있다.

¥ 32포 1,078엔

무히 패치A
ムヒパッチA

호빵맨 패치라고도 불리는 가려움 완화
파스. 벌레 물린 곳에 붙이면 금세 가려움
이 가라앉는다. 아이보다 어른이 더 좋아
하는 제품.

¥ 38매 321엔

에레키반130
ピップエレキバン 130

일명 자석 파스. 자력이 혈액순환을 도
와 결림 증상에 효과가 있다. 마지막 숫
자는 자속 밀도를 나타내며, 130이 중
간 수준으로 가장 무난하다.

¥ 72매 3,000엔

이브 에이
EVE A

이부프로펜 계열의 진통제. 효과가 빠른 것으로 유명
해 두통, 생리통을 겪는 여성들이 특히 선호한다. 생리
통에 좀 더 특화된 EVE A EX 도 인기.

¥ 40정 1,518엔

132

우콘노치카라 가루 타입
ウコンの力 顆粒

일본의 국민 숙취 해소제. 음주 전후
에 먹으면 된다. 액상보다 가루 타입
이 더 효과가 좋다는 사람이 많다.

¥ 11개 842엔

바브
バブ

탄산 약용 입욕제. 따뜻
한 물에 넣으면 탄산 가
스가 보글보글 나오면서
금세 녹는다. 종류가 무척 많고, 양
이 많아 가성비도 좋다.

¥ 20개 660엔

파브론S콜드W
パブロンSゴールドW

비타민이 포함된 초기 감기약. 가루
타입과 알약 타입이 있다. 파브론 콜
드A는 종합감기약, 파브
론S콜드W는 목 통증과
기침, 콧물에 좀 더 작용
하는 감기약이다.

¥ 12포 1,515엔

구내염 패치 다이쇼
口内炎パッチ大正A

붙이는 구내염 치료제. 아프지 않은
데다 효과가 좋고, 꽤 잘 붙어있어
서 편리하다.

¥ 1,078엔

사카무케아
サカムケア

바르는 반창고. 상처 부위를 덮어주어 방
수 효과를 내기 때문에 물에 닿아도 괜찮
다. 작은 상처에 쓰기 좋다.

¥ 798엔

멘소래담 메디컬 립
メンソレータム メディカルリップ

입술 주변이 찢어지고 갈라지는
구순구각염에 효과 있는 연고. 입
술에 바로 바르는 튜브 타입과 손
가락으로 찍어 바르는 밤 타입이
있다.

¥ 968엔

네츠사마 시트
熱さまシート

갑자기 열이 날 때 이마에 붙이면
열이 내려가는 제품. 젤 시트가 열
을 흡수해 시원함을 느끼게 한다.
1장으로 8시간 지속. 어린이용도
따로 있다.

¥ 16매 470엔

후루코토F
フルコートF

항염 작용이 뛰어난 피부염, 염증
치료용 스테로이드 연고. 발진,
가려움증, 상처에 바르면 된다.
항생제가 포함되어 상처의 세균
증식을 막는다.

¥ 1,078엔

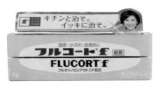

크라시에 갈근탕액II
クラシエ葛根湯液II

일본식 쌍화탕. 감기가 시작되어
열이 나면서 추위가 느껴질 때 마
시면 효과가 좋다. 두통, 어깨 결림,
근육통에도 효과가 있다. 하루 2병
복용.

¥ 45mlx2병 748엔

야식, 안주 둘 다 못 잃어
편의점 간식 털기

세븐일레븐
セブンイレブン

타마고산도
たまごサンド

꾸준히 사랑받는 베스트셀러. 삶은 달걀을 큼직하게 썰어 식감을 살렸다.

￥313엔

슈거 버터 샌드 트리
Sugar Butter Sand Tree

백화점에서 사먹던 제품을 세븐일레븐에서 만날 수 있다. 크림의 양 등 약간 차이가 나는 듯하지만 충분히 맛있다.

￥268엔

에다마메
塩ゆで枝豆

이자카야의 간단 메뉴로 인기 있는 삶은 풋콩(에다마메). 맥주 안주로 딱이다.

￥238엔

마시는 요구르트 알로에
のむヨーグルト アロエ

진한 맛의 요구르트에 알로에가 가득 씹혀서 아침에 먹기 좋다.

￥160엔

컵 된장국
カップみそ汁

컵라면처럼 뜨거운 물만 부으면 먹을 수 있다. 대파, 모시조개, 버섯, 톤지루 등 여덟 가지 맛이 있다.

￥108엔~

밀크레이프
ミルクレープ

얇은 크레이프와 크림을 교대로 한 겹 한 겹 쌓아 올린 디저트. 디저트 전문점에서 먹는 것 같은 맛.

￥300엔

하루 세 끼 배 터지게 먹었어도 숙소 가기 전 편의점 쇼핑은 절대 놓칠 수 없다. 가장 인기 있는 편의점 브랜드 3곳의 자체 상품 중에서 실패 없는 간식과 안주들을 모았다.

로손
ローソン

카라아게쿤
からあげクン

로손의 베스트셀러인 한입 사이즈의 순살 닭튀김. 노란색의 레귤러는 짭짤한 기본 맛, 빨간색의 레드는 약간 매콤한 맛.

¥ 248엔

모찌롤
もち食感ロール

디저트가 맛있기로 유명한 로손에서 가장 사랑받는 디저트. 쫀득한 빵 속에 부드러운 홋카이도산 우유 생크림이 가득 들어있어 자꾸 손이 간다.

¥ 343엔

도라모찌
どらもっち

쫀득한 도라야키. 쫄깃한 빵 사이에 홋카이도산 단팥과 우유 크림이 들어있는데, 빵의 쫄깃한 식감이 신기하고 맛있다. 달지 않은 말차 맛도 있다.

¥ 192엔

트윈 슈
ツインシュー

큼직한 슈 안에 휘핑크림과 커스터드크림이 둘 다 들어가 더 맛있는 슈크림.

¥ 138엔

패밀리 마트
ファミリーマート

FamilyMart

파미치키
ファミチキ

겉은 바삭, 속은 촉촉한 순살 치킨. 기본은 짭짤한 맛이고, 바바네로홋토ハバネロホット는 살짝 매콤한 맛. 로손의 카라아게쿤보다 파미치키를 좋아하는 사람도 많다.

¥ 240엔

수플레 푸딩
スフレ プリン

부드러운 커스터드푸딩 위에 치즈 수플레 1개가 통째로 올라가 있어 두 가지를 한 번에 맛볼 수 있다.

¥ 320엔

파미치키 번즈
ファミチキバンズ

타르타르소스가 빵 사이에 발려 있다. 파미치키를 사서 빵 사이에 끼워 먹으면 완벽한 치킨 버거가 된다. 무척 인기 있는 먹조합.

¥ 88엔

쟁여놓고 싶은

식료품 쇼핑

마루코메 된장국
マルコメ 味噌汁

1인분 18엔이라는 최고의 가성비의 인스턴트 된장국. 그릇에 담고 뜨거운 물만 부으면 시원한 된장국이 완성된다.

¥ 24인분 429엔

컵누들
カップヌードル

세계 최초의 컵라면. 맵지 않은 기본 맛은 물론 해산물, 카레, 칠리 토마토 라면도 맛있다.

¥ 254엔

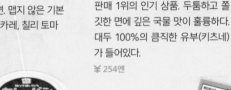

돈베이 키츠네 우동
どん兵衛 きつねうどん

판매 1위의 인기 상품. 두툼하고 쫄깃한 면에 깊은 국물 맛이 훌륭하다. 대두 100%의 큼직한 유부(키츠네)가 들어있다.

¥ 254엔

마루짱 세이멘
マルちゃん正麺 芳醇こく醤油

생면같이 부드럽고 탄력 있는 면발, 간장으로 맛을 낸 시원한 멸치 육수 덕에 인기가 좋다. 코쿠쇼유(진한 간장) 맛이 가장 무난하게 맛있다.

¥ 306엔

칼디 카레빵 스프레드
Kaldi ぬって焼いたら カレーパン

오직 칼디 커피 팜에서만 살 수 있는 오리지널 상품. 식빵에 펴 발라 구우면 카레빵 토스트가 완성된다. 메론빵 스프레드도 있다.

¥ 333엔

키코만 두유
キッコーマン調製豆乳

다양한 맛으로 인기 있는 두유. 바나나, 딸기, 코코아, 커피, 홍차같이 상상 가능한 맛부터 크림소다, 도라야키, 레모네이드같이 특이한 것들도 있다.

¥ 121엔

용각산 목캔디
龍角散ののどにすっきり飴

목이 칼칼할 때 효과적인 용각산 가루와 각종 허브 추출물로 만든 목캔디로 맛도 좋다.

¥ 280엔

카프리코 미니
カプリコ ミニ 大袋

분명 과자인데 맛도 모양도 아이스크림이다! 미니 사이즈라 흘리지 않고 먹기 편하다. 맛은 초코, 딸기, 우유 세 가지 맛이 모두 들어있다.

¥ 10개 386엔

타케노코노사토
たけのこの里

죽순 모양의 쿠키에 밀크초콜릿과 카카오향이 강한 초콜릿이 2중으로 코팅되어 있다. 과자가 푸석한 비스킷이 아니라 부드러운 쿠키여서 더욱 맛있다.

¥ 200엔

숙소에서 바로 먹을 간식이나 음료, 집에 쟁여놓고 두고두고 먹고 싶은 가공식품까지.
누군가에겐 백화점보다 더 신나는 것이 식료품 쇼핑이다. 일부는 편의점에서도 팔지만
넓은 마트에서는 좀 더 저렴하고 다양하게 쇼핑할 수 있다.

베이크 크리미 치즈
Bake Creamy Cheese

한입 사이즈의 치즈케이크 과자. 크
림치즈, 까망베르, 마스카르포네 치
즈가 들어 있어 풍성한 치즈 맛을 느
낄 수 있으며, 화이트 초콜릿의 달달
함까지 더해져 입에서 살살 녹는다.

¥ 10개 190엔

매운맛
고추기름
辛さ増し増し 香ばしラー油

요리에 뿌려먹는 고추기름(라유). 다
진 고추와 튀긴 마늘, 튀긴 양파가
들어있어 면 요리나 볶음밥, 만두 등
에 올려 먹으면 맛있다.

¥ 105g 450엔

간사이풍
가마메시
関西風だし釜めしの素

닭고기, 우엉, 당근,
곤약, 유부, 표고
버섯 토핑이 들은
가마솥밥 재료. 간사이풍 외에도
종류가 무척 다양하며 어느 것을 사
도 맛이 좋다.

¥ 3~4인분 265엔

오차즈케용 후리카케
お茶づけ

밥에 후리카케를 뿌리
고 따뜻한 물을 자작
하게 부어주면 오차즈
케 완성. 입맛 없을 때나 야식으로
먹기에 딱 좋다. 다양한 맛이 있지만
연어, 김, 와사비 맛 등이 인기 있다.

¥ 3인분 162엔

토마토 매운
하야시라이스 고형 소스
トマ辛ハヤシ

완숙 토마토의 진한 맛과 볶은 고추
의 매콤함이 절묘한 하야시라이스
를 간단히 만들 수 있는 제품. 만들
기도 카레처럼 간단하다.

¥ 8인분 380엔

초야
사라리토시타 우메슈
CHOYA さらりとした梅酒

향긋하고 산뜻한 맛으로
매실주 중 가장 인기 있는
제품이다. 청매실과 설탕,
주정, 브랜디로 만들며 도수가 10도
정도라 부담없이 마시기 좋다.

¥ 1,000ml 880엔

산토리 위스키
가쿠빈
Suntory Whisky 角瓶

집에서 하이볼을 즐긴
다면 꼭 사야 할 위스키.
달달한 향과 드라이한 맛의 블렌디
드 위스키로, 일본 위스키 중 판매량
1위를 자랑하는 대중적인 제품이다.

¥ 700ml 1,988엔

타카치호 목장
마시는 요구르트
高千穂牧場のむヨーグルト

규슈 타카치호 목장에서 생산하는
우유로 만든다. 고소함이 느껴지는
자연스러운 맛이 특징. 같은 브랜드
의 카페오레도 무척 맛있다.

¥ 172엔

마트 vs. 돈키호테

식료품, 주류 쇼핑이 목적이라면 돈키
호테보다는 마트를 추천한다. 더 저
렴한 제품도 많고, 밤늦게 가면 한산
해 쇼핑하기 좋다. 특히 생선회, 초밥,
닭꼬치, 가라아게, 도시락 등 조리 식
품에 있어서는 편의점에 비할 바가 아
니다. 서니SUNNY와 맥스밸류 익스프
레스Max Valu Express는 24시간 영업
하며, 요도바시 카메라 4층의 로피아
LOPIA는 할인 행사가 많은 편이다.

PART 3

후쿠오카를
가장 멋지게
여행하는
방법

후쿠오카
국제공항

후쿠오카 국제공항은 우리나라에서 가장 가까운 외국 공항으로, 국제선과 국내선 터미널이 있다. 외국 여행자가 주로 이용하는 국제선 터미널은 시내 중심가인 하카타역까지 거리가 불과 3.5km라 택시나 직행버스로 15분, 지하철로 20분이면 갈 수 있다. 그만큼 여행 시간을 최대한 즐길 수 있어 여행자에게는 이보다 더 고마울 수 없다. 단, 지하철 후쿠오카공항역은 국내선 터미널만 있기 때문에, 지하철로 이동하려면 먼저 무료 셔틀버스를 타고 국내선 터미널로 가야 한다.

- **취항 항공사** 대한항공, 아시아나항공, 일본항공, ANA, 제주항공, 진에어, 에어서울, 티웨이항공, 에어부산, 이스타항공

🏠 www.fukuoka-airport.jp

국제선 터미널

국제선 터미널은 이용객 수에 비해 규모가 아담한데, 오히려 그 덕에 이용하기에는 편리한 점도 많다. 후쿠오카에 도착해 입국 수속을 마치고 나가면 1층 도착 로비가 나온다. 이곳에 여행 안내소와 버스 안내소, ATM, 편의점 등 각종 편의시설이 옹기종기 모여있어서 바로 찾을 수 있다. 건물 밖으로 나가면 바로 택시 정류장이 있고 길을 건너면 버스 정류장이 나온다. 여기서 지하철 후쿠오카공항역이 있는 국내선 터미널행 무료 셔틀버스는 물론이고, 하카타역, 다자이후, 라라포트, 유후인, 벳푸, 구로카와 온천 등으로 가는 버스도 탈 수 있다.

공항은 현재 확장 공사 중

이용객이 늘어나자 공간 협소 문제 등을 해결하기 위해 터미널의 증개축 공사가 진행 중이다. 2025년 완공 예정이며, 이후에는 터미널 간 셔틀버스 이동 거리도 5분으로 줄어들 예정이다. 공사는 부분마다 단계적으로 진행 중이지만 공항 이용에 문제는 없다.

	층별 안내
4층	전망대, 식당, 유료 대기실
3층	출발 로비, 보안 검색대, 항공사 카운터, 면세점, 라운지, 여행사 카운터, 안내소
2층	입국심사장
1층	도착 로비, 여행 안내소, 버스 안내소, HIS 여행 서비스 센터, 렌터카 카운터, 코인 로커, 환전소, 요시노야, 세븐일레븐, 세븐은행 ATM, 터미널 간 무료 셔틀버스, 노선 버스, 고속버스, 택시 *공사 상황에 따라 일부 변경될 수 있다.

터미널 간 무료 셔틀버스

국제선 터미널과 국내선 터미널을 오갈 때는 무료 셔틀버스를 타면 된다. 국제선 터미널 1층 밖으로 나가 길을 건넌 후 나오는 1번 정류장에서 타며, 6~8분에 한 대꼴로 운행한다(밤 10~11시는 감축 운행). 첫차는 06:17, 막차는 11:21 출발.

국제선 터미널
1번 정류장

15분   10분

국내선 터미널 북쪽
15번 정류장

국내선 터미널

국제선 터미널에 비해 국내선 터미널은 규모가 훨씬 크다. 외국인 여행자는 국내선 터미널을 이용할 일이 거의 없지만, 지하철 후쿠오카공항역이 국내선 터미널에만 있기 때문에 시내 방면으로 지하철을 타고 가려면 반드시 국내선 터미널로 가야 한다. 국제선 터미널보다 식당가와 상점이 훨씬 다양하며, 지하 1층에는 호텔로 바로 짐을 보낼 수 있는 카고 패스 카운터가 있으니 이용해도 좋다.

	층별 안내
4층	전망대, 식당, 유료 대기실
3층	전망대, 식당, 매점, 유료 대기실
2층	출발 로비, 보안 검색대, 라운지, 매점, 안내소
1층	도착 로비, 항공사 카운터, 여행사 카운터, 관광 안내소, 버스 안내소, 세븐은행 ATM, 이온은행 ATM, 요시노야+하나마루 우동, 고쿠민 드러그스토어, 코인 로커, 터미널 간 무료 셔틀버스, 고속버스, 택시
지하 1층	카고 패스 카운터, 은행
지하 2층	지하철 후쿠오카공항역

후쿠오카 국제공항에서
시내로 이동하기

공항에서 시내로 가는 방법은 버스, 지하철, 택시가 있다. 현재 여행자가 가장 많이 이용하는 수단은 지하철. 단, 지하철 공항역이 국내선 터미널에만 있으므로 국내선 터미널로 이동해야 하는 불편함이 있다.

지하철

여행자들이 가장 많이 이용하는 방법이다. 공항역에서 5분이면 도착하는 하카타역을 비롯해 텐진역, 오호리 공원, 항만 지역까지 시내 주요 지역을 모두 지나기 때문에 원하는 지역에 내릴 수 있어 편리하다. 그러나 국제선 터미널에는 공항역이 없으므로, 먼저 무료 셔틀버스를 타고 지하철역이 있는 국내

선 터미널로 가야 한다. 국제선 터미널 1층 게이트 밖으로 나가 길을 건넌 후 1번 정류장에서 무료 셔틀버스를 타고 15분이면 국내선 터미널에 도착한다. 무료 셔틀버스는 대개 6~8분에 한 대꼴로 자주 오는 편이다. 정류장에 내려 바로 보이는 후쿠오카공항역 안내판을 따라가면 된다.

공항 국제선 터미널 1번 정류장		국내선 터미널 북쪽 15번 정류장
	무료 셔틀버스 15분	도보 1분
텐진역	**하카타역**	**후쿠오카공항역**
지하철 공항선 6분(210엔)	지하철 공항선 5분(260엔)	
	지하철 공항선 11분(260엔)	

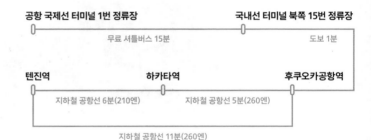

550엔이면
호텔까지 짐 배달
카고 패스
Cargo Pass

후쿠오카 공항 국내선 터미널에서 호텔로, 또는 호텔에서 국내선 터미널로 당일에 짐을 옮겨주는 서비스(국제선은 불가). 공항에서 곧장 일정을 시작하고 싶을 때 무거운 짐 없이 다닐 수 있어서 매우 편리하다. 출국날 호텔에서 공항으로 보내는 것은 시간 관리가 어려울 수 있으니 추천하지 않는다. 후쿠오카의 하카타, 나카스, 텐진 구역에 지정된 호텔로만 가능하며, 본인이 숙박하는 곳이어야 한다. 현재 178개 호텔에서 서비스하는 중이며, 호텔에서 공항으로 운반하는 서비스는 그중 일부 호텔만 된다. 홈페이지에서 가능 호텔을 확인해 보자. 신청은 공항에서 호텔로 보낼 때는 국내선 터미널 지하 1층 카고 패스 카운터에서 접수하고, 호텔에서 공항으로 보낼 때는 호텔 카운터에서 접수해 공항의 카고 패스 카운터에서 짐을 수령한다. 홈페이지에서 미리 예약도 할 수 있다(전날 ~21:00).

🚶 ① **공항에서 호텔로 보낼 때** 국내선 터미널 지하 1층 카고 패스 카운터
② **호텔에서 공항으로 보낼 때** 가능 호텔(홈페이지 참조)의 카운터
🕐 **공항 ▸ 호텔** 당일 접수 ~14:00, 호텔에 짐 도착 16:00~18:00
호텔 ▸ 공항 당일 접수 ~10:00, 당일 접수는 14:30 이후 출발하는 비행편만 가능
¥ 가방, 캐리어 550엔 / 대형 캐리어, 골프백, 서프 보드 1,100엔 🏠 cargopass.jp

공항버스

후쿠오카 시내까지 환승 없이 한 번에 가고 싶다면 공항버스를 타면 된다. 국제선 터미널 1층 게이트 밖으로 나가 길을 건넌 후 4번 정류장에서 타면 되는데, 시내 중심으로 가는 버스는 현재 하카타역행 직행버스뿐이며, 15분이면 도착한다. 오전 9시대부터 저녁 6~7시대까지 1시간에 1~4편 운행한다. 첫차는 월~금 09:25, 토, 일, 공휴일 09:42, 막차는 월~금 18:10, 토, 일, 공휴일 19:07이다. 요금은 310엔으로, 현금으로 내거나 IC 카드를 사용하면 되고, 터미널 1층의 버스 창구나 자동발매기에서 표를 구매해도 된다. 그 외 후쿠오카 시내 노선버스를 탈 수 있는 교통 패스도 사용할 수 있다. 만일 텐진 방면이나 오호리 공원 등으로 간다면 하카타역에 내려서 다시 버스나 지하철로 환승해야 하므로, 아예 공항 국내선 터미널에서 지하철을 타는 것이 낫다. 한국으로 돌아올 때 하카타 버스 터미널에서 국제선 터미널까지 가는 직행버스를 이용하려면, 하카타 버스 터미널 1층 11번 정류장으로 가면 된다. 바닥에 '후쿠오카공항 국제선'이라고 한글로 쓰인 파란색 라인을 따라 줄을 서면 된다. 단, 1시간에 1~3대꼴로 운행 편수가 적은 편이다.

공항 국제선 터미널 4번 정류장   **하카타역(하카타 버스 터미널)**
├────────────────────────────────┤
하카타역행 직행버스(15분 소요, 310엔)

택시

후쿠오카 공항 국제선 터미널의 도착 로비인 1층에서 밖으로 나오면 바로 택시 정류장이 있다. 하카타역까지 약 15분이면 가기 때문에 요금 부담은 덜한 편이다. 짐이 많고 인원이 2~4명이라면 택시를 타는 게 나을 수 있다.

공항 국제선 터미널   **하카타역**
├────────────────────────────────┤
15분 소요, 약 1,700엔

공항 국제선 터미널   **텐진역**
├────────────────────────────────┤
20분 소요, 약 2,000엔

후쿠오카의 주요 역과
버스 터미널

근교 여행이 매력적인 후쿠오카에서 주로 이용하게 될 기차역과 버스 터미널을 미리 파악해 두자.

JR 하카타역

유후인, 벳푸, 고쿠라, 모지코 등으로 갈 때 이용하며, 구마모토, 가고시마, 오사카, 도쿄 등으로 가는 신칸센도 탈 수 있다. 지하철 공항선, 나나쿠마선도 연결돼 있고, 역 앞에 버스 정류장이 있어 시내 다른 지역으로 이동하기도 편하다.

♠ www.jrkyushu.co.jp

하카타 버스 터미널

JR 하카타역 옆에 바로 붙어있다. 후쿠오카 시내, 공항 국제선, 다자이후로 가는 시내버스(1층)는 물론이고 유후인, 벳푸, 시모노세키를 비롯해 구마모토, 가고시마, 오사카, 도쿄행 고속버스(3층)도 탈 수 있다.

고속버스 예약
♠ www.highwaybus.com

니시테츠 후쿠오카(텐진)역

후쿠오카에서 하카타 다음으로 붐비는 역이다. 다자이후, 야나가와로 가는 전철을 탈 때 주로 이용한다. 근처에 지하철 공항선 텐진역, 나나쿠마선 텐진미나미역이 있어 환승하기도 편하다.

♠ www.nishitetsu.jp

텐진 고속버스 터미널

니시테츠 후쿠오카역 빌딩 3층에 있다. 사가, 하우스텐보스, 나가사키, 벳푸, 유후인, 카라토, 시모노세키, 가고시마, 나고야, 도쿄행 버스 등을 탈 수 있는 곳이다.

고속버스 예약
♠ www.highwaybus.com

JR 하카타역 주변 버스 정류장과 노선 정보

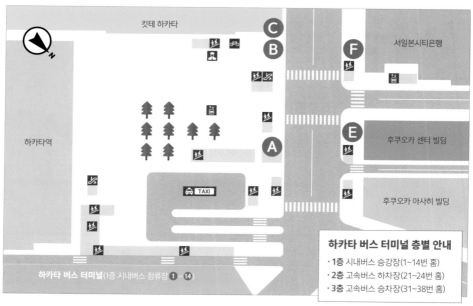

지역	주요 목적지	정류장	버스 번호
하카타, 나카스 주변	나카스, 캐널 시티	A	6, 6-1
	캐널 시티(쿠시다 신사도 여기서 하차)	4	정차하는 모든 버스
	하카타 리버레인	2	정차하는 모든 버스
	야나기바시 시장	B	9~19, 50, 58, 214
	라라포트 후쿠오카(40L번 버스는 나카5초메에서 하차)	13	44, 45, 40L, L
	라라포트 후쿠오카	C	46L
텐진, 야쿠인 주변	텐진	A	300~307, 333, BRT
	야쿠인, 와타나베도리1초메, 롯폰마츠	B, C, D	9~19, 214
오호리 공원 주변	오호리 공원	2	3
	후쿠오카 성터	2	3, 13, 140
항만 지역	후쿠오카 타워, 모모치 해변, 힐튼 후쿠오카 시호크 호텔, PayPay돔, 후쿠오카시 박물관	6	306
	후쿠오카 타워, 힐튼 후쿠오카 시호크 호텔	A	305
	PayPay돔	A	300, 301, 303, 305
	베이사이드 플레이스(하카타부두)	F	99
	노코 도선장(노코노시마행 페리 터미널)	A	300, 301, 302, 304
	하카타항 국제 터미널(중앙부두), 마린멧세 후쿠오카, 국제회의장	F	88, BRT
기타 지역	후쿠오카 공항 국제선 터미널	11	공항 버스
	다자이후	11	다자이후 라이너 타비토

텐진 버스 정류장과 노선 정보

지역	주요 목적지	정류장	버스 번호
텐진, 야쿠인 주변	와타나베 도리	7B	5, 44, 63, 급행, L
하카타, 나카스 주변	하카타역, 야나기바시 시장	7B	5
		7C	BRT
	나카스(나카스 미나미신치 하차), 캐널 시티(구시다 신사도 여기서 하차)	4A	68
	하카타 리버레인	13A, 14	정차하는 모든 버스
	라라포트 후쿠오카	4A	46L
		7B	L, 44
오호리 공원 주변	오호리 공원	11, 12	3, 71
	후쿠오카 성터	10, 12	13, 140
항만 지역	후쿠오카 타워, 모모치 해변	1A, 3	W1, W1 쾌속, W2, 302
	PayPay 돔	1A, 3	W1, W1 쾌속, 300, 301, 333
	후쿠오카시 박물관	1A, 3	W1, W1 쾌속, W2, 300, 301, 302, 333
	힐튼 후쿠오카 시호크 호텔	1A, 3	W1, W1 쾌속
	베이사이드 플레이스(하카타부두)	2A	90
	하카타항 국제 터미널(중앙부두), 마린 멧세 후쿠오카, 후쿠오카 국제센터, 국제회의장	2A	80, BRT
	노코 도선장(노코노시마행 페리 터미널)	1A, 3	300, 301, 302, 304
	마린월드	18A	25A, 25I(토, 일, 공휴일만 운행)

후쿠오카에서
다른 도시로 이동하기

후쿠오카
▼
유후인

유후인으로 가려면 기차와 버스 두 가지 방법이 있다. 소요 시간이 비슷하고 둘 다 가는 길에 예쁜 전원 풍경을 즐길 수 있다. 버스가 요금은 더 싼데, 산큐 패스까지 이용하면 더 저렴해진다. 기차, 버스 모두 반드시 예약해야 한다.

버스

후쿠오카 시내에서 출발 후쿠오카에서 유후인행 고속버스 '유후인호ゆふぃん号'를 타면 환승 없이 한 번에 갈 수 있다. 이 버스는 텐진 고속버스 터미널을 출발해 하카타 버스 터미널, 후쿠오카 국제공항 국제선 터미널을 거쳐 유후인역 앞 버스 센터에 도착한다. 텐진 고속버스 터미널에서는 5번 정류장, 하카타 버스 터미널에서는 3층 34번 정류장, 후쿠오카 국제공항 국제선 터미널에서는 1층 3번 정류장에서 타면 된다. 운행 간격은 1~2시간, 텐진에서 첫차는 08:25, 막차는 16:25에 출발한다. 유후인행 고속버스는 지정 좌석제로 사전 예약이 필수다. 한국에서 미리 예약한 후, 일본에 와서 예약 번호(산큐 패스 이용 시 함께 제시)를 티켓 창구에 제시하고 승차권을 받으면 된다. 북큐슈, 전큐슈 산큐 패스 이용 가능.

공항에서 출발 첫 여행지가 유후인이라면 공항 국제선 터미널 1층 밖으로 나가 길을 건넌 후 3번 정류장에서 유후인으로 가는 고속버스를 타면 된다. 단, 유후인행 버스는 사전 예약제이므로 한국에서 미리 예약한 다음, 공항 1층 버스 안내소에 가서 예약 번호(패스를 이용한다면 함께)를 제시한 후 승차권을 받아야 한다.

🕐 텐진 고속버스 터미널 출발 2시간 35분 / 하카타 버스 터미널 출발 2시간 10분 / 후쿠오카 공항 국제선 터미널 출발 1시간 50분 ¥ 편도 3,250엔, 왕복 5,760엔(세 곳 요금 동일)
🏠 www.highwaybus.com

기차

하카타역에서 특급 유후인노모리 또는 특급 유후를 타면 유후인역까지 한 번에 갈 수 있다. 하루 6편이 왕복하는데, 그중 절반이 관광 열차 콘셉트의 특급 유후인노모리, 절반이 일반 특급 열차인 유후다. 소요 시간은 특급 유후가 정차역이 좀 더 많아서 8분 정도 더 걸린다. 유후인노모리는 사전 예약이 필수이며 매우 인기가 높아서 일찌감치 예약해야 한다. 그에 비해 일반 열차인 특급 유후의 티켓은 비교적 늦게까지 남아있는 편인데, 인터넷으로 예약해야 요금이 저렴하니 미리 예약하자. 예약한 티켓은 하카타역에서 반드시 실물 티켓으로 받아야 한다. JR 북큐슈, 전큐슈 레일 패스 이용 가능. JR 패스를 사용할 경우, 유후인노모리는 한국에서 미리 인터넷으로 지정석을 예약하고, 특급 유후는 하카타역에서 패스를 수령할 때 지정석권을 요청하ا 같이 받으면 된다.

🕐 2시간 20분 ¥ 유후인노모리 5,160엔,
유후 4,660엔(인터넷 예약)
🏠 www.jrkyushu.co.jp

후쿠오카
▼
벳푸

공항에서 바로 벳푸로 갈 때는 버스를, 후쿠오카 시내에서 벳푸로 갈 때는 버스와 기차 둘 다 요금이 비슷하므로 어느 것이나 좋다. 하카타역에서는 기차가 버스보다 훨씬 빠르지만, 버스는 하카타, 텐진, 공항 세 군데서 탈 수 있다는 장점이 있다. 자신이 사용할 패스에 따라 결정해도 좋다.

버스

후쿠오카에서 벳푸행 고속버스인 토요노쿠니호とよのくに号를 타면 환승 없이 한 번에 갈 수 있다. 이 버스는 하카타 버스 터미널을 출발해 텐진 고속버스 터미널, 후쿠오카 국제공항 국제선 터미널을 거쳐 벳푸로 간다. 하루에 10편 운행하며, 하카타 버스 터미널에서 첫차는 07:31, 막차는 21:04에 출발한다. 하카타 버스 터미널은 3층 34번 정류장, 텐진 고속버스 터미널은 5번 정류장, 후쿠오카 국제공항 국제선 터미널은 1층 2번 정류장에서 타면 된다. 종점인 벳푸 키타하마別府北浜에 내리면 벳푸역 동쪽 출구에서 도보 6분 거리 지점이고, 종점 전에 벳푸 지옥과 가까운 칸나와구치鉄輪口에서도 내릴 수 있으니 숙소나 목적지에 따라 내릴 곳을 정하자. 이 버스는 좌석 지정제로 반드시 사전에 예약해야 한다. 예약 번호를(산큐 패스 이용 시 함께 제시) 티켓 창구에 제시하고 승차권을 받아 탑승하면 된다. 북큐슈, 전큐슈 산큐 패스 이용 가능.

🕐 종점인 벳푸 키타하마 하차 기준 / 하카타 버스 터미널 출발 2시간 50분, 텐진 고속버스 터미널 출발 2시간 20분, 후쿠오카 국제공항 국제선 터미널 출발 2시간 15분
¥ 편도 3,250엔, 왕복 5,760엔(세 곳 요금 동일) 🏠 www.highwaybus.com

기차

JR 하카타역에서 특급 열차 소닉, 또는 니치린을 타면 환승 없이 벳푸역까지 한 번에 갈 수 있어 편리하다. 기차는 인터넷 예약을 해야 훨씬 저렴하므로(일반 가격의 절반 정도) 사전에 예약하자. 예매 티켓은 하카타역에서 반드시 실물 티켓을 받아야만 열차를 탈 수 있다. JR 북큐슈,

전큐슈 레일 패스를 이용할 수 있으며, 이 경우 인터넷 예약할 필요 없이 하카타역에서 패스를 수령할 때 지정석 티켓을 같이 요청해 받으면 된다.

🕐 2시간 11분 ¥ 3,150엔(인터넷 예약 / 한 달 전~3일 전 발매하는 한정 수량의 인터넷 특별할인 티켓 2,550엔) 🏠 www.jrkyushu.co.jp

후쿠오카
▼
다자이후

하카타역과 공항에서는 버스를, 텐진에서는 니시테츠 전철을 타는 게 가장 편하다. 버스, 전철 둘 다 자주 오고 예약 불가 구간이니 본인 스케줄에 맞춰 타면 된다.

버스

하카타역에서 출발 환승 없이 한 번에 바로 갈 수 있는 다자이후행 버스는 하카타 버스 터미널 1층 11번 정류장에서 타고, 다자이후역 앞에서 내린다. 터미널 바닥에 '다자이후'라고 한글로 쓰인 핑크색 라인을 따라 줄 서서 타면 된다(예약 불가). 1시간에 1~4편 운행, 첫차는 08:00, 막차는 17:10(평일 16:40)에 출발한다. 참고로, 다자이후행 버스는 두 가지 타입이 있는데, 하나는 '타비토旅人'라는 이름이 적힌 버스, 다른 하나는 일반 니시테츠 버스다. 별다를 것이 없으니 빨리 오는 것을 타면 된다. 요금은 현금을 내거나 IC카드를 이용한다. 북큐슈, 전큐슈 산큐 패스, 후쿠오카 시내+다자이후 라이너 버스 타비토 24시간 패스 사용 가능.

🕐 45분 ¥ 700엔

공항에서 출발 후쿠오카 국제공항 국제선 터미널 1층 2번 정류장에서 다자이후행 버스가 출발한다. 하카타 버스 터미널에서 출발한 다자이후행 버스가 공항 국제선 터미널을 거쳐 다자이후까지 운행하는 것이다. 1시간 1~4편 운행하며, 첫차는 08:45(주말 08:32), 막차는 16:55(주말 17:27)에 출발한다. 요금은 현금을 내거나 IC카드를 이용한다. 북큐슈, 전큐슈 산큐 패스, 후쿠오카 시내+다자이후 라이너 버스 타비토 24시간 패스 사용 가능.

🕐 25분 ¥ 600엔

전철

한 번 환승해야 하지만 텐진 부근에서 갈 때는 이 방법이 가장 편하다. 니시테츠 후쿠오카(텐진)역에서 오무타선 특급이나 급행 열차를 타고, 후츠카이치역에서 내려 다자이후행 열차로 환승해 다자이후역에 최종 하차한다. 자동발매기에서 티켓을 사거나 IC카드를 이용한다. 패스는 후쿠오카(텐진)-

다자이후 원데이 레일 패스, 후쿠오카 투어리스트 시티 패스(후쿠오카 시내+다자이후) 사용 가능. 참고로 JR 레일 패스는 회사가 다르므로 사용할 수 없다.

🕐 22~30분 ¥ 420엔

후쿠오카
▼
야나가와
▼
다자이후

전철

니시테츠 후쿠오카(텐진)역에서 오무타선 특급이나 급행을 타고 니시테츠 야나가와역에 하차한다. 출퇴근 시간에는 붐빌 수 있다는 점을 감안할 것. 야나가와에서 다자이후로 갈 때는 후쿠오카행 특급이나 급행을 타고 후츠카이치역까지 간 다음 다자이후행 열차로 환승, 다자이후역에 최종 하차한다. 자동발매기에서 티켓을 구매하거나 IC카드를 이용한다. 후쿠오카~야나가와~다자이후 구간 모두 다자이후 야나가와 관광 티켓을 이용할 수 있다.

🕐 후쿠오카-야나가와 49~58분, 야나가와-다자이후 41~58분
¥ 후쿠오카-야나가와 870엔, 야나가와-다자이후 690엔

후쿠오카 ▼ 고쿠라

기차

JR 하카타역에서 특급 소닉으로 40분 (인터넷 예약 1,470엔)이면 고쿠라역 까지 환승 없이 한 번에 갈 수 있다. 1시 간에 2편 운행하며, 좌석 수는 대부분 여유로운 편이다. 다만 인터넷 예약 시 에 훨씬 가격이 저렴해지니 예약을 하 는 게 좋고, 반드시 하카타역에서 실물 티켓을 받아야 탑승할 수 있다. 만일 JR 레일 패스를 이용하면 예약할 필요 없이 패스를 받을 때 특급 소닉 지정석권도 같이 요청하면 된다. 신칸센을 타면 하카타역에서 고쿠라 역까지 15분만에 갈 수 있지만 가격이 훨씬 비싼 편(자유석 2,160엔, 지정석 3,780엔) 이다. 이 구간 신칸센은 JR 서일본이 운행하는 것이어서, JR 규슈가 발행하는 JR 북큐슈 레일 패스로는 탈 수 없으니 주의한다. JR 북큐슈 레일 패스를 이용할 경우 반드시 특급 소닉을 타야 한다.

🕐 40분 ¥ 1,470엔(인터넷 예약, 지정석과 자유석 동일)

버스

텐진 고속버스 터미널 2번 정류장에서 고쿠라행 버스(나카타니호, 히키노호, 이토즈호) 를 타면 고쿠라역 앞까지 환승 없이 한 번에 갈 수 있다. 하루에 90~96편 운행하므로 주요 시간대에는 최소 5분 간격으로 자주 오는 편이고, 텐진 고속버스 터미널에서 첫차 는 05:30(주말 06:00), 막차는 23:30(주말 23:15)에 출발한다. 예약 없는 버스라 바로 타면 되고, 티켓은 자동발매기에서 산다. 북큐슈, 전큐슈 산큐 패스도 이용할 수 있으며, 승차권을 발권할 필요 없이 버스 기사에게 패스를 보여주면 된다.

🕐 1시간 35분~1시간 50분 ¥ 1,350엔

고쿠라 ▼ 모지코

기차

JR 고쿠라역에서 모지코역까지는 가 고시마 본선 모지코행 열차로 한 번에 갈 수 있다. 자동발매기에서 티켓을 구 매하거나 IC카드를 쓰면 된다. JR 북큐 슈, 전큐슈 레일 패스 이용 가능.

🕐 14분 ¥ 280엔

버스

고쿠라역 앞에서 모지코역 앞까지는 시내버스 72, 74, 95번을 타면 한 번에 갈 수 있다.

🕐 40분 ¥ 440엔

모지코
▼
시모노세키

모지코에서 시모노세키(카라토 터미널 부두)까지는 배(간몬 연락선)로 5분이면 도착한다.

🕐 5분 ¥ 400엔

후쿠오카
▼
시모노세키

버스

후쿠오카에서 시모노세키행 버스인 후쿠후쿠호ふくふく号를 타면 환승 없이 한 번에 갈 수 있다. 버스는 시간대에 따라 하카타 버스 터미널을 출발해 텐진 고속 터미널을 거쳐 시모노세키역까지 가는 편과 텐진 고속 버스 터미널에서 출발해 시모노세키역까지 가는 편이 있다. 하카타 버스 터미널에서는 3층 31번 정류장에서 타며, 하루 4편(07:18, 08:18, 14:38, 16:08)밖에 없으므로 주의한다. 텐진 고속버스 터미널은 1번 정류장에서 타며, 하루 12편 운행한다. 첫차는 07:40, 막차는 21:00에 출발한다. 카라토 시장에 가려면 종점인 시모노세키역이 아니라 바로 전 정류장인 카라토에 내려야 하니 주의하자. 예약 없는 버스이므로 원하는 시간에 가서 바로 타면 된다. 북큐슈, 전큐슈 산큐 패스 이용 가능.

🕐 1시간 40분 ¥ 1,700엔

후쿠오카
▼
구로카와 온천

버스

구로카와 온천행 고속버스는 텐진 고속버스 터미널을 출발해 하카타 버스 터미널, 후쿠오카 공항 국제선을 지난다. 후쿠오카 공항 국제선 터미널 2번 승차장에서 출발 시 2시간 16분, 하카타 버스 터미널 3층 34번 승차장에서는 2시간 36분, 텐진 고속버스 터미널 5번 승차장에서는 3시간 소요된다. 하루 3편만 운행하니 예약하기를 추천. 만일 돌아오는 버스를 출국 날 탄다면 도로 정체로 도착 시간이 지연될 것을 감안해 시간을 여유롭게 잡아야 한다. 후쿠오카에서 출발 시 편도 3,470엔, 왕복 6,220엔으로 요금은 동일하다. 후쿠오카에서 버스로 왕복한다면, 북큐슈 산큐 패스 2일권을 구입하는 게 훨씬 저렴하다.

🕐 2시간 16분~3시간 ¥ 편도 3,470엔, 왕복 6,220엔 🏠 www.highwaybus.com

후쿠오카
시내 교통

후쿠오카 시내에서는 지하철보다 버스 이용률이 훨씬 높다. 기본적으로 시내 규모가 크지 않은 편인 데다, 시내 중심가를 제외하면 지하철 노선이 커버하는 관광 지역은 한정적이기 때문이다. 지하철이 편리한 공항~하카타역·텐진역 구간과 텐진, 야쿠인, 오호리 공원, 롯폰마츠 등을 제외하면 시내 대부분은 버스로 이동하는 것이 편리하다.

후쿠오카 국제공항에서 도심으로 이동하든, 시내 관광지로 이동하든 대중교통을 이용한 이동 시간이 거의 30분을 넘지지 않는다. 시내 어디든 버스가 구석구석 연결되어 이동하기 편리하며, 구글맵으로 경로를 검색하면 타는 곳과 내리는 곳, 환승 정보, 버스 도착 시간까지 상당히 정확히 안내하기 때문에 한두 번 해보면 어렵지 않게 이용할 수 있다.

하카타항 국제 터미널에서 시내로

부산에서 페리를 타고 도착하는 곳은 하카타항 국제 터미널이다. 이곳에는 지하철역이 없으므로 시내로 갈 때 버스나 택시를 이용해야 한다. 하카타역이나 텐진역까지 버스로 15~20분이면 도착할 만큼 시내 중심가에서 멀지 않다. 터미널 앞에 버스 정류장과 택시 정류장이 있다. 하카타역 방면은 2번 정류장, 텐진 방면은 1번 정류장에서 버스가 선다.

🏠 www.hakataport.com
· 하카타역 방면(2번 정류장)
  BRT 버스, 11, 19, 47, 50번 버스(20분, 260엔)
· 텐진 방면(1번 정류장)
  BRT 버스, 151, 152번 버스(15분, 210엔)

시내버스

후쿠오카 시내에서 가장 많이 이용하게 되는 것이 시내버스다. 구글맵으로 검색했을 때 도착 시간이 상당히 정확하고, 버스 내 전광판이 한글로 표시되는 등 쉽게 이용할 수 있다. 요금이 일괄 150엔인 구역이 있는데, 하카타역~텐진역~야쿠인역을 잇는 지역 전체, 그리고 그 역에서 1km 안에 있는 정류장이 모두 해당된다. 참고로, 하카타역에서 25분 걸리는 후쿠오카 타워가 260엔이고, 주요 명소는 300엔을 넘지 않는다고 봐도 된다. 가장 먼 편인 노코노시마행 페리 선착장(메이노하마 선착장)이 540엔 나온다.

¥ 150엔~

정리권은 잊지 말 것

뒷문으로 탈 때 현금을 낼 거라면 정리권을 뽑고, IC카드를 쓴다면 기기에 터치한다. 이 과정을 하지 않으면 내 요금이 얼마인지 알 수 없어 실제보다 많은 요금을 내야 할 수도 있다.

이용 방법

① 뒷문으로 탄다. 정리권을 뽑거나 IC카드를 태그한다.
② 버스 전광판(한글로도 안내됨)에서 내릴 정류장을 확인한다.
③ 하차 벨을 누른다.
④ 버스 전광판 또는 앞면 상단의 요금표에서 정리권의 숫자를 찾아 요금을 확인한다.
⑤ 현금을 낼 경우 정리권과 요금을 함께 통에 넣는다. 거스름돈은 나오지 않으니 정확한 요금을 넣어야 손해가 없다. 동전은 요금통 옆에 있는 환전기에서 교환 가능하다. IC카드를 쓴다면 기기에 터치하고, 산큐 패스 등 교통 패스를 쓴다면 운전기사에게 정리권과 함께 보여주고 정리권만 통에 넣는다.

교통카드(IC카드)

우리나라의 티머니 같은 충전식의 선불형 교통카드. 후쿠오카현에서는 하야카켄이라는 교통카드를 발매하는데, 일본 내 다른 지역에서 발매하는 스이카, 파스모, 이코카 등도 사용할 수 있다. IC카드에 대한 자세한 내용은 P.345 참조.

지하철

지하철이라 하면 후쿠오카시에서 운영하는 시영 지하철을 가리킨다. 공항을 오갈 때, 텐진 주변이나 오호리 공원으로 갈 때 주로 이용하게 된다. 기본요금은 210엔이며, 멀리 가도 300엔 정도 나온다. 참고로, 하루 동안 무제한 사용 가능한 지하철 1일 승차권은 640엔(어린이 320엔)이며 지하철역 자동발매기나 한국 여행사에서 구입할 수 있다.

¥ 210엔~

JR

규슈철도주식회사에서 운영하는 국영 철도로, 후쿠오카에서 유후인이나 벳푸, 고쿠라 등 교외로 갈 때 주로 이용한다. 후쿠오카 시내에서는 라라포트, 미야지다케 신사에 갈 때 외에는 이용할 일이 거의 없다.

¥ 170엔~

니시테츠 전철

니시테츠 전철은 후쿠오카 내 대부분의 시내버스 노선을 운영하는 사기업 니시테츠에서 운영하는 철도로, 니시테츠 후쿠오카 (텐진)역을 시발역으로 하여 후쿠오카 근교로 이어지는 노선을 운영한다. 온천 시설인 나카가와 세이류, 다자이후, 야나가와를 오갈 때 이용할 수 있다.

¥ 170엔~

오픈 톱 버스
Open Top Bus

이층버스를 타고 후쿠오카 시내 곳곳을 색다른 각도에서 구경하는 투어 버스. 운행 중에는 가이드가 설명도 해주는데 음성 가이드를 이용하면 한국어로 들을 수 있다. 코스는 총 세 가지로, 시사이드 모모치 코스(60분 소요), 하카타 도심 코스(60분 소요), 후쿠오카 야경 코스(1시간 20분 소요)가 있다. 요금은 각각의 코스당 2,000엔이며, 모든 코스의 요금은 동일하다. 승차 당일에는 이 티켓을 보여주면 하카타역, 텐진역, 야쿠인역 주변의 150엔 요금 균일 구역의 시내버스(후쿠오카 공항 정류장도 이용 가능)를 무제한 무료로 탈 수 있다(그 외 입장료 할인 특전은 홈페이지 참고). 집합 장소인 후쿠오카 시청 내 승차권 카운터에서 출발 20분 전까지 발권을 완료하고 집합해야 하며, 사전 예약한 사람도 이곳에서 티켓을 수령한다. 투어를 시작한 후 일부 장소에서 하차할 수 있으나 도중 승차는 하카타역 A 정류장(시사이드 모모치 코스에서는 통과 안 함)에서만 가능하니 주의할 것. 이동 수단만으로 생각한다면 일반 교통비보다 훨씬 비싸고 하루에

두세 편 운행하기 때문에 가성비는 무척 떨어지는 수단이다. 천장이 오픈된 버스를 타고 가이드의 안내를 들으며 후쿠오카를 한바퀴 편하게 돌아보는, 관광의 개념으로 생각해야 한다.

🚶 후쿠오카시청(텐진 중앙 공원 옆) 1층 승차권 카운터에서 발권 및 집합 ¥ 코스당 일반 2,000엔, 어린이 1,000엔 🕐 시사이드 모모치 코스 평일 10:00, 12:00, 14:30, 주말 10:00, 11:00, 12:00, 13:00, 14:30, 15:30, 17:30 / 하카타 도심 코스 매일 16:30 / 후쿠오카 야경 코스 평일 18:30, 주말 18:30, 19:30(계절별로 운행 시간이 변경되니 홈페이지 확인 필수) 🏠 www.fukuokaopentopbus.jp

택시 Taxi

우리나라처럼 길에서 손을 들어 택시를 잡거나 승강장에 대기 중인 택시를 탄다. 뒷문은 운전사가 자동으로 열고 닫으므로 직접 하지 말고 그냥 두면 된다. 도심에서는 택시를 쉽게 잡을 수 있긴 하지만, 택시 호출이 필요하면 우버 또는 카카오T 앱을 이용해도 좋다(단, 일부 지역은 호출 불가). 한글로 사용할 수 있고 결제는 미리 등록한 신용카드(카카오T는 현금도 가능)로 이뤄진다. 기본 요금은 670엔.

규슈 여행은 여기에서부터

하카타·나카스

博多·中洲

#규슈교통의중심 #맛집의격전지 #2000년역사

규슈 최대의 터미널역인 하카타역을 중심으로 오피스 빌딩 거리가
넓게 펼쳐지면서 많은 호텔과 유명 맛집, 편의 시설이 자리해
여행자에게 인기 있는 지역이다. 쿠시다 신사를 중심으로
700년 역사의 전통 축제 하카타 기온 야마카사博多祇園山笠가
열리는가 하면, 오랜 역사를 간직한 기온 사찰 거리에서 과거의
모습을 발견할 수 있다. 전통 상점가인 카와바타 상점가를 비롯해
대표 인기 쇼핑몰인 캐널 시티, 규슈 최대의 유흥가인 나카스에
이르기까지 후쿠오카의 다양한 매력을 느낄 수 있는 지역이다.

하카타·나카스
추천 코스

사찰과 신사, 일본 정원 같이 조용한 명소를 돌며 산책하듯 둘러보기 좋은 지역이다. 곳곳에 맛집과 카페 등도 많으니 도중에 쉬면서 구경하고, 마지막은 나카스에서 야경을 보고 포장마차 문화를 즐기는 것으로 마무리하면 하루를 알차게 보낼 수 있다.

🕐 소요 시간 **1일**

💴 예상 경비 입장료 150엔＋식비 약 4,000엔＝총 4,150엔~

하루 정복 코스

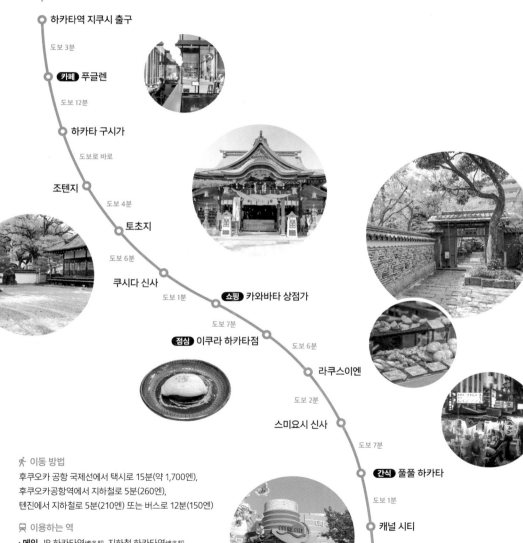

하카타역 지쿠시 출구

도보 3분

카페 푸글렌

도보 12분

하카타 구시가

도보로 바로

조텐지

도보 4분

토초지

도보 6분

쿠시다 신사

쇼핑 카와바타 상점가

도보 1분

도보 7분

점심 이쿠라 하카타점

도보 6분

라쿠스이엔

도보 2분

스미요시 신사

도보 7분

간식 풀풀 하카타

도보 1분

캐널 시티

도보 1분

저녁 나카스 포장마차

🚶 **이동 방법**
후쿠오카 공항 국제선에서 택시로 15분(약 1,700엔),
후쿠오카공항역에서 지하철로 5분(260엔),
텐진에서 지하철로 5분(210엔) 또는 버스로 12분(150엔)

🚇 **이용하는 역**
· **메인** JR 하카타역博多駅, 지하철 하카타역博多駅
· **기타** 지하철 쿠시다진자마에역櫛田神社前駅,
  지하철 기온역祇園駅, 지하철 나카스카와바타역中洲川端駅,
  지하철 고후쿠마치역呉服町駅, 니시테츠 오하시역大橋駅

157

호빵맨 어린이 박물관 13
후쿠오카 아시아 미술관 14
하카타 리버레인 11
토키네리 12
세리아 13
에바 다이닝 15
칸미도코로 타키무라 21

03 모츠코
고후쿠마치
쇼후쿠지

타츠미즈시 07
12 카베야
08 히츠마부시 와쇼쿠 빈초
23 스즈카케
20 소노헨
코우바시야 22
포타마 16
시마모토
기

나카스카와바타

이치란 총본점 04
12 카와바타 상점가
04 하카타 향토관

11 나카스
03 쿠시다 신사
하카타 기온
테츠나베

01 후쿠야
17 맥스 밸류 익스프레스

구시다진자마에

우오덴
빵토 에스프레소토
하카타토 24
06
1
이

캐널 시티 02
풀풀 하카타 27
이

동구리 공화국 20
산리오 갤러리 22
디즈니 스토어 23
점프 숍 25
반다이 남코 크로스 스토어 26
카와타로 05

유신 13
라쿠스이엔 09
스미요시 신사 10
스미요시슈한 04

테리하 스파 리조트

O3 햐쿠넨구라

하카타·나카스
상세 지도

O8 조텐지

O5 하카타 구시가

다이소 O8
스탠더드 프로덕츠 O9
랑주   스리피 10
모츠나베 타슈 O1
하카타 버스 터미널 •
칼디 커피 팜 16
도큐 핸즈 O6
마루젠 15
카시라 18
포켓몬 센터 21
 스톡 도쿄 17

O5 쿠바라혼케
O2 멘야 카네토라
미야게몬 이치바
후쿠타로 데이토스점
하카타 멘가도
하카타 데이토스

하카타
이치방가이
마잉구 •
아뮤 플라자 •   🚇 🚅 하카타   28 푸글렌
O1 JR
하카타 시티   18 아라키
한큐 백화점 •   19 토리키조쿠
킷테 하카타 •
우마이토 •   O7 요도바시   29 코메다 커피
하카타 마루이 •   카메라

드러그 일레븐 14
25 다코메카

하가쿠레 우동
11

라라포트 후쿠오카 15
니코 앤드 19
건담 사이드 에프 24

159

쇼핑, 식당, 술집까지 모두 갖춘 기차역 ...... ①

JR 하카타 시티 JR HAKATA CITY

신칸센과 JR 열차의 기착지인 JR 하카타역은 규슈의 각 지역은
물론이고 도쿄, 오사카 등 일본 다른 지역으로 이동 시 거점이
되는 후쿠오카의 관문과 같은 곳이다. 게다가 지하철역까지 연
결되어 텐진역, 후쿠오카공항역과도 각각 5분 거리. 역 앞 광장
에서는 이벤트가 자주 열려 볼거리가 다양하고, 겨울에는 화려
한 일루미네이션이 연말 분위기를 물씬 풍긴다. 단순히 역만 있
는 것이 아니라 백화점과 쇼핑몰, 상가, 푸드 홀까지 모인 대형
상업 시설에 종일 수많은 사람들이 오간다. 여행자 입장에서는
공항으로 가기에 가장 가까운 역이므로 출국날 시간 여유가 없
다면 여기서 마지막 식사와 쇼핑을 하는 것이 편하다. 달달한 기
념품 과자는 면세 처리가 되는 한큐 백화점 지하 식품매장을 이
용하고, 패션 쇼핑은 아뮤 플라자를 추천한다. 많은 유명 맛집
들의 지점이 하카타역에 있기 때문에 식당의 선택지 역시 무척
다양하다. 참고로 JR 하카타역의 출구는 하카타 출구, 지쿠시
출구 2곳이다. 아뮤 플라자, 한큐 백화점, 킷테, 캐널 시티, 하카
타 구시가, 나카스로 갈 때는 하카타 출구로, 후쿠오카공항으로
가는 택시를 탈 때는 지쿠시 출구로 나간다. 신칸센 개찰구는
지쿠시 출구 방향에 있다.

🚶 JR 하카타역　📍 福岡市博多区博多駅中央街1-1
🏠 www.jrhakatacity.com

후쿠오카역이 아니라 하카타역?

나카강의 북쪽, 하카타만에 접한 항구도시 하카타는 3세기 후반부
터 무역으로 번성했으며 중세에 들어서며 상인들이 다스리는 일본
최초의 자치도시이자 상업도시로 번영했다. 1601년 후쿠오카의 번
주가 된 구로다 나가마사는 후쿠오카성을 축성하고 주변에 마을을
조성했는데 이를 후쿠오카라 이름 지었다. 나카강을 사이에 두고 상
인의 마을 하카타와 무사의 마을 후쿠오카가 각각의 특색을 살려나
가며 쌍둥이 도시처럼 함께 발전했는데, 1890년 지역 개편을 하면
서 두 지역은 하나의 시로 합쳐졌고 오랜 논의 끝에 이름을 후쿠오
카시로 정하게 되었다. 하지만 이후로도 하카타시로 해야 한다는 의
견이 워낙 많은 탓에 이를 달래기 위해 중심 기차역의 이름은 하카
타역으로 정했다고 한다.

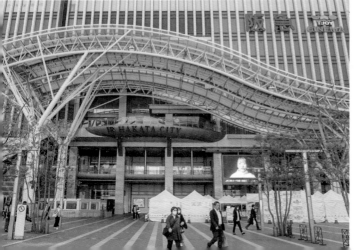

면세 카운터
Global Tax Free Counter

아뮤 플라자, 아뮤 에스트, 데이토스의 면세 카운터는 하카타역 2층 아뮤 플라자 중앙 엘리베이터 앞에 있다. 당일 구매한 합계 금액이 세금 포함 5,500엔 이상이어야 하고, 면세 가능 점포 여부는 각 매장의 마크를 확인하자. 한큐 백화점은 면세 카운터를 별도로 운영하며, M3층에 있다. 이곳에서 면세 수속은 물론이고 5% 할인 게스트 쿠폰을 받을 수 있다(여권 지참 필수).

🕙 10:00~20:30
(한큐백화점 10:00~20:00)

아뮤 플라자 Amu Plaza 博多

세련된 패션 브랜드 매장을 비롯해 종합 생활 잡화점 도큐 핸즈, 일본 최대급 규모를 자랑하는 식당가 쿠텐, 스타벅스 등이 있어 인기가 높은 젊은 감각의 쇼핑몰.

🚶 지하 1층~지상 10층, 옥상 　📍 상점 10:00~20:00, 식당 11:00~24:00 　❌ 부정기 　📞 +81 92 431 8484 🏠 www.jrhakatacity.com

한큐 백화점 博多阪急

트렌디한 인테리어와 브랜드 선정으로 폭넓은 연령층에게 사랑받는 백화점이다. 특히 여행자들에게 인기 있는 곳은 지하 식품 매장. 인기 높은 과자와 디저트를 비롯해 지역 인기 가게의 도시락 등 맛있는 먹거리가 가득하다.

🚶 지하 1층~지상 8층 　📍 10:00~20:00
❌ 부정기 　📞 +81 92 461 1381
🏠 www.hankyu-dept.co.jp/hakata/

킷테 하카타 KITTE博多

우체국이 운영하는 상업 시설로 1~7층에는 마루이 쇼핑몰이 입점해 있다. 지하 1층과 9~10층의 식당가 우마이토ぅまいと에는 모츠나베 오오야마, 신신 라멘, 텐진 호르몬(곱창구이) 등 유명 식당들이 자리해 특히 인기가 높다. 일부 매장은 면세가 가능하며 3층 EPOS 카드 서비스에서 면세 수속을 받는다.

🚶 하카타 출구로 나와 왼쪽 　📍 상점 10:00~21:00, 식당 9~10층 11:00~23:00, 지하 1층 07:00~24:00
❌ 부정기 　📞 +81 92 292 1263 　🏠 hakata.jp-kitte.jp

하카타 데이토스 博多Deitos

신칸센 개찰구 근처 지쿠시 출구 쪽에 있는 상가. 각 층에 식당과 술집이 있고, 1층에는 기념품용 과자들을 모아놓은 미야게몬 이치바みやげもん市場와 술집 거리인 하카타 호로요이도리博多ほろよい通り, 2층에는 라멘집이 모인 하카타 멘가도博多めん街道가 있다.

🚶 지하 1층~지상 2층 📍 상점 08:00~21:00, 식당 ~24:00(가게마다 다름) ❌ 부정기
🏠 www.jrhakatacity.com/deitos

마잉구 マイんグ

하카타역의 지하상가. 식당과 카페, 술집을 비롯해 하카타 명물 과자들, 명란젓과 디저트, 드러그스토어 등의 상점까지 규모가 상당하다.

🚶 데이토스 옆 📍 상가 09:00~21:00, 식당 07:00~23:00 (가게마다 다름) 📞 +81 92 431 1125 🏠 www.ming.or.jp

하카타 이치방가이 博多一番街

잇코샤 라멘, 텐진 호르몬(곱창구이), 하카타 우오가시(초밥), 모츠나베 오오야마, 에비스 바(맥주) 등 14개 가게가 모여있는 인기 식당가. 오전 7시부터 영업하는 식당도 있어 역을 이용하면서 아침을 먹기에도 좋다.

🚶 지하 1층
📍 07:00~23:00
(가게마다 다름) ❌ 무휴
📞 +81 92 431 1125
🏠 www.hakata-1bangai.com

후쿠오카의 대표 랜드마크 ⋯⋯ ②
캐널 시티 CANAL CITY

오픈한 지 25년이 넘었지만 여전히 후쿠오카를 대표하는 인기 복합 쇼핑몰. 무려 132개 상점과 46개 식당, 영화관과 공연장 등이 자리해 여기에서만 몇 시간을 보낼 수 있을 정도다. 도쿄 롯폰기 힐스, 오사카 난바파크스, 서울 메세나폴리스 등을 설계한 미국 건축가 존 저드Jon Jerde가 설계를 맡았다. 180m 길이의 인공 운하(캐널)를 따라 마치 거대한 협곡을 이루듯 곡선으로 이어지는 건축물이 워낙 독특해, 후쿠오카의 랜드마크 역할을 톡톡히 하고 있다. 무인양품, 챔피온, 위고, 오니츠카 타이거, 리바이스, 노스페이스, 아비렉스 등 여행자들이 좋아하는 매장이 많아 집중해서 쇼핑하기 편하다.

사우스 빌딩 1~3층에는 스포츠 아웃도어 전문점 알펜 후쿠오카가 입점해있는데 도쿄에 이어 두 번째 규모이며 규슈 최대 매장이다. 캐널 시티의 서쪽 출입구에서 짧은 다리를 건너면 나카스와 바로 연결되며, 저녁에는 이 부근에서부터 포장마차들이 늘어선다.

🚶 지하철 쿠시다진자마에역 1번 출구에서 도보 3분 📍 福岡市博多区住吉1-2
🕐 상점 10:00~21:00, 식당 11:00~23:00
❌ 무휴 📞 +81 92 282 2525
🏠 canalcity.co.jp

면세 카운터
1층 종합 인포메이션 맞은편에 있다. 구매 금액이 세금 포함 5,500엔 이상이면, 당일에만 면세 가능. 주황색으로 'Global Tax Free'가 표시된 매장에 한해 면세 카운터에서 환급해 주고, 빨간색 'Tax Free'가 표시된 곳은 매장에서 바로 세금을 빼준다.
🕐 10:00~21:30

생각보다 수준 높은 퍼포먼스
분수 쇼 Dancing Water

어른, 아이 모두 좋아하는 캐널 시티의 인기 볼거리. 음악에 맞춰 마치 분수가 춤을 추듯 화려한 퍼포먼스를 선보인다. 음악과 움직이는 분수의 싱크로율이 놀라울 정도. 거의 매번 다른 음악으로 연출된다. 분수대 앞에서 봐도 좋지만, 2~3층에 올라가서 봐도 멋지다.

🕙 10:00~17:00 매시 정각,
18:00~22:00 매시 정각과 30분(시기별로 다름)

빛과 분수, 음악이 어우러진 멋진 공연
아쿠아 파노라마 Aqua Panorama

매일 저녁 세 번, 분수대 뒤편 그랜드 하얏트 호텔의 유리창 전면에 화려한 영상이 상영되고 그에 맞춰 웅장한 음악과 분수 쇼가 펼쳐진다. 구성이 짜임새 있고 퀄리티도 높은 공연이어서 절로 박수를 치게 된다. 디즈니, 원피스, 건담 등 유명 작품이 상영되어 더욱 관심을 끈다.

🕙 20:00, 21:00(시기별로 다름)

전국의 라멘 강자가 모였다
라멘 스타디움 ラーメンスタジアム

일본 전국의 라멘집 8곳이 모인 라멘 푸드 홀. 마치 라멘집들이 모인 골목길을 걷는 느낌이다. 일본 내에서 떠오르는 라멘집이 입점했다가 졸업하고 나가는 형태로 운영되며, 22년간 80여 개 라멘집이 이곳을 거쳐갔다.

🚶 센터 워크 5층

후쿠오카 주민들이 가장 사랑하는 신사 ······ ③

쿠시다 신사 櫛田神社

757년에 세워져 후쿠오카시에서 가장 오래된 신사. 불로장생과 번성을 상징하는 하카타의 수호신을 모시고 있다. 이곳은 후쿠오카의 여름 축제, 하카타 기온 야마카사에 사용되는 장식 가마를 보관하는 것으로도 유명하다. 가마는 무게가 무려 1톤이 넘고 실제로 보면 어마어마한 크기에 압도된다. 반드시 알아야 할 사실은 명성황후 시해에 사용된 칼이 이곳에 보관되어 있다는 것. 칼을 전시하지는 않지만, 방문하더라도 참배는 삼가자.

🚶 지하철 쿠시다진자마에역 1번 출구에서 도보 2분 📍 福岡市博多区上川端町1-41 🕐 신사 04:00~22:00, 하카타 역사관 10:00~17:00 ❌ 하카타 역사관 월요일(공휴일인 경우 다음 날) ¥ 신사 무료, 하카타 역사관 300엔 📞 +81 92 291 2951

옛 하카타 장인의 집으로 타임 슬립 ······ ④

하카타 향토관 博多町家ふるさと館

하카타의 옛 생활과 문화를 소개하는 시설. 마치야동町家棟, 전시동, 기념품점 총 3개의 건물이 나란히 붙어있다. 마치야동은 19세기 후반에 지어진 하카타 직물 장인의 작업장 겸 주택인데, 당시 모습 그대로 내부를 복원했다. 전시동에서는 전통 공예품 제작 모습을 견학하거나 체험(유료)해 볼 수 있다.

🚶 지하철 기온역 2번 출구에서 도보 5분 📍 福岡市博多区冷泉町6-10 🕐 전시동·마치야동 10:00~18:00(7·8월 09:00~, 전시동 입장 ~17:30), 기념품점 10:00~18:00 ❌ 넷째 월요일(공휴일인 경우 다음 날), 12/29~31 ¥ 마치야동·기념품점 무료, 전시동 고등학생 이상 200엔 & 초중학생 무료 📞 +81 92 281 7761 🏠 www.hakatamachiya.com

운치가 흐르는 기온의 사찰 거리 ⑤
하카타 구시가 博多旧市街

2,000년 역사의 도시, 하카타의 옛 흔적이 가장 많이
남은 거리. 미카사강의 남쪽, 기온역 북쪽에서 고후쿠
마치역에 이르는 작은 구역이다. 무역이 번성했던 하카
타의 유서 깊은 사찰들이 밀집했으며, 조용하고 운치
있는 거리가 펼쳐진다. 하카타 천년문에서부터 산책을
시작하자.

하카타 천년문 ✗ JR 하카타역 하카타 출구에서 도보 8분
📍 福岡市博多区博多駅前 1-29-9

높이 10m가 넘는 후쿠오카 대불 ⑥
토초지 東長寺

중국에서 유학한 고보 대사가 806년에 귀국해 일본
최초로 건립한 진언종 사찰. 일본 최대급 목조 좌상인
높이 10.8m, 무게 30톤의 후쿠오카 대불, 회전하는 지
장보살이 있는 육각당(매월 28일 내부 공개), 오층탑,
대형 염주 등 볼거리가 많다. 봄에는 거대한 벚나무 두
그루에 꽃이 활짝 피어 무척 아름답다.

✗ JR 하카타역 하카타 출구에서 도보 9분
📍 福岡市博多区御供所町 2-4 🕐 09:00~16:45 ✗ 무휴
✉ 사찰 무료, 후쿠오카 대불 50엔 📞 +81 92 291 4459
🏠 www.tochoji.net

녹음 가득한 정원이 멋진 절 ⑦
쇼후쿠지 聖福寺

1195년 세워진 일본 최초의 본격적인 선종 사찰. 지금
은 산문, 불전 등 일부 건물의 외부와 정원만 관람할 수
있다. 자연과 조화롭게 배치된 넓은 정원을 산책하면
서 전쟁으로 타다 남은 기와, 돌 등을 섞어 강도를 높인
하카타식 재활용 토담, 요사이 선사가 중국에서 차나
무를 가져와 심어 이곳이 일본 차의 발상지임을 상징
하는 차나무를 찾아보자.

✗ JR 하카타역 하카타 출구에서 도보 11분 📍 福岡市博多区
御供所町 6-1 🕐 08:00~17:00 ✗ 무휴 ✉ 무료
📞 +81 92 291 0775 🏠 shofukuji.or.jp

일본 우동, 소바의 발상지 ⋯⋯⋯ ⑧
조텐지 承天寺

후쿠오카를 대표하는 축제 하카타 기온 야마카사의
창시자로 알려진 쇼이치 국사國師가 1242년 창건한 임
제종 사찰. 쇼이치 국사는 중국에서 유학하다 1241년
귀국해 우동, 소바, 만두 등의 제조법을 처음 전했다고
하며, 조텐지 정원에 그 기념비가 세워져 있다. 돌과 모
래로 산수를 표현하는 석정 센토테이洗濤庭도 유명하
나 중문 밖에서만 감상할 수 있다.

🏃 JR 하카타역 하카타 출구에서 도보 8분
📍 福岡市博多区博多駅前1-29-9 🕐 08:30~16:30
❌ 무휴 ¥ 무료 📞 +81 92 431 3570

도심 속에 이런 정원이 있다니 ⋯⋯⋯ ⑨
라쿠스이엔 楽水園

입구에서부터 비밀 정원으로 들어가는 듯 신비로운 분
위기가 가득한 곳. 연못을 중심으로 꽃과 나무, 오솔길
이 나있는 지천회유식 정원이 꾸며졌다. 전통 가옥의
다다미방에서는 화과자가 함께 나오는 말차 세트(500
엔)를 맛볼 수 있어 정원을 감상하며 쉬어가기 참 좋다.

🏃 JR 하카타역 하카타 출구에서 도보 10분 📍 福岡市博多区
住吉2-10-7 🕐 수~월 09:00~17:00 ❌ 화요일(공휴일인
경우 다음 날), 12/29~1/1 ¥ 일반 100엔, 초중학생 50엔
📞 +81 92 262 6665 🏠 rakusuien.fukuoka-teien.com

신비로운 녹색의 참배 길 ⋯⋯⋯ ⑩
스미요시 신사 住吉神社

일본 전국 2,000여 개 스미요시 신사(항해의 수호신을
모시는 신사) 중에서 가장 오래된 곳으로, 약 1,800년
전에 세워졌다. 무려 8,107평에 이르는 넓은 경내는 고
대 신사 건축 양식인 스미요시 구조의 본전, 만지면 복
이 온다는 에비스신 동상, 줄지어 선 붉은색 도리이 등
이 볼만하다. 특히 우거진 나무들이 녹색 터널을 이루
는 참배 길은 신비롭기까지 하다.

🏃 JR 하카타역 하카타 출구에서 도보 12분 📍 福岡市博多区
住吉3-1-51 🕐 24시간 ❌ 무휴 ¥ 무료 📞 +81 92 291
2670 🏠 www.nihondaiichisumiyoshigu.jp

밤이 되면 화려해지는
일본 3대 유흥가 ······ ⑪
나카스 中洲

하카타와 텐진의 경계에 있는 동서 200m,
남북 1km의 좁고 길쭉한 섬. 서울 연남동 면
적의 1/3도 안 되는 작은 구역이지만 2,400
곳이 넘는 음식점과 술집, 클럽 등이 자리
한 규슈 제일의 유흥가다. 섬 남쪽은 나카
강 주변을 따라 산책로가 조성되어 낮에는
강변에 앉아 바람 쐬는 이들이 많다. 저녁이
되면 바로 이곳이 후쿠오카의 명물, 포장마
차 거리로 변신한다. 저녁 5시부터 포장마차
가 하나둘 들어서며 장사를 준비하고, 6시
면 술과 음식을 즐기려는 시민과 관광객들
이 모여들어 북적북적 활기가 넘친다. 나카
스와 니시나카스, 텐진을 연결하는 후쿠하
쿠 만남 다리 주변은 어두워지면 네온사인
으로 화려하게 물들고, 겨울이면 크리스마
스 일루미네이션이 장식되어 커플들의 성지
가 된다.

🚶 JR 하카타역 하카타 출구에서 도보 13분

포장마차 거리 뒤쪽의 골목 안으로 들어가면
'풍속점'이라 불리는 유흥업소 거리가 있으니
잘못 들어가지 않도록 주의하자.

140년을 시민과 함께해 온 상점가 ······ ⑫
카와바타 상점가 川端通商店街

하카타 리버레인과 캐널 시티를 잇는 400m 길이의 아케이드 상가. 하카타 인형, 축제용품, 과자를 파는 전통 상점을 비롯해 식당, 술집 등 130여 개 점포가 늘어서 있고, 기온 야마카사 축제에 쓰이는 장식 가마가 전시 중이다. 주변 쇼핑몰로 갈 때 이곳을 걸으며 서민적인 동네 분위기를 느껴보는 정도면 딱 좋다.

🚶 지하철 나카스카와바타역 5번 출구에서 바로
📍 福岡市博多区上川端町6-135 🏠 kawabatadori.com

다 함께 즐기는 호빵맨 월드 ······ ⑬
호빵맨 어린이 박물관
Anpanman Children's Museum in Mall

인기 만화 〈날아라 호빵맨〉의 캐릭터들을 만날 수 있는 실내 테마파크. 캐릭터 숍과 식당, 카페, 어린이용 놀이 시설로 재미있게 꾸며져 있다. 특히 중앙 무대에서는 호빵맨 캐릭터들의 노래와 춤 공연, 인형극, 함께 하는 체조, 포토타임 등 다양한 이벤트를 즐길 수 있으니 미리 스케줄 표를 체크해 두자.

🚶 지하철 나카스카와바타역 6번 출구에서 바로, 하카타 리버레인 5~6층 📍 福岡市博多区下川端町3-1 🕐 10:00~17:00(16:00 입장 마감) ❌ 12/31~1/1, 부정기 ¥ 2,000엔(주말, 휴일 2,200엔)
📞 +81 92 291 8855 🏠 www.fukuoka-anpanman.jp

여기서만 볼 수 있는 아시아 현대 미술 ······ ⑭
후쿠오카 아시아 미술관 福岡アジア美術館

세계에서 유일한 아시아 근현대 미술관. 우리나라를 비롯해 아시아 전역의 작품을 전시하는 것은 물론이고 후쿠오카로 작가를 초청해 작품 활동을 지원하기도 한다. 컬렉션전과 기획전이 다양하게 열리고 전시 내용이 꽤 충실한 편이라 흥미롭게 감상할 수 있다. 입장료도 저렴하니 관심 있다면 가보길 추천한다.

🚶 지하철 나카스카와바타역 6번 출구에서 바로, 하카타 리버레인 7~8층 📍 福岡市博多区下川端町3-1 🕐 일~화·목 09:30~18:00, 금·토 ~20:00(폐관 30분 전 입장 마감) ❌ 수요일(공휴일인 경우 다음 날), 12/26~1/1 ¥ 일반 200엔, 고등·대학생 150엔, 특별전 별도
📞 +81 92 263 1100 🏠 faam.city.fukuoka.lg.jp

2022년 문을 연 신상 쇼핑몰 ······ ⑮

라라포트 후쿠오카 LaLaport Fukuoka

캐널 시티와 함께 후쿠오카 대형 복합 몰의 양대 산맥. 패션, 음식, 엔터테인먼트
를 한곳에서 즐길 수 있는 복합 쇼핑몰로, 무려 222개 점포가 모여있다. 시내 중
심에서 조금 떨어져 있지만, 최근 문을 열어 공간이 세련되고 쾌적한 데다 해외
브랜드부터 일본 브랜드까지 상점이 다양하고 매장을 찾기 쉬운 구조여서 쇼핑
하기 좋다. 라라포트 최고의 볼거리는 바로 실물 크기 건담. 극장판 〈기동 전사
건담-역습의 샤아〉에 등장하는 건담에 새로운 디자인을 더한 RX-93ff ν 건담
의 실물 크기 입상이다. 최고 높이가 무려 24.8m로 건담 입상 중 가장 크다. 10
시부터 18시까지 매시 정각에 건담이 움직이며, 19시부터 21시까지는 매시 정
각과 30분에 건담 영상을 상영한다.

🚶 하카타 버스 터미널 13번 승차장에서 L, 40L, 44, 45번 버스 20분 또는 니시테츠 전철 오
하시역 하차 후 3번 승차장에서 직행버스 10분 📍 福岡市博多区那珂6-23-1
🕐 상점 10:00~21:00, 식당 11:00~22:00 ❌ 무휴 📞 +81 92 707 9820
🏠 mitsui-shopping-park.com/lalaport/fukuoka/

면세는 1층의 면세 카운터에서 일괄 수
속하는데, 일부 상점은 가게에서 바로
면세 수속을 해주니 구입 시 확인할 것.

명란젓을 향한 찐애정 ...... ①
후쿠야 ふくや

75년 전 부산에서 나고 자란 창업자가 초량 시장에서 사먹던 명란젓을 잊지 못해, 일본식으로 만들어 최초로 판매하고 후쿠오카의 명물로 대중화한 곳이다. 나카스 본점에 걸린 관련 사진과 포스터에서 자부심이 느껴진다. 먹기 편한 명란 튜브tubu tube(702엔~)가 유명하고, 특히 명란을 활용한 가공식품이 무척 다양하다. 명란 센베明太せんべい(540엔)와 명란 러스크ふくやラスクめんたい味(550엔)도 간식이나 맥주 안주로 맛있다.

🚶 지하철 나카스카와바타역 1번 출구에서 도보 5분
📍 福岡市博多区中洲2-6-10 🕐 월~금 09:00~22:00, 토·일,
공휴일 09:30~18:00 ❌ 부정기
📞 +81 92 261 2981
🏠 www.fukuya.com

세련된 패키지의
명란 제품으로 인기 ...... ②
시마모토 辛子明太子の島本

멋진 인테리어에 이끌려 가게 안으로 들어가면 이게 명란이 맞나 싶게 세련된 패키지로 포장한 제품들이 가득하다. 비교적 신생 브랜드이지만 희귀한 홋카이도산 명란을 사용해 인기가 높다. 여행자에게 특히 인기인 것은 다른 브랜드에 비해 압도적으로 명란이 많이 들어간 명란 마요네즈めんたいマヨネーズ(460엔~). 빵에 바르고 샐러드에 뿌리거나 파스타 소스로 넣어도 맛있다. 모두 냉장 보관 상품이니 출국 날 쇼핑할 것.

🚶 지하철 기온역 1번 출구에서 바로
📍 福岡市博多区御供所町
2-63 🕐 09:00~19:00
❌ 오봉, 연초 📞 +81 92 291
2771 🏠 www.simamoto.co.jp

무료 시음으로
즐거운 사케 쇼핑 ...... ③
햐쿠넨구라 百年蔵

사케로 유명한 규슈지만, 도심 속 도심인 하카타에는 이곳이 유일하게 남은 양조장이다. 지은 지 140년 된 유서 깊은 양조장 건물은 문화재로도 지정되어 있다. 추천 사케는 이곳 한정 상품인 시보리타테 준마이슈しぼりたて純米酒(720ml 1,276엔). 일반 술은 보관하기 좋게 두 번 가열 처리하지만, 이 사케는 갓 담근 술을 전용 냉장 탱크에 저장했다가 주문 즉시 그 자리에서 병에 담아 판매하므로 딱 한 달간만 마실 수 있다. 양조장에서 바로 구매하기에 신선하고 풍성한 풍미가 살아있는 프루티한 술이 인기 있다. 이곳은 특히 여러 종류를 부담 없이 무료로 시음할 수 있어 쇼핑이 더욱 즐겁다.

🚶 지하철 기온역 1번 출구에서 도보 10분
📍 福岡市博多区堅粕1-30-1
🕐 11:00~17:00 ❌ 화요일, 8/13~15,
1/1~3 📞 +81 92 633 5100
🏠 www.ishikura-shuzou.co.jp

다양한 선택지를
원한다면 바로 여기 ...... ④
스미요시슈한 住吉酒販

사케와 소주, 와인, 매실주 등 주종을 다양하게 갖춘 주류 전문점. 1층은 규슈 지역 소주와 맥주, 과실주 및 술에 어울리는 식품류 매장, 3층은 와인 매장이 자리한다. 특히 추천하는 곳은 2층. 규슈를 중심으로 전국의 양조장에서 만든 사케들로 빼곡히 차있다. 모든 술에 가격, 정미율, 맛의 특징 등이 세심하게 적혀있어 고르기가 한결 수월하다. 참고로, 하카타역 데이토스점은 규모는 매우 작지만 오직 규슈 술만 다루는 특화된 점포다.

🚶 JR 하카타역 하카타 출구에서 도보 14분 📍 福岡市博多区住吉3-8-27
🕐 09:30~18:30 ❌ 일요일 📞 +81 92 281 3815 🏠 sumiyoshi-sake.jp

선물용으로도 좋은 고급 다시 팩 ⑤

쿠바라혼케 久原本家

첨가물 없이 천연 재료만을 사용하는 후쿠오카의 대표 식료품 회사 '쿠바라혼케' 매장. 그중 특히 유명한 브랜드는 카야노야茅乃舎. 깊은 맛을 내는 국물용 다시 팩 카야노야 다시茅乃舎だし(5개입 453엔)와 즉석 국인 카야노야 프리즈드라이茅乃舎フリーズドライ(4인분 874엔)는 조금 산 걸 후회할 만큼 맛이 좋다.

🏃 JR 하카타 시티 내, 데이토스 1층 미야게몬이치바
📍 福岡市博多区博多駅中央街1-1　🕐 08:00~21:00
❌ 무휴　📞 +81 92 412 8208　🏠 www.kayanoya.com

문구, 주방용품에 강하다 ⑥

도큐 핸즈 TOKYU HANDS

5층 규모의 대형 잡화점으로, 주방용품, 문구, 캐릭터 굿즈, 화장품, 생활 잡화, 액세서리, 가방, DIY 재료에 이르기까지 정말 없는 게 없다. 특히 문구와 주방용품이 다양하게 갖춰져 있으니 관심 있다면 꼭 들러보길 추천한다. 아이디어 상품도 많아서 구경만 해도 재미있다.

🏃 JR 하카타 시티 내, 아뮤 플라자 1~5층
📍 福岡市博多区博多駅中央街1-1　🕐 10:00~20:00
❌ 부정기　📞 +81 92 481 3109　🏠 hakata.hands.net

그냥 전자 제품점이 아니다 ⑦

요도바시 카메라 ヨドバシカメラ

카메라 전문점으로 시작해 전자 제품 종합 매장으로 자리 잡았지만, 사실 그게 다가 아니다. 캠핑·레저용품부터 자전거, 화장품, 여행용품, 건강용품, 만화책, 장난감까지 분야별 전문 매장을 갖추고 있다. 특히 4층에 자리한 마트 로피아는 도시락을 비롯한 먹거리의 종류가 무척 다양하고 가격도 저렴해 추천한다.

🏃 JR 하카타역 지쿠시 출구에서 도보 1분
📍 福岡市博多区博多駅中央街6-12　🕐 09:30~22:00
❌ 부정기　📞 +81 92 471 1010　🏠 www.yodobashi.com

규슈에서 가장 넓은 매장 ······ ⑧
다이소 DAISO

규슈 최대 매장 면적과 상품 구성을 자랑하며, 하카타 버스 터미널에 있어 접근성도 뛰어나다. 한국 다이소와는 상품 구성이 완전히 달라 캐릭터 상품, 문구, 캠핑용품, DIY용품, 주방용품, 아이디어 상품, 식품류 등 득템할 것이 많다.

🚶 하카타 버스 터미널 5층 📍 福岡市博多区博多駅中央街 2-1 🕐 09:00~21:00 ❌ 부정기 📞 +81 80 4123 9897
🏠 www.daiso-sangyo.co.jp

어디에나 어울리는 세련된 디자인 ······ ⑨
스탠더드 프로덕츠 Standard Products

다이소가 내놓은 상위 라인의 생활 잡화점으로, 300엔 이상의 제품을 판매한다. 세련된 컬러와 군더더기 없는 깔끔한 디자인으로 어떤 인테리어에도 잘 어울리는 무난한 제품들이 많다. 마치 저렴한 버전의 무인양품 같기도 하다. 생활 잡화부터 반려동물용품, 캠핑용품, 문구에 이르기까지 크지 않은 매장 안에 상품은 꽤 다양하다.

🚶 하카타 버스 터미널 5층 📍 福岡市博多区博多駅 中央街2-1 🕐 09:00~21:00 ❌ 부정기
📞 +81 90 1136 8670 🏠 standardproducts.jp

파스텔 컬러의 귀여운 생활 소품 ······ ⑩
스리피 THREEPPY

다이소가 여성 고객을 겨냥해 만든 생활 잡화점. 300엔 이상의 제품들만 판매해 가성비가 떨어지나 싶지만, 디자인에 더 신경 쓴 제품이어서 충분히 감안할 만하다. 유명 잡화 브랜드 프랑프랑이 떠오르는 귀여운 디자인의 접시, 파우치, 헤어 액세서리 등 상품 구성도 철저히 여성 취향에 맞췄다.

🚶 하카타 버스 터미널 5층 📍 福岡市博多区博多駅中央街 2-1 🕐 09:00~21:00 ❌ 부정기 📞 +81 92 475 0100
🏠 www.threeppy.jp

하카타 리버레인 Hakata Riverain Mall

타카시마야 백화점에서 운영하는 쇼핑몰로, 스타일리시하면서 차분한 분위기가 흐른다. 디자인 가구점, 인테리어 소품점, 잡화점 등이 눈길을 끌고, 카페와 펍, 식당도 인기 있다. 후쿠오카 아시아 미술관과 호빵맨 어린이 박물관도 있어 관광을 겸해 방문하기 좋고, 카와바타 상점가와 나카스를 오가며 들르기 편하다.

🚶 지하철 나카스카와바타역 6번 출구에서 바로 📍福岡市博多区下川端町3-1 🕐 10:00~19:00(시설마다 다름)
❌ 12/31, 1/1 📞 +81 92 271 5050
🏠 www.hakata-riverainmall.jp

토키네리 トキネリ

일본의 전통 생활 도구와 모던한 주방 잡화를 세련된 취향으로 엄선해 판매한다. 특히 아름다운 일본 그릇과 식기류, 주방 소품들이 다양해서 살림에 관심 있는 사람이라면 눈을 뗄 수 없을 것이다. 일본 전통 문양의 귀여운 수저 받침이나 코스터 등은 선물용으로도 그만이다.

🚶 지하철 나카스카와바타역 6번 출구에서 바로, 하카타 리버레인 1층 📍福岡市博多区下川端町3-1
🕐 10:00~19:00 ❌ 12/31, 1/1
📞 +81 92 409 5506 🏠 www.tokineri.com

세리아 Seria

주방용품, 문구, 캐릭터 상품, 인테리어 소품은 물론 수예, 베이킹, 포장용품에 이르기까지 디자인을 고려한 상품들을 모아놓아 여성들에게 인기 높은 100엔 숍이다. 특히 아기자기하고 귀여운 아이템들이 많으며 매장이나 상품 구성이 다이소보다 정리된 느낌이라 선호하는 사람들이 많다.

🚶 지하철 나카스카와바타역 6번 출구에서 바로, 하카타 리버레인 지하 2층 📍福岡市博多区下川端町3-1
🕐 10:00~19:00 ❌ 12/31, 1/1
📞 +81 92 260 1507 🏠 www.seria-group.com

후쿠오카의 대세 드러그스토어 ⋯⋯⑭

드러그 일레븐 ドラッグイレブン

규슈와 오키나와 지역에 매장을 다수 운영 중인 드러그스토어로, 후쿠오카 시내 곳곳에서 만날 수 있다. 일찍 문을 열고 늦게 닫기 때문에 저녁을 먹은 후에 여유롭게 쇼핑하기도 좋다. 역 앞이어서 찾기 편한 데다 면세도 가능하므로 여행자들이 즐겨 찾는다.

🚶 JR 하카타역 하카타 출구에서 도보 1분 📍福岡市博多区博多駅前4 🕐 08:00~23:00 ❌ 무휴 📞 +81 92 432 7801 🏠 www.drugeleven.com

만화, 잡지, 문구 코너가 충실 ⋯⋯⑮

마루젠 Maruzen

2,650㎡(800평)의 넓은 매장에 국내외 일반 서적, 만화, 잡지 등 60만 권을 갖춘 대형 서점이다. 또 서점에서 가장 넓은 면적을 차지할 만큼 문구 라인업이 충실하고, 그림책 굿즈 전문점 에혼즈EHONS도 둘러볼 만하다. 만화와 잡지 매장은 각각 에스컬레이터 앞에 자리해 찾기 쉽다.

🚶 하카타 시티 내, 아뮤 플라자 8층 📍福岡市博多区博多駅中央街1-1 🕐 10:00~20:00 ❌ 부정기 📞 +81 92 413 5401 🏠 honto.jp

커피만 있는 게 아니다 ⋯⋯⑯

칼디 커피 팜 Kaldi Coffee Farm

커피를 중심으로 일본은 물론 전 세계의 다양한 식료품을 엄선해 판매하는 식료품 셀렉트 숍. 신라면, 소주 등 우리나라 제품도 꽤 많이 볼 수 있다. 칼디의 오리지널 드립 커피 백은 맛도 좋고 먹기 편해서 종류별로 모두 집어오고 싶을 정도. 커피 외에도 레토르트 식품, 조미료 등 칼디의 오리지널 상품을 눈여겨보자.

🚶 JR 하카타역 1층 마잉구
📍福岡市博多区博多駅中央街1-1 博多駅 1F マイング
🕐 09:00~21:00 ❌ 부정기
📞 +81 92 483 5501 🏠 www.kaldi.co.jp

식품 쇼핑은 여기에서 ⋯⋯⑰
맥스 밸류 익스프레스
Max Valu Express

24시간 영업하는 슈퍼마켓. 도시락이나 안주, 간식 등을 파는 조리 식품 코너는 편의점과 비교할 수 없을 만큼 무척 다양하고 가격도 저렴하다. 다만 저녁 늦게 가면 남아있는 것이 별로 없다. 조리 식품 외에 가공식품, 주류 쇼핑이 목적이라면 밤 늦은 시간도 좋다. 많이들 찾는 돈키호테보다 더 저렴한 것도 많고 사람도 적어 추천한다.

🚶 지하철 기온역 3번 출구에서 도보 5분 📍 福岡市博多区 祇園町7-20 🕐 24시간 ✕ 부정기 📞 +81 92 263 4741

연예인들의 최애 모자 브랜드 ⋯⋯⑱
카시라 CA4LA

독창적이고 트렌디한 디자인과 높은 품질로 20년 넘게 사랑받는 모자 전문 브랜드. 다양한 디자이너가 참여한 오리지널 디자인 제품과 수입 제품을 함께 취급한다. 페도라, 버킷 모자, 볼캡, 베레모, 헌팅캡 등 수많은 모자 종류를 갖추고 있고, 모자를 관리하는 데 필요한 액세서리도 있다. 박스 포장도 잘해준다.

🚶 JR 하카타 시티 내, 아뮤 플라자 3층
📍 福岡市博多区博多駅中央街1-1 🕐 10:00~21:00
✕ 부정기 📞 +81 92 413 5533 🏠 www.ca4la.com

로고 들어간 소품이 예쁘다 ⋯⋯⑲
니코 앤드 niko and

'일상과 놀이가 공존하는 라이프 스타일'을 콘셉트로, 의류, 패션 소품, 인테리어용품, 캠핑 및 레저용품, 생활용품과 식품 등 각 분야에서 멋진 취향을 담은 디자인 제품들을 셀렉트해 판매한다. 니코 앤드의 오리지널 상품도 다양한데, 특히 로고가 들어간 핸드폰 케이스나 미니 백 등 소품을 눈여겨보자.

🚶 하카타 버스 터미널 13번 승차장에서 L, 40L, 44, 45번 버스로 20분, 라라포트 1층 📍 福岡市博多区那珂6-23-1
🕐 10:00~21:00 ✕ 부정기 📞 +81 92 558 1068

동구리 공화국 どんぐり共和国

스튜디오 지브리의 공식 캐릭터 숍. 매장 전체를 토토로가 사는 숲처럼 꾸며놓아 쇼핑이 무척 즐겁다. 곳곳에 포토 존도 있으니 기념사진을 꼭 남겨보자. 〈이웃집 토토로〉, 〈센과 치히로의 행방불명〉, 〈하울의 움직이는 성〉, 〈벼랑 위의 포뇨〉, 〈마녀 배달부 키키〉 등에 나온 매력적인 캐릭터들을 피규어, 봉제 인형은 물론이고 문구, 생활 잡화, 인테리어 소품 등으로 다양하게 만날 수 있다. 특히 상품 디스플레이가 무척 귀여워서 구경만으로도 즐겁다.

🚶 JR 하카타역 하카타 출구에서 도보 10분, 캐널 시티 오파 지하 1층　📍福岡市博多区住吉1-2-22　🕐 10:00~21:00　❌ 부정기　📞 +81 92 263 3607

포켓몬 센터 Pokémon Center FUKUOKA

포켓 몬스터의 공식 캐릭터 숍. 인형, 스티커, 카드 같은 라이선스 상품 외에 컵라면, 과자 등의 식품류, 문구, 생활 잡화 등 포켓몬 센터만의 오리지널 상품도 다양하다. 한쪽에는 포켓몬 게임기가 있어 아이들에게 인기. 매장이 그리 크지 않은 편이고 항상 붐벼 대기할 수도 있으니 시간 여유를 두고 찾는 것이 좋다.

🚶 JR 하카타 시티 내, 아뮤 플라자 8층　📍福岡市博多区博多駅中央街1-1　🕐 10:00~20:00　❌ 부정기
📞 +81 92 413 5185　🏠 www.pokemon.co.jp

산리오 갤러리 Sanrio Gallery

오래 사랑받는 헬로키티를 비롯해 쿠로미, 폼폼푸린, 마이멜로디, 시나모롤 등 최근 인기 높은 캐릭터들까지 귀엽고 사랑스러운 굿즈가 매장 안에 가득하다. 아이, 어른 할 것 없이 좋아하는 캐릭터인 데다 이곳이 후쿠오카에서 가장 물건이 많아 항상 사람들로 붐빈다. 인형과 문구류를 비롯해 키링, 거울, 헤어핀, 캐리어 등 캐릭터가 들어간 것만으로 100배 귀여워진 소품들에 지갑이 스르르 열린다.

🚶 JR 하카타역 하카타 출구에서 도보 10분, 캐널 시티 오파 센터 워크 북쪽 지하 1층. 분수대 앞 ♥ 福岡市博多区住吉1-2-22
🕐 10:00~21:00 ❌ 부정기
📞 +81 92 263 3613
🏠 www.sanrio.co.jp

디즈니 스토어 Disney Store

'공주의 성'을 콘셉트로 디자인한 오리지널 스토어는 여기를 포함해 일본 전국에 4곳뿐이고, 후쿠오카에서 상품 수가 가장 많은 곳도 이곳 캐널 시티점이다. 보들보들한 감촉에 퀄리티 높은 봉제 인형, 귀여움 터지는 캐릭터 컵과 커트러리, 선물용으로 좋은 키링, 손수건 등 상품이 다양해 디즈니 팬들에게는 필수 코스.

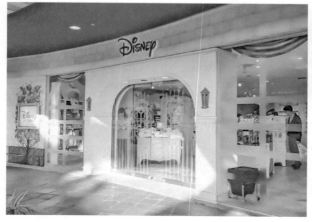

🚶 JR 하카타역 하카타 출구에서 도보 10분, 캐널 시티 센터 워크 남쪽 2층
♥ 福岡市博多区住吉1-2-22
🕐 10:00~21:00 ❌ 부정기
📞 +81 92 262 3932
🏠 www.disneystore.co.jp

라라포트 한정 건프라를 만나보자 ······ ㉔
건담 사이드 에프 GUNDAM SIDE-F

건담의 세계관을 체험하며 건프라를 비롯한 다양한 굿즈
쇼핑도 즐길 수 있는 곳으로, RX-93ff ν 건담 등 라라포
트 한정 건프라도 있다. 대형 건담 입상의 존재감을 느끼
며 매장에 들어서면 건담에 대한 최신 정보와 더불어, 폭
10m의 초대형 스크린에 펼쳐지는 박진감 넘치는 건담 영
상을 볼 수 있다.

🚶 하카타 버스 터미널 13번 승차장에서 L, 40L, 44, 45번 버스로
20분, 라라포트 4층 📍 福岡市博多区那珂6-23-1
🕐 10:00~21:00 ❌ 부정기 📞 +81 92 710 0430
🏠 www.gundam-side-f.net

만화 팬들을 사로잡는 최신 굿즈 ······ ㉕
점프 숍 JUMP SHOP

만화 왕국 일본에서 가장 유명한 만화 잡지 〈주간 소년
점프〉에 연재된 인기 만화의 캐릭터 굿즈를 판매하는 공
식 매장. 〈주술회전〉, 〈귀멸의 칼날〉 등 인기 만화의 캐릭
터 상품, 만화책, 애니메이션 DVD 등을 다양하게 만날 수
있다. 참고로 점프 숍의 오리지널 캐릭터인 쟌타는 〈드래
곤볼〉의 작가 토리야마 아키라가 그렸다.

🚶 JR 하카타역 하카타 출구에서 도보 10분, 캐널 시티 오파
지하 1층 📍 福岡市博多区住吉1-2-2 🕐 10:00~21:00
❌ 부정기 📞 +81 92 263 2675 🏠 www.shonenjump.com

캡슐 토이 마니아라면 필수 코스 ······ ㉖
반다이 남코 크로스 스토어
Bandai Namco Cross Store

반다이의 오피셜 굿즈 숍과 캡슐 토이 전문점, 오락실, 이
벤트 공간까지 갖춘 쇼핑 겸 체험 공간이다. 특히 캐릭터
상품 회사인 반다이의 공식 캡슐 토이 전문점은 그야말로
개미지옥. 웬만한 캐릭터 상품은 거의 반다이에서 만든다
고 할 만큼 다양한 캐릭터를 보유한 곳이어서, 이곳에서
1시간은 놀 수 있을 정도로 많은 기기를 만날 수 있다.

🚶 JR 하카타역 하카타 출구에서 도보 10분, 캐널 시티 지하 1층
📍 福岡市博多区住吉1-2-22 🕐 10:00~21:00 ❌ 부정기
📞 +81 92 409 7562 🏠 www.bandainamco-am.co.jp

흔치 않은 매콤한 모츠나베 ...... ①

모츠나베 타슈 もつ鍋 田しゅう

된장 맛, 간장 맛, 와다시(다시마 육수), 타슈 전골(매콤한 된장 맛)까지 네 가지 국물 중에 선택해 맛볼 수 있는 모츠나베 식당으로, 특히 현지인들에게 인기가 높은 곳이다. 기본 된장 맛도 좋지만 타슈 전골田しゅう鍋(1,848엔/2인 이상 주문 가능)을 골라보자. 매콤한 붉은 국물이 입맛을 당기고, 마무리로 면이나 밥을 넣어 먹어도 무척 잘 어울린다. 하카타점은 1인분 모츠나베 세트1人前もつ鍋セット(2,310엔)가 있는 것도 장점. 예약 필수.

🚶 하카타 버스 터미널 1층 📍 福岡市博多区博多駅中央街 2-1 🕐 월~목 17:00~23:00, 금 17:00~24:00, 토~일, 공휴일 11:00~15:00, 17:00~24:00 ❌ 연말연시
📞 +81 92 441 2071
🏠 www.motsunabe-tashu.com

츠케멘이 귀한
후쿠오카에서도 엄지 척 ...... ②

멘야 카네토라 麺や兼虎

어두운 조명 아래 코노지(ㄷ자형) 카운터석으로만 이루어져 라멘집이 아니라 바 같은 분위기. 인기 있는 츠케멘 중에서도 매콤한 국물의 카라카라 츠케멘辛辛つけ麺(1,200엔)을 추천한다. 돼지 뼈와 닭 뼈, 건어포 등을 우린 걸쭉한 국물에 생선가루, 고춧가루를 올려 맛이 더욱 진하고 매콤하다. 특히 쫄깃한 중면의 식감이 예술. 면은 보통(200g)과 중(300g)에서, 맵기는 2~5단계에서 고를 수 있다. 3단계가 신라면보다 좀 더 매운 편이다.

🚶 JR 하카타역 데이토스 2층 하카타멘가도
📍 福岡市博多区博多駅中央街1-1
🕐 10:00~22:00 ❌ 무휴 📞 +81 92 413 2277
🏠 www.kanetora.co.jp

담백하게 즐기는 모츠나베 ······ ③
모츠코 もつ幸

일본산 소의 내장 4종(소장, 천엽, 염통, 양)과 양배추, 부추를 닭 뼈 육수에 끓여 초간장을 찍어 먹는 스타일의 모츠나베もつ鍋(1,200엔). 담백한 국물 맛을 내기 위해 마늘은 넣지 않는다. 거의 다 먹으면 짬뽕 면을 추가로 주문해 보자. 참깨가루를 듬뿍 넣어 끓여주는데, 이 맛도 일품이다. 자릿세 1인당 400엔이 붙지만 반찬이 잘 나오고, 1인 주문 가능.

🚶 지하철 고후쿠마치역 1번 출구에서 도보 1분 📍福岡市博多区綱場町7-14 🕐 월~금 17:30~23:00, 토, 공휴일 17:00~22:30 ❌ 일요일 📞 +81 92 291 5046 🏠 motsukou.web.fc2.com

인기 라멘 이치란이 시작된 곳 ······ ④
이치란 총본점 一蘭 本社総本店

일본 전국과 외국까지 지점을 낸 일본 최대 돈코츠 라멘 체인의 본점이다. 잡내 없이 구수한 돼지사골 육수, 한국인 입맛에 맞는 빨간 매운 소스, 마음대로 여러 옵션을 조절할 수 있는 맞춤 주문법, 맛에 집중할 수 있는 독서실 좌석으로 꾸준히 사랑받고 있다. 메뉴는 천연 돈코츠 라멘天然とんこつラーメン(980엔) 하나 뿐이다.

🚶 지하철 나카스카와바타역 2번 출구에서 도보 1분 📍福岡市博多区中洲5-3-2 🕐 24시간 📞 +81 92 262 0433 🏠 ichiran.com

활오징어회의 신세계 ······ ⑤
카와타로 河太郎

대형 수조를 둘러싼 테이블에 앉으면 그 자리에서 산 오징어를 잡아 요리해 준다. 활오징어회의 투명하고 영롱한 모습은 아름답기까지 하고, 입에 넣는 순간 오징어회의 신세계를 맛보게 된다. 꼬들꼬들한 식감에 씹을수록 단맛이 배어나온다. 저녁은 서비스 요금 10%가 붙고 메뉴도 더 비싸니, 점심의 활오징어회 정식いか活造り定食(3,850엔)을 추천.

🚶 지하철 쿠시다진자마에역 2번 출구에서 도보 4분 📍福岡市博多区中洲1-6-6 🕐 월~토 11:45~14:30, 17:30~22:00, 일, 공휴일 17:00~21:30 ❌ 오봉, 연말연시 📞 +81 92 271 2133 🏠 www.kawatarou.jp

덮밥 위에 명란 하나가 통째로 …… ⑥

우오덴 うぉ田

세련된 분위기의 해산물 식당으로, 저녁 메뉴는 가격대가 높은 편이지만 점심에는 가성비 좋은 덮밥과 정식을 판매 해 줄을 설 정도로 인기가 높다. 그중 가장 인기 있는 것은 명란 연어알 달걀말이 덮밥明太いくら玉子焼丼(2,530엔). 통 크게 짭짤매콤한 명란 하나를 통째로 올린 덮밥에 부들 부들 부드러운 달걀말이와 입안에서 톡톡 터지는 연어알 이 함께 나오는데, 재료 조합이 훌륭하고 명란도 그리 짜 지 않아 밥도둑이 따로 없다. 그 외 카이센동, 연어 & 연어 알 덮밥, 매일 메뉴가 바뀌는 저렴한 정식도 있다. 점심에 는 밥과 된장국을 리필해 주고 녹차 등의 음료를 마음껏 마실 수 있다. 주문은 마감 1시간 전까지.

🚶 지하철 쿠시다진자마에역 5, 7번 출구에서 도보 2분
📍 福岡市博多区博多駅前2-8-15
🕐 06:30~10:00(뷔페),11:30~16:00, 17:00~22:00
❌ 부정기 📞 +81 50 3184 0920 🏠 uoden092.com

수준급 스시를 합리적인 가격에 ......⑦

타츠미즈시 たつみ寿司

후쿠오카 맛집 순위에서 항상 최상위권에 오르는 인기 스시집. 일식에서 잘 쓰지 않는 식재료와 요리법을 과감히 도입해 창작 스시를 선보이는 점이 재미있다. 하나하나 정성껏 쥐어주는 스시를 맛보면 재료의 퀄리티가 높은 것은 물론이고 숙성 방법이나 재료 조합에 고민이 담겨있는 것을 느낄 수 있다. 스시에 양념이 되어 있으니 간장을 찍지 않고 그대로 먹으면 된다. 런치 코스 2,200엔~(14:00~17:00는 3,300엔~), 디너 코스 12,000엔~.

🚶 지하철 나카스카와바타역 7번 출구에서 도보 1분 📍 福岡市博多区下川端町8-5
🕐 화~일 11:00~22:00 ❌ 월요일(공휴일인 경우 다음 날), 연초
📞 +81 92 263 1661 🏠 tatsumi-sushi.com

느끼하지 않은 장어덮밥을 찾는다면 ......⑧

히츠마부시 와쇼쿠 빈쵸
ひつまぶし和食備長

나고야식 장어덮밥 히츠마부시ひつまぶし(3,890엔~) 전문점. 장어를 찌지 않고 바로 숯불에 굽기 때문에 기름이 쏙 빠져서 겉은 바삭, 속은 촉촉하며 불향이 좋다. 장어가 느끼해서 싫다는 사람은 꼭 이곳에서 먹어보길 추천한다. 돈카츠 메뉴도 있어 아이와 함께 가도 좋다.

🚶 지하철 나카스카와바타역 7번 출구에서 도보 1분
📍 福岡市博多区下川端町2-1 🕐 11:30~15:00, 17:00~21:00
❌ 오봉, 연말연시 📞 +81 92 409 6522
🏠 hitsumabushi.co.jp

짜장처럼 진한 일본 카레 ......⑨

켄즈 欧風ライスカレ-Ken's

4시간 동안 끓인 후 영하 10도에서 하룻밤 숙성시켜 짜장처럼 진한 색이 나는 켄즈의 카레는 먹는 순간 깊은 맛과 풍미를 느낄 수 있다. 카레가 한입 정도 남았을 때 닭육수를 끼얹어 먹는 것이 이 집의 스타일. 카레는 모두 같으며 채소, 고기, 돈카츠 등 토핑에 따라 메뉴를 선택하면 된다. 카레 630~1,200엔. 현금 결제만 가능.

🚶 JR 하카타역 하카타 출구에서 도보 11분
📍 福岡市博多区住吉5-1-6 🕐 월~토 11:30~14:00
❌ 일요일, 부정기 📞 +81 92 473 4747 🏠 www.kens1.jp

양식에도 짬짜면이 있다면 ······⑩
이쿠라 いくら

현재 하카타에서 가장 핫한 가게 중 하나. 짬짜면처럼 고민 없이 두 가지 메뉴를 모두 먹을 수 있는 오무바그オムバーグ(1,600엔)는 육즙 풍부한 햄버그스테이크와 그 위에 올라간 보들보들하고 폭신한 오믈렛의 궁합이 최고다. 소스는 기본 데미글라스도 좋지만 명란크림도 고소하니 맛있다. 눈앞에서 펼쳐지는 셰프의 철판 퍼포먼스, 도자기 장인이 만든 예쁜 접시, 달걀 위에 찍어주는 강아지 발바닥 모양도 즐겁다. 예약 불가라서 웨이팅은 필수, 폐점 1시간 전 주문 마감.

🚶 JR 하카타역 하카타 출구에서 도보 6분, 더 블라섬 하카타 2층　📍 博多区博多駅前 2-8-12　🕐 11:30~15:00, 17:00~21:00　❌ 부정기　📞 +81 92 260 9959

텀블러에 담아 가고 싶은 국물 ······⑪
하가쿠레 우동 葉隠うどん

주택가에 자리한 이 작은 가게는 2014년 〈미슐랭 가이드〉에 후쿠오카 우동집으로는 유일하게 소개된 곳이다. 추천 메뉴는 우엉튀김이 올라간 고기 우동 니쿠고보肉ごぼう(730엔). 면이 넙적한 수타 우동은 부드러우면서도 탱글탱글하고 가다랑어, 다시마, 눈퉁멸 말린 것을 우려낸 투명한 국물은 무겁지 않고 개운해 계속 들이켜고 싶은 맛이다. 여기에 잘게 썬 고기가 들어가 감칠맛을 확 끌어올린다. 우동 위에 올린 우엉튀김은 씹는 순간 차원이 다른 바삭함에 깜짝 놀라게 된다.

🚶 JR 하카타역 지쿠시 출구에서 도보 11분
📍 福岡市博多区博多駅南2-3-32
🕐 월~토 11:00~15:00, 17:00~21:00
❌ 일요일　📞 +81 92 431 3889

여긴 소바 맛집인가 튀김 맛집인가 ····· ⑫
카베야 加辺屋

일본 3대 소바인 이즈모 소바로 사랑받는 식당. 이즈모 소바는 껍질 붙은 메밀을 그대로 제분해 만든 것으로 일반 메밀면보다 훨씬 풍미가 좋고 영양가도 높다. 이곳의 명물은 여러 단으로 쌓은 그릇에 담겨 나오는 와리고 소바割子そば. 그중에서도 튀김이 함께 나오는 텐푸라 와리고天ぷら割子(1,900엔)를 추천한다. 튀김 맛집이라 불러도 좋을 만큼 새우튀김이 큼직하고 맛이 훌륭하다. 현금 결제만 가능.

🚶 지하철 나카스카와바타역 7번 출구에서 도보 1분
📍 福岡市博多区下川端町 1-9 🕐 수~월 11:00~16:00
❌ 화요일 📞 +81 92 291 4818

교자집의 편견을 거부한다 ····· ⑬
유신 博多餃子 游心

만두 가게는 서민적이고 올드할 것이라는 편견을 버리자. 이곳은 젊고 세련된 분위기가 흐르는 교자 전문 이자카야로, 예약하지 않으면 가기 힘들 만큼 인기가 높다. 시그니처 메뉴는 뜨거운 사각 팬에 한입 크기 교자가 가지런히 담겨 나오는 하카타 교자博多餃子(12개 960엔). 겉은 바삭하고 속은 촉촉해 맥주 안주로 그만이다.

🚶 JR 하카타역 하카타 출구에서 도보 10분 📍 福岡市博多区住吉 2-7-7 🕐 화~일 17:00~24:00 ❌ 월요일(공휴일인 경우 다음 날), 연말연시, 부정기 📞 +81 92 282 3553 🏠 yuu-shin.jp

맥주를 부르는 한입 만두 ····· ⑭
하카타 기온 테츠나베 博多 祇園 鉄なべ

현지인이 줄 서서 먹는 교자집. 뜨거운 무쇠 팬에 담겨 나오는 철판구이교자自慢の餃子(8개 550엔)는 겉은 바삭, 속은 육즙으로 촉촉하다. 만두를 매일 손으로 직접 빚는 것은 물론이고 곁들이는 유즈코쇼(유자고추절임)도 직접 만들 만큼 맛에 까다로운 식당이다. 만두는 한 번만 주문 가능하며, 2명이 가면 최소 3~4인분은 주문해야 부족하지 않다. 현금 결제만 가능.

🚶 JR 하카타역 하카타 출구에서 도보 8분
📍 福岡市博多区祇園町2-20 🕐 17:00~22:30
❌ 일요일, 오봉, 연말연시 📞 +81 92 291 0890
🏠 www.tetsunabe.co.jp

건강을 생각한 제철 자연 밥상 ⋯⋯ ⑮
에바 다이닝 Evah Dining

달걀, 유제품, 동물성 식재료를 배제한 자연식을 추구하는 마크로비오틱 식당. 비건뿐 아니라 밀가루와 기름진 음식을 먹으면 속이 더부룩한 사람에게도 이곳은 좋은 선택지다. 죽, 타코라이스, 키슈 등도 있지만 든든하게 먹으려면 주먹밥과 손두부, 채소반찬, 된장국이 나오는 오무스비 플레이트 베이식おむすびプレートBasic(990엔)을 추천한다.

🚶 지하철 나카스카와바타역 6번 출구에서 바로, 하카타 리버레인 1층
📍 福岡市博多区下川端町3-1 🕐 10:00~19:00
❌ 부정기 📞 +81 92 273 2262 🏠 evahdining.com

명란 품은 오니기리 ⋯⋯ ⑯
포타마 ポーたま

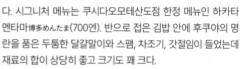

스팸과 달걀말이를 넣은 주먹밥(390엔~)을 기본으로, 다양한 재료를 추가해 메뉴의 변화를 주는 오니기리 전문점이다. 시그니처 메뉴는 쿠시다오모테산도점 한정 메뉴인 하카타멘타마博多めんたま(700엔). 반으로 접은 김밥 안에 후쿠야의 명란을 품은 두툼한 달걀말이와 스팸, 차조기, 갓절임이 들었는데 재료의 합이 상당히 좋고 크기도 꽤 크다.

🚶 지하철 기온역 2번 출구에서 도보 2분 📍 福岡市博多区冷泉町3-15
🕐 07:00~20:00 ❌무휴 📞 +81 92 263 8300
🏠 porktamago.com

아침 식사로 딱 좋다 ⋯⋯ ⑰
수프 스톡 도쿄 Soup Stock Tokyo

첨가물 없는 건강한 재료로 요리하는 수프 전문점. 수프에 밥을 곁들여도 좋고, 빵을 수프에 찍어 먹어도 맛있다. 뜨끈한 수프는 해장에도 좋다. 또 다른 주력 메뉴인 카레라이스도 인기. 수프, 카레 모두 베지테리언 메뉴가 있어 비건에게도 추천한다. 수프 두 가지 세트スープとスープのセット(밥 또는 빵 선택 1,100엔~).

🚶 JR 하카타역에서 바로, 아뮤 플라자 하카타 지하 1층
📍 福岡市博多区博多駅中央街1-1
🕐 08:00~21:00 ❌ 부정기
📞 +81 92 292 2202
🏠 www.soup-stock-tokyo.com

1,100엔으로 와인과 텐푸라까지 ···· ⑱
아라키 Wine & Tempura ARAKI

다양한 주종과 튀김 요리를 함께 즐길 수 있는 타치노미(스탠딩 바). 여기서는 누구나 '어른의 해피 세트おとなのハッピーセット'(1,100엔)를 주문한다. 와인 등의 주류(또는 음료) 2잔과 오마카세 텐푸라 2개, 안주 2개가 나오니 간단히 마시고 싶은 이에게는 가성비 최고인 메뉴다. 와인 종류도 여러 가지가 있으며, 사케, 맥주 등 주종도 다양하다. 텐푸라 전문점답게 좋은 재료를 바삭하게 튀긴 텐푸라는 계속 추가 주문을 부를 만큼 꿀맛이다.

🚶 JR 하카타역 지쿠시 출구에서 도보 2분, 미야코 호텔 하카타 지하 1층 📍福岡市博多区博多駅東2-1 🕐 월~금 15:00~24:00, 토·일, 공휴일 14:00~24:00 ❌ 무휴 📞 +81 92 710 4685 🏠 www.winesalon-araki.com

모든 메뉴가 370엔 ···· ⑲
토리키조쿠 鳥貴族

평범한 이자카야 체인점이지만 모든 음식과 술 메뉴가 370엔이라는 파격적인 운영으로 인기가 높다. 야키토리는 닭 부위별, 양념별로 종류가 다양하고 피망 츠쿠네, 삼겹살, 소고기 꼬치 등도 있어 맥주나 하이볼 안주로 그만이다. 사이드 메뉴로는 닭 뼈 육수로 밥을 지어 감칠맛이 별미인 솥밥とり釜飯을 추천한다. 솥밥은 30분 정도 걸리므로 미리 주문해 놓자. 주류와 음료 종류가 40종이나 되어 골라 마시는 재미가 있다.

🚶 JR 하카타역 지쿠시 출구에서 도보 2분, 갤러리 하카타 지하 1층 📍福岡市博多区博多駅東2-1-24 🕐 17:00~다음 날 04:00 ❌ 부정기 📞 +81 50 3187 3840 🏠 www.torikizoku.co.jp

젊은 셰프의 센스가 돋보인다 ……⑳
소노헨 そのへん

건물 2층에 자리한 귀여운 분위기의 이자카야. 젊은 셰프가 내주는 일식 퓨전 요리는 맛도 훌륭할 뿐더러 플레이팅과 서비스 하나하나에서 센스가 느껴진다. 후쿠오카 산지 채소에 생선회가 들어가는 해선 샐러드海鮮サラダ(980엔), 차완무시(달걀찜)茶碗蒸し(1,100엔) 등이 유명하지만 뭘 주문해도 만족스럽다. 어느 요리와도 페어링할 수 있도록 전국 양조장의 라인업을 갖춘 사케, 소주 등 주종이 다양한 것도 장점이다. 예약 필수.

🏃 JR 하카타역 하카타 출구에서 도보 11분　📍福岡市博多区冷泉町8-21 2F
🕐 11:00~15:00, 17:00~다음 날 01:00　❌ 부정기　📞 +81 92 261 2322
🏠 www.koryouri-sonohen.com

직접 구워 더 맛있는 당고 ……㉑
칸미도코로 타키무라 甘味処 たきむら

일본 차와 달달한 일본 디저트를 함께 즐길 수 있는 카페. 당고, 빙수, 파르페, 와라비모찌(고사리 뿌리 전분으로 만든 떡), 안미츠(우뭇가사리묵에 단팥, 과일, 아이스크림을 곁들인 디저트) 등을 맛볼 수 있다. 추천 메뉴는 당고 세트お団子セット(1,490엔~). 먼저 차를 고른 후 단팥, 미타라시(달콤한 간장 소스), 콩가루 등 여덟 가지 맛 중 세 가지를 선택할 수 있다. 화로에 직접 떡을 구워 소스를 뿌려 먹는 과정이 재미있다.

🏃 지하철 나카스카와바타역 6번 출구에서 바로, 하카타 리버레인 지하 2층　📍福岡市博多区下川端町3-1 B2F
🕐 10:30~19:00　❌ 부정기　📞 +81 92 710 7000

코우바시야 香家

일반 이자카야 스타일인 2~3층과 달리, 1층은 타치노미(스탠딩 바)와 미니테이블이 있다. 혼자 가볍게 먹기 좋은 안주(198~528엔)를 판매하는데 낮술이나 혼술에 딱 어울린다. 사케, 와인 등 40종에 달하는 다양한 주종을 갖춰 골라 마시는 재미도 있다. 점심에는 맛도 좋고 모양도 예쁜 주먹밥을 런치 메뉴로 판매한다.

🚶 지하철 나카스카와바타역 5번 출구에서 도보 6분
📍 福岡市博多区冷泉町8-19 🕐 11:00~15:00, 17:00~24:00
❌ 연말연시 📞 +81 92 260 8756 🏠 www.robata-koubashiya.com

스즈카케 鈴懸

색색의 노렌을 들추고 안으로 들어가면 세련된 카페에서 파르페, 빙수, 안미츠 등 다양한 일본식 디저트를 즐길 수 있다. 특히 다양한 맛이 담긴 스즈 파르페すずのパフェ(1,050엔)가 사계절 언제나 인기. 아이스크림은 바닐라, 캐러멜, 말차, 검은깨 중에서 고르는 방식. 함께 주는 과자 속에 아이스크림을 채워 먹으면 아이스 모나카처럼 즐길 수 있어 일석이조다. 딸기모찌와 도라야키도 인기 있다.

🚶 지하철 나카스카와바타역 5번 출구에서 바로 📍 福岡市博多区上川端町12-20 🕐 카페 11:00~19:00, 숍 09:00~19:00
❌ 1/1~2 📞 +81 92 291 0050 🏠 www.suzukake.co.jp

빵토 에스프레소토 하카타토
Bread, Espresso & Hakata &&

명란, 녹차 등 후쿠오카의 식재료를 사용해 빵을 만드는 베이커리. 특히 작은 큐브 식빵을 겉이 바삭하게 살짝 굽고 그 위에 명란, 명란 크림, 명란 버터까지 올린 토스트에 샐러드, 음료가 같이 나오는 무멘타이 세트ムーめんたいセット(1,600엔, 주문 마감 17:30)는 이곳의 베스트셀러.

🚶 지하철 쿠시다진자마에역 5, 7번 출구에서 도보 2분
📍 福岡市博多駅前2-8-12 🕐 08:00~19:00
❌ 부정기 📞 +81 92 292 1190
🏠 bread-espresso.jp

전국구 인기를 자랑하는 톱클래스 빵집 ······ ㉕

다코메카 Dakomecca

롯폰마츠의 인기 빵집 아맘 다코탄과 자매점. 식사용 빵과 디저트용 빵의 종류
가 압도적으로 많은데, 비주얼이 화려하고 세련돼서 고르는 재미와 설렘이 있다.
매장 안에 설치된 숯불 화로에서 소시지를 굽는 모습도 이색적. 다코메카 버거
와 핫도그, 명란 토마토 바게트, 마리토조 등이 특히 인기가 높다. 좌석 수는 적
지만 먹고 갈 수 있는 카페 공간도 있다. 빵 200~500엔대.

🏃 JR 하카타역 하카타 출구에서 도보 4분
📍 福岡市博多区博多駅前4-14-1
🕐 08:00~20:00　❌ 부정기
📞 +81 92 477 1050
🏠 amamdacotan.com

프랑스빵과
함께 맞는 아침 ······ ㉖

불랑주 BOUL'ANGE

이른 아침부터 붐비는 프랑스빵집. 고급 일본산 버터와 오리지널 밀가루를 사용
해 하나하나 정성스럽게 만드는 크루아상은 종류만 해도 스무 가지라 행복한 고
민을 하게 된다. 이 크루아상에 아이스크림을 올린 크루아상 소프트크림(410
엔), 페이스트리에 소시지와 양파, 시소를 올려 구운 소시지빵(250엔) 등도 간식
으로 최고다.

🏃 JR 하카타역 하카타 출구에서 도보 5분　📍 福岡市博多区博多駅前2-20-1
🕐 월~금 07:30~21:00, 토·일, 공휴일 08:00~20:00　❌ 부정기　📞 +81 92 432 1580
🏠 www.flavorworks.co.jp

후쿠오카 시민들의 30년 최애 빵집 ······ ㉗
풀풀 하카타 THE FULL FULL HAKATA

30년 전 창업 때부터 일본산 밀가루를 사용하며 지역 농가와 공생한다는 신념으로 고집스럽게 빵을 만들어 오고 있다. 이곳의 인기 빵 1위는 명란바게트明太フランス(480엔). 겉은 바삭, 속은 쫀득한 바게트를 반으로 가르고 명란과 버터를 넣어 10분 간격으로 계속 구워낸다. 후쿠오카의 명란바게트 중 단연 상위에 꼽힐 만큼 맛있다.

🏃 JR 하카타역 하카타 출구에서 도보 9분
📍 福岡市博多区祇園町11-14 🕐 10:00~19:00
❌ 화요일 📞 +81 92 292 7838 🏠 www.full-full.jp

섬세한 라이트 로스팅의 노르딕 커피 ······ ㉘
푸글렌 Fuglen Fukuoka

푸글렌은 북유럽 3대 커피 중 하나로 불리는 노르웨이의 로스터리 카페다. 후쿠오카점은 푸글렌 특유의 빈티지한 느낌은 부족하지만 높은 천장과 통유리창으로 개방감이 좋다. 푸글렌 커피는 원두 고유의 향을 최대한 살리도록 가볍게 로스팅하는 것이 특징인데, 적당한 산미, 담백하고 부드러운 바디, 과일, 꽃 등의 향으로 마니아들이 많다. 카페라테 550엔~.

🏃 JR 하카타역 지쿠시 출구에서 도보 3분 📍 福岡市博多区博多駅東1-18-33 🕐 월~목 08:00~20:00, 금~일, 공휴일 08:00~22:00 ❌ 무휴 📞 +81 92 292 9155 🏠 fuglen.com

---

아침에는 토스트가 공짜 ······ ㉙
코메다 커피 コメダ珈琲店

레트로풍 일본 다방 분위기에 귀여운 로고의 커피 잔까지, 현지인과 여행자에게 모두 사랑받는 카페. 가장 인기 있는 메뉴는 믹스 샌드위치(720엔)로, 코메다 블렌드 커피コメダブレンド(원두에 따라 540~660엔)와 같이 먹으면 딱 좋다. 특히 아침 시간(~11:00)에는 음료를 주문하면 빵과 잼을 공짜로 주어 인기 만점이다.

🏃 JR 하카타역 지쿠시 출구에서 도보 5분 📍 福岡市博多区博多駅南2-4-20 🕐 07:00~21:00 ❌ 연말연시
📞 +81 92 477 8861 🏠 www.komeda.co.jp

먹고 마시고 쇼핑하고

텐진·야쿠인
天神·薬院

#백화점거리 #쇼핑맛집 #커피맛집

니시테츠 전철역과 고속버스 터미널이 자리한 교통 중심지이면서,
주변에 고급 백화점과 쇼핑몰, 대형 유명 매장, 인기 브랜드
숍들이 즐비한 후쿠오카 최대 번화가. 하카타와 나카스에 노포
맛집들이 많다면, 여기는 젊은 감각의 맛집과 술집이
모인 지역이다. 특히 다이묘는 낮부터 밤까지 젊은이들이 가득한
쇼핑 스트리트이자 술집 거리로, 언제 가도 흥이 난다.
텐진 남쪽의 야쿠인은 시끌벅적 붐비는 텐진과 달리 한적하면서
곳곳에 트렌디한 가게들이 많다. 특히 후쿠오카 톱클래스
바리스타들의 카페는 대부분 야쿠인에 있다.

텐진·야쿠인
추천 코스

가게들이 문 열기 전에 살짝 관광하고, 쇼핑과 맛집, 카페 투어를 하다가 저녁에 리버 크루즈를 즐기면 딱 좋다. 저녁 먹을 식당이나 이자카야는 미리 예약해 두어야 자리가 없어 헤매지 않으니 잊지 말 것.

🕐 소요 시간 1일

💴 예상 경비 식비 약 4,000엔

하루 정복 코스

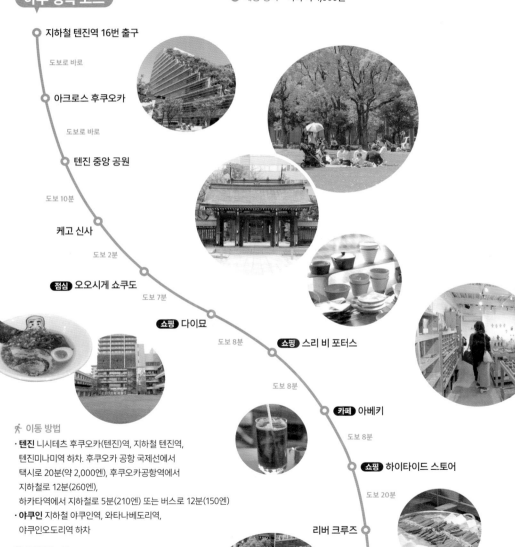

지하철 텐진역 16번 출구

도보로 바로

아크로스 후쿠오카

도보로 바로

텐진 중앙 공원

도보 10분

케고 신사

도보 2분

점심 오오시게 쇼쿠도

도보 7분

쇼핑 다이묘

도보 8분

쇼핑 스리 비 포터스

도보 8분

카페 아베키

도보 8분

쇼핑 하이타이드 스토어

도보 20분

리버 크루즈

도보 10분

저녁 모츠나베 이치후지

🚶 이동 방법
· **텐진** 니시테츠 후쿠오카(텐진)역, 지하철 텐진역, 텐진미나미역 하차. 후쿠오카 공항 국제선에서 택시로 20분(약 2,000엔), 후쿠오카공항역에서 지하철로 12분(260엔), 하카타역에서 지하철로 5분(210엔) 또는 버스로 12분(150엔)
· **야쿠인** 지하철 야쿠인역, 와타나베도리역, 야쿠인오도리역 하차

🚇 이용하는 역
· **메인** 지하철 텐진역天神駅, 지하철 야쿠인역薬院駅, 니시테츠 후쿠오카(텐진)역西鉄福岡(天神)駅
· **기타** 지하철 텐진미나미역天神南駅

텐진·야쿠인 상세 지도

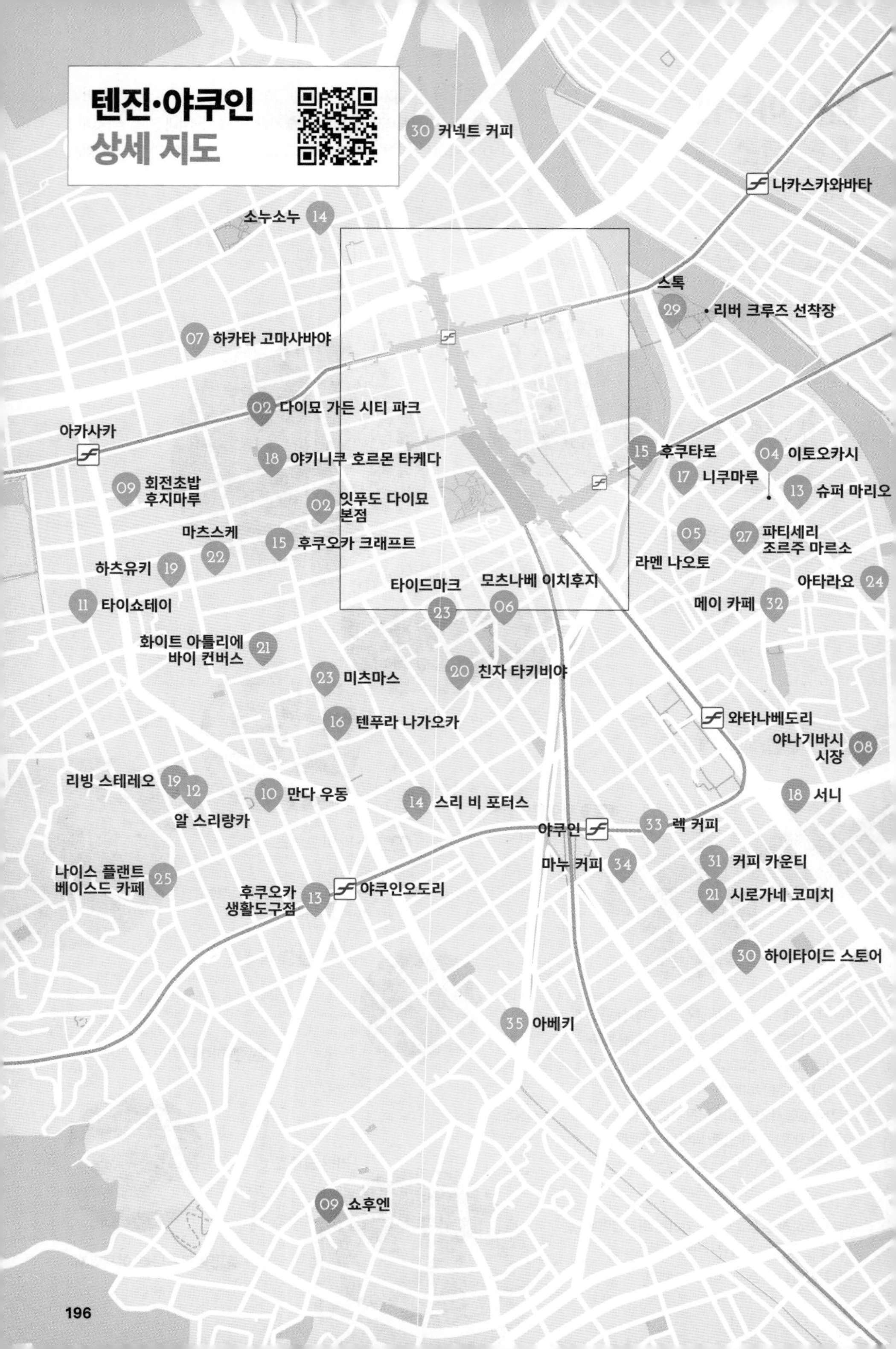

30 커넥트 커피

나카스카와바타

소누소누 14

스톡
29 • 리버 크루즈 선착장

07 하카타 고마사바야

02 다이묘 가든 시티 파크

아카사카

18 야키니쿠 호르몬 타케다

15 후쿠타로
04 이토오카시

09 회전초밥
후지마루

17 니쿠마루
13 슈퍼 마리오

02 잇푸도 다이묘
본점

05 파티세리
27 조르주 마르소

마스스케

15 후쿠오카 크래프트

라멘 나오토

하츠유키 19

22

아타라요 24

11 타이쇼테이

타이드마크

모츠나베 이치후지

메이 카페 32

화이트 아틀리에
바이 컨버스 21

23

06

23 미츠마스

20 친자 타키비야

와타나베도리
야나기바시
시장 08

16 텐푸라 나가오카

18 서니

리빙 스테레오 19 12

10 만다 우동

14 스리 비 포터스

야쿠인

33 렉 커피

31 커피 카운티

알 스리랑카

마누 커피 34

나이스 플랜트
베이스드 카페 25

후쿠오카
생활도구점 13

야쿠인오도리

21 시로가네 코미치

30 하이타이드 스토어

35 아베키

09 쇼후엔

03 하카타 라멘
신신

05 미나 텐진
10 로프트
24 유니클로

04 후쿠오카시
아카렌가 문화관

03 스이쿄텐만구

프랑프랑 11
짱구 스토어 25
키디랜드 26
원피스 무기와라 스토어 27
파르코 01

텐진

아크로스 후쿠오카 05
타쿠미 갤러리 06
줄리엣스 레터스 29

07 솔라리아 스테이지

08 스시 쇼군

08 텐진 지하상가

텐진 중앙 공원 07

28 토지

20 쿠라 치카

06 솔라리아 플라자

02 이와타야 백화점

03 미츠코시 백화점

04 다이마루 백화점

텐진미나미

22 타비오

니시테츠
후쿠오카(텐진)

01 케고 신사

12 무인양품

16 빅카메라(2호점)

26 키르훼봉

17 다이고쿠 드러그

오오시게 쇼쿠도 01

16 빅카메라(1호점)

09 돈키호테

28 그린 빈 투 바 초콜릿

이런 곳에 신사가 있다니 ...... ①
케고 신사 警固神社

텐진역 바로 앞, 가장 번화한 도심 한복판에 이런 고요한 신사가 있다니 이상한 기분이 든다. 푸른 나무로 둘러싸인 경내에 들어가는 순간 거리의 번잡한 소음이 차단되는 듯하다. 400년 이상 이 자리를 지켜온 케고 신사는 액막이, 필승, 합격 등을 기원하러 시민들이 즐겨찾는 친근한 곳이다. 신사 이름의 '고固'라는 글자를 현대적으로 디자인해 신사 곳곳에 사용한 것이 신선하다. 신사 한쪽에는 무료 족욕탕이 있어 누구나 이용할 수 있다. 바로 앞에 있는 블루보틀커피에서 테이크아웃해 신사 풍경을 보며 커피를 마시는 것도 운치 있어 좋다.

🚶 니시테츠 후쿠오카(텐진)역 미츠코시 출구에서 도보 1분 📍 福岡市中央区天神 2-2-20 🕐 06:30~18:00 ❌ 무휴 📞 +81 92 771 8551 🏠 www.kegojinja.or.jp

다이묘 직장인들의 쉼터 ...... ②
다이묘 가든 시티 파크
大名ガーデンシティパーク

다이묘에서 열심히 쇼핑하다 지쳤을 때, 카페 가기에는 애매할 때 이곳을 추천한다. 인공 잔디밭과 벤치, 정원으로 꾸민 빌딩 속 휴식처로, 인근의 직장인들이 도시락을 먹거나 커피를 마시며 쉬어가는 곳이다. 무료 와이파이를 제공하는 데다, 벤치에 충전용 USB 포트도 있어 더욱 좋다.

🚶 지하철 텐진역 3번 출구에서 도보 5분 📍 福岡市中央区大名2-6-50

텐진이라는 지명이 유래한 곳 ③

스이쿄텐만구 水鏡天満宮

이곳에 모신 학문의 신 스가와라 미치자네가 생전에 다자이후로 좌천되어 가던 중 강물에 비친 자기 얼굴이 수척한 것을 슬퍼했다는 이야기에서 '스이쿄노텐진水鏡天神(강물에 비친 스가와라 미치자네)'이라는 이름이 유래했다. 스가와라 미치자네를 가리키는 텐진이라는 단어는 후에 지명이 되었다. 신사 규모가 작고 초라한 분위기라 볼거리는 적은 편.

🚶 지하철 텐진역 14번 출구에서 도보 2분
📍 福岡市中央区天神1-15-4
🕐 07:00~19:00 ✖ 무휴 📞 +81 92 741 8754

조명 켜진 밤에 더 멋지다 ④

후쿠오카시 아카렌가 문화관

福岡市赤煉瓦文化館

붉은 벽돌(아카렌가)과 흰 석재로 외관을 꾸민 영국식 건물로, 1909년에 지어졌다. 규모는 작지만 첨탑과 돔이 있는 등 디테일에 신경을 많이 쓴 건축물임을 알 수 있다. 내부는 큰 볼거리가 없으므로 지나가면서 외관을 구경하는 것으로 충분하다. 해가 지면 조명이 켜져 더욱 운치가 흐른다.

🚶 지하철 텐진역 12번 출구에서 도보 4분 📍 福岡市中央区天神1-15-30 🕐 09:00~22:00 ✖ 매월 마지막 월요일(공휴일인 경우 다음 날), 12/29~1/3 📞 +81 92 722 4666

아크로스 후쿠오카 Acros Fukuoka

산을 콘셉트로 한 계단 형태의 건물로, 수만 그루의 식물이 자라는 정원이 건물 전면을 뒤덮어 매우 독특한 풍경을 보여준다. 후쿠오카에서 기념사진 찍기 딱 좋은 장소. 친환경 방식으로 관리되는 계단식 정원은 자유롭게 둘러볼 수 있다. 등산하는 기분으로 열심히 옥상까지 올라가면 나름 전망대 역할도 하는데, 바다와 후쿠오카 타워도 꽤 가까이 보인다. 건물 내부는 공연장과 전시장 등이 있는 문화 시설로, 지하 2~3층에 상점과 식당이 있다.

🚶 지하철 텐진역 16번 출구에서 바로 📍 福岡市中央区天神1-1-1
📞 +81 92 725 9111 8551 🏠 www.acros.or.jp

타쿠미 갤러리 Takumi Gallery

'타쿠미匠'는 일본어로 장인을 일컫는 말이다. 이곳은 후쿠오카의 전통 공예품을 널리 알리고 계승하기 위해 마련된 신생 갤러리. 단순히 전통만 고집하는 것이 아니라 현대적인 디자인을 접목한 민예품들을 다양하게 전시, 판매하고 있다. 1층에는 앤드 로컬스 카페도 입점해 있다.

🚶 아크로스 후쿠오카 1~2층 📍 福岡市中央区天神1-1-11
🕐 10:00~19:00 ❌ 부정기 📞 +81 92 725 9100

잔디밭에서 가볍게 피크닉을 ⋯⋯ ⑦
텐진 중앙 공원 天神中央公園

다리 하나를 사이에 두고 2개의 부지로 나뉜 강변 공원. 가장 번화한 도심 한가운데, 아크로스 건물 앞에 펼쳐진 푸른 잔디 광장은 후쿠오카 시민들이 애정하는 힐링 장소다. 잔디밭에 앉아 도시락을 먹거나 요가를 하고 반려견과 산책하는 등 여유로운 시간을 보내는 이들이 많고, 시민을 위한 이벤트도 자주 열린다. 봄에는 바로 옆 강변을 따라 50그루의 빛나무에 꽃이 만발해 마치 벚꽃 터널을 보는 듯 무척 아름답다. 강 쪽 다리를 건너면 서양식 건축물인 귀빈관이 나오는데, 저녁에는 조명이 켜져 꽤 로맨틱한 분위기를 낸다. 공원 내 빵집 스톡에서 커피와 빵을 사서 피크닉을 즐겨도 좋다.

🚶 지하철 텐진역 16번 출구에서 도보 1분   📍 福岡市中央区西中洲
🏠 tenjin-central-park.jp

만족도 높은 액티비티, 리버 크루즈

강에서 바다까지 수상 버스를 타고 가면서
후쿠오카의 풍경과 인기 명소를 색다른 각도에서
감상할 수 있는 코스로, 이미 경험한
많은 여행자들이 '만족도 상'을 외치는
액티비티다. 시원한 강바람, 바닷바람을 맞으며
예상치 못한 속도감도 즐길 수 있고,
운행 중에는 배에서 라이브 공연도 펼쳐진다.
낮에는 평온한 도시 풍경을 즐기는 관광
느낌이 강하다면, 일몰과 야경을 즐기는
저녁 시간에는 그야말로 로맨틱 무드가
흘러넘치므로 특히 커플들에게 추천한다.
배를 타고 내리는 선착장은 의외로 야경 맛집.
기다리는 시간이 지루하지 않다.

🚶 후쿠하쿠 만남 다리 옆에 있는 텐진 중앙 공원
선착장에서 승하차　🏠 river-cruise.jp

탑승 전 체크

배에서 내릴 때 소정의 공연 팁을 내는 것이 예의이
니 현금을 준비해 가자. 노을과 야경을 모두 보고 싶
다면 미리 일몰 시간을 체크하고, 주말 저녁이라면
예약해야 안심이다.

나카스 크루즈

나카강을 따라 나카스와 포장마차 거리, 캐널 시티를 지
나 바다로 나가서 하카타 포트 타워, 베이사이드 플레이
스를 보고 되돌아오는 코스.

🕐 11:00~21:00, 매시 정각, 30분 소요　💴 1,500엔(월~목
11:00~16:00는 1,000엔), 초등학생 이하 800엔

하카타만 크루즈

나카스 크루즈와 같은 코스로 가다가 바다로 더 멀리 나
가 후쿠오카 돔, 후쿠오카 타워, 시사이드 모모치 해변 공
원까지 보고 되돌아오는 코스. 저녁에 2회 운행.

🕐 17:00, 19:00, 45분 소요
💴 2,000엔, 초등학생 이하 1,000엔

'하카타의 부엌' 단, 지나친 기대는 금물 ⸺⑧
야나기바시 시장 柳橋連合市場

100년 역사의 전통 시장으로, 약 100m 길이의 아케이드 통로를 사이에 두고 50여 개 가게들이 모여있다. 현지 주민은 물론 식당이나 포장마차의 요리사들이 장을 보러 오는 일명 '하카타의 부엌'. 이곳의 인기 먹거리로 카이센동(세이짱せいちゃん), 생선 살 고로케(타카마츠노 카마보코高松の蒲鉾), 빵(타카시마야高島屋) 등이 있으니 맛봐도 좋다. 규모는 매우 작으니 큰 기대는 말자.

🚶 지하철 와타나베도리역 1번 출구에서 도보 6분
📍 福岡市中央区春吉1-5 🕐 09:00~15:00 ❌ 일요일, 공휴일
📞 +81 92 761 5717 🏠 yanagibashi-rengo.net

말차 마시며 정원 감상 ⸺⑨
쇼후엔 松風園

텐진 남쪽 고급 주택가에 있는 아담한 일본 정원. 과거 후쿠오카의 대표 백화점이었던 타마야를 세운 창업자 타나카마루 가문의 저택 터를 정비해 만들었다. 당시 모습을 그대로 유지한 다실에서 정원을 감상하며 화과자가 함께 나오는 말차 세트抹茶セット(500엔)를 즐겨볼 것을 추천한다. 사람이 적고 조용한 분위기라 오붓한 시간을 보낼 수 있다.

🚶 지하철 야쿠인오도리역 2번 출구에서 도보 20분 📍 福岡市中央区平尾3-28
🕐 09:00~17:00 ❌ 화요일(공휴일인 경우 다음 날), 12/29~1/1 ¥ 일반 100엔,
중학생 이하 50엔 📞 +81 92 524 8264 🏠 shofuen.fukuoka-teien.com

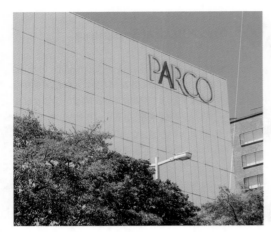

텐진 최고의 쇼핑몰 ······ ①
파르코 福岡 PARCO

후쿠오카 젊은이들에게 가장 인기 있는 쇼핑몰 하면 파르코라고 해도 과언이 아니다. 캐릭터 숍부터 빈티지 패션, 해외 브랜드, 생활 잡화까지 쇼핑을 하려면 반드시 들러야 할 곳. 또한 후쿠오카의 내로라하는 맛집들이 모인 지하 식당가는 언제나 사람들이 줄을 선다. 일부 매장은 면세가 가능하고, 매장에서 직접 처리해 준다.

🚶 지하철 텐진역에서 바로 ♀ 福岡市中央区天神2-11-1
🕐 10:00~20:30 ✖ 부정기 📞 +81 92 235 7000
🏠 fukuoka.parco.jp

규슈를 대표하는 고급 백화점 ······ ②
이와타야 백화점 Iwataya 本店

규슈 전역에서 판매액이 가장 높은 백화점이자 가장 고급 백화점으로, 특히 해외 명품 브랜드가 많다. 본관 지하 2층의 사케 브랜드 닷사이 직영점은 항상 물량이 많아 쇼핑하기 편하다. 면세 카운터는 신관 7층에 있으며, 여기서 미츠코시에서도 함께 사용할 수 있는 5% 할인 게스트 카드를 받을 수 있다(여권 제시).

🚶 니시테츠 후쿠오카(텐진)역에서 도보 3분
♀ 福岡市中央区天神2-5-35 🕐 10:00~20:00
✖ 부정기 📞 +81 92 721 1111
🏠 www.iwataya-mitsukoshi.mistore.jp

인기 매장을 공략할 것 ······ ③
미츠코시 백화점 福岡三越

텐진 교통 중심지에 자리한 백화점으로 니시테츠 전철역, 고속버스 터미널과 바로 연결된다. 1층은 양말, 손수건 코너, 지하 1층은 바느질, 원단, 손뜨개 등 취미용품점 유자와야, 9층은 다이소와 다이소의 상위 브랜드인 스탠더드 프로덕츠, 스리피 매장이 인기 있다. 지하 2층 면세 카운터에서는 5% 할인되는 게스트 카드를 발급해 준다(여권 필요, 이와타야와 공통).

🚶 니시테츠 후쿠오카(텐진)역에서 바로 ♀ 福岡市中央区天神2-1-1 🕐 10:00~20:00 ✖ 부정기 📞 +81 92 724 3111 🏠 www.m.iwataya-mitsukoshi.co.jp

다이마루 백화점 大丸福岡天神店

패션, 뷰티, 리빙 등 다양한 브랜드 라인업을 자랑한다. 본관, 동관, 외부 광장에 숍과 카페 등이 있는데, 광장에는 아치형 천장이 있어 날씨에 상관없이 둘러보기 좋다. 지하 2층 식품 매장은 가토 페스트 하라다, 히요코 등 선물용 과자와 디저트 매장이 다양해 여행자에게도 인기가 높다. 면세 카운터는 본관 지하 1층에 있다.

🚶 니시테츠 후쿠오카(텐진)역에서 바로 ⦿ 福岡市中央区 天神1-4-1 🕐 10:00~19:00(본관 지하 2층~1층, 동관 지하 2층~2층 ~20:00) ✖ 부정기 📞 +81 92 712 8181 🏠 www.daimaru-fukuoka.jp

---

미나 텐진 Mina Tenjin

2023년 봄, 전면 리뉴얼 오픈하고 매장 구성까지 싹 바꾸면서 텐진의 인기 쇼핑몰로 올라선 곳이다. 후쿠오카에서 가장 큰 유니클로 매장과 로프트 매장이 새로 입점했고, 북오프, 세리아, 니토리 익스프레스, 3코인스 플러스, ABC마트 등 저렴하게 쇼핑할 수 있는 매장들이 많이 자리한다.

🚶 니시테츠 후쿠오카(텐진)역 북쪽 출구에서 도보 5분 ⦿ 福岡市中央区天神4-3-8 🕐 1~6층 10:00~20:00, 다른 층은 시설마다 다름 ✖ 부정기 📞 +81 92 713 3711 🏠 www.mina-tenjin.com

---

솔라리아 플라자 Solaria Plaza

지하 1층~지상 5층에 해외 브랜드부터 일본 브랜드까지 굉장히 다양한 패션 매장 라인업을 갖춘 쇼핑몰이다. 명품부터 중저가 캐주얼 브랜드까지 가격대도 다양하다. 지하 2층, 6~7층 식당가를 비롯해 영화관까지 자리해 인기 있는 곳이다. 일부 매장은 면세가 가능하고 매장에서 직접 처리해 준다.

🚶 니시테츠 후쿠오카(텐진)역에서 바로 ⦿ 福岡市中央区天神2-2-43 🕐 상가 월~금 11:00~20:00, 토·일, 공휴일 10:00~20:00, 식당 11:00~22:00 ✖ 부정기 📞 +81 570 017 733 🏠 www.solariaplaza.com

솔라리아 스테이지 Solaria Stage

파르코 바로 옆에 자리한 지하 2층~지상 6층의 쇼핑몰. 니시테츠 후쿠오카(텐진)역과 연결되어서 이래저래 한 번은 지나게 되는 곳이다. 쇼핑하기에 크게 매력적이지는 않지만, 지하 2층의 식당가는 효탄 회전초밥, 곱창구이집 텐진 호르몬 같은 맛집이 있어서 인기가 높다.

🚶 니시테츠 후쿠오카(텐진)역에서 바로 📍 福岡市中央区
天神2-11-3 🕐 상가 10:00~20:30, 지하 2층 식당가 11:00~22:00
❌ 부정기 📞 +81 92 733 7111 🏠 www.solariastage.com

텐진 지하상가 天神地下街

1번가부터 12번가까지 12개의 거리로 이루어진 대형 지하상가. 지하라 어둡고 답답할 것 같지만 실제 가보면 높은 천장과 넓은 거리 폭, 천장의 화려한 조명, 철과 돌을 사용해 19세기 유럽 스타일로 꾸며 상당히 쾌적하게 쇼핑과 식사를 즐길 수 있다. 화장실 역시 멋진 인테리어를 자랑하니 필요할 때 여기를 이용하면 편하다.

🚶 지하철 텐진역, 텐진미나미역, 니시테츠 후쿠오카(텐진)역, 텐진 고속버스 터미널과 연결 📍 福岡市中央区
天神2丁目 地下1·2·3号 🕐 상점 10:00~20:00, 식당 10:00~21:00(일부 가게는 다름) 🏠 www.tenchika.com

돈키호테 ドン·キホーテ

식품, 주류, 약, 화장품, 청소용품, 소형 가전 등 온갖 생활 잡화들을 저렴한 가격에 판매하는 만물 백화점 같은 곳. 정신 없이 진열되어 있어 물건을 찾는 데 어려움을 겪기도 하지만 다양한 상품 구색과 24시간 영업이라는 최대 장점 덕분에 많은 이들이 찾는다. 하지만 돈키호테가 가장 싸다고 할 수 없고 면세 카운터의 줄이 거의 항상 너무 길다는 점을 염두에 두어야 한다.

🚶 니시테츠 후쿠오카(텐진)역 미츠코시 출구에서 도보 4분
📍 福岡市中央区今泉1-20-17 🕐 24시간 ❌ 무휴
📞 +81 570 079 711 🏠 www.donki.com

텐진점 한정 제품을 주목 ····· ⑩
로프트 Loft

생활용품, 화장품, 식기, 식품, 문구 등 생활 잡화 전반을 취급하는 종합 잡화점이다. 특히 로프트는 디자인 좋은 제품들을 셀렉트해 판매하는 것이 최대 장점. 텐진점은 후쿠오카의 전통 공예품이나 지역 특산물, 지역 브랜드 제품을 모은 특설 코너를 잘 꾸며놓았다. 특히 문구 코너가 충실하고 텐진점 한정 제품들도 있어 추천한다. 면세 접수는 지정 계산대에서 할 수 있으며, 19:30 마감이니 주의.

🏃 니시테츠 후쿠오카(텐진)역 북쪽 출구에서 도보 5분, 미나 텐진 4층 📍 福岡市中央区天神4-3-8 🕐 10:00~20:00 ❌ 부정기
📞 +81 92 724 6210 🏠 www.loft.co.jp

사랑스러운 잡화들이 가득 ····· ⑪
프랑프랑 Francfranc

파스텔 톤의 여성스럽고 사랑스러운 생활 잡화를 선보이는 브랜드. 주방 식기, 수납용품, 인테리어 소품에 이르기까지 생활에 필요한 모든 것을 다루고 있다 해도 과언이 아니다. 디즈니, 안나수이 등 유명 브랜드와의 컬래버레이션 상품도 자주 선보인다. 식기류, 망사 에코백, 파우치 등이 스테디셀러.

🏃 니시테츠 후쿠오카(텐진)역에서 바로, 파르코 본관 5층 📍 福岡市中央区天神2-11-1
🕐 10:00~20:30 ❌ 부정기 📞 +81 3 4216 4021 🏠 francfranc.com

로고 없는 심플한 디자인 ······ ⑫
무인양품 無印良品

우리나라에도 여러 지점이 있지만, 일본에서만 판매하는
아이템들이 있기 때문에 쇼핑할 만하다. 특히 일식, 양식
을 아우르는 간단 식품류가 무척 다양하다. 레토르트 제
품이어서 조리하기도, 한국에 가져오기도 편하다. 2층에
는 간단하게 식사하기 좋은 무지 카페가 있다. 무인양품
이 보이면 다이묘 쇼핑 거리가 시작된다고 보면 된다.

🚶 니시테츠 후쿠오카(텐진)역 중앙 출구에서 도보 5분
📍 福岡市中央区大名1-15-41 🕐 11:00~20:00 ❌ 부정기
📞 +81 92 734 5112 🏠 www.muji.com

아리타야키의 미니 접시를 추천 ······ ⑬
후쿠오카 생활도구점 福岡生活道具店

후쿠오카와 규슈에서 만든 좋은 물건을 알린다는 마음으
로, 생활 도구와 잡화들을 셀렉트해 판매하고 있다. 접시,
컵, 빗자루 등 모던한 디자인을 가미한 전통 공예품들부
터 세련된 문구, 목재 소품, 조리도구, 장난감 등을 만날 수
있다. 매장 안쪽은 갤러리여서 함께 둘러보면 좋다.

🚶 지하철 야쿠인오도리역 2번 출구에서 도보 1분, P&R
야쿠인 빌딩 2층 📍 福岡市中央区薬院4-8-30 P&R薬院 2F
🕐 10:00~18:00 ❌ 월요일 📞 +81 92 688 8213
🏠 fukumono.com

일상이 즐거워지는 잡화 ······ ⑭
스리 비 포터스 B·B·B POTTERS

식기류를 중심으로 주방용품, 가드닝, 인테리어 소품 등
을 엄선해 판매하는 생활 잡화 셀렉트 숍. 심플하면서도
기능적이고 디테일이 살아있는 디자인이면서도 부담 없
는 가격대의 제품만 취급한다. 2층 한쪽은 카페로 운영되
는데, 프랑스 브르타뉴 지방에서 요리를 배운 셰프가 만
드는 갈레트와 크레페가 인기 있다.

🚶 지하철 야쿠인오도리역 2번 출구에서 도보 3분
📍 福岡市中央区薬院1-8-8 🕐 11:00~19:00 ❌ 부정기
📞 +81 92 739 2080 🏠 www.bbbpotters.com

짭조름한 명란 과자로 인기 ⑮
후쿠타로 福太郎

선물하기 좋은 예쁜 패키지로 유명한 명란젓 전문점. 명란을 장시간에 걸쳐 두 번 절여 깊은 감칠맛을 끌어내는 것이 이곳의 비결이다. 매운맛의 정도를 고를 수도 있고 빵이나 파스타와 먹을 수 있게 유자, 바질, 치즈 등 다른 재료와 조합한 명란도 다양하게 선보인다. 간판 상품인 멘베이Menbei(600엔~)는 살짝 매콤하면서 짭조름한 명란 센베 과자로 간식이나 맥주 안주로 딱이다.

🚶 지하철 텐진미나미역 6번 출구에서 바로　📍 福岡市中央区渡辺通5-25-18
🕐 11:00~19:00　❌ 연말연시　📞 +81 92 713 4441　🏠 www.fukutaro.co.jp

카메라보다 장난감, 술이 더 인기 ⑯
빅카메라 Bic Camera

요도바시 카메라와 함께 가장 인기 있는 전자제품 전문점. 니시테츠역 고가 쪽에 자리한 1호점은 1층 매장이 3개 구역으로 나뉘며 카메라, 이미용 가전, 술, 애플 제품, 오디오, 콘택트렌즈 매장으로 구성된다. 그에 비해 케고 신사 앞에 자리한 2호점은 7층 매장으로 전자제품 일체와 술, 장난감, 게임, 여행용품 매장이 있다. 두 매장 모두 술 코너가 다양하고 가격도 괜찮으니 위스키를 좋아한다면 들러볼 만하다.

🚶 1호점 니시테츠 후쿠오카(텐진)역에서 도보 1분
2호점 니시테츠 후쿠오카(텐진)역에서 도보 3분
📍 **1호점** 福岡市中央区今泉1-25-1
2호점 福岡市中央区天神2-4-5　🕐 10:00~21:00　❌ 부정기
📞 **1호점** +81 92 732 1112, **2호점** +81 92 732 1111
🏠 www.biccamera.com

저렴한 가격으로 인기 만점 ········· ⑰
다이고쿠 드러그 ダイコクドラッグ

1, 2층 넓은 매장에 다양한 구색의 물품을 취급해 현지인, 여행자 모두에게 인기 만점인 드러그스토어. 전반적으로 가격 메리트가 있는 데다, 구입 금액이나 일자별로 할인 이벤트를 진행하기도 해서 저렴하게 쇼핑할 기회가 많은 곳이다. 면세 카운터는 2층에 있다.

🚶 니시테츠 후쿠오카(텐진)역 남쪽 출구에서 도보 1분
📍 福岡市中央区今泉1-23-11
🕐 10:15~23:30 ❌ 무휴
📞 +81 92 737 3338

언제 가도 좋은 24시간 마트 ········· ⑱
서니 Sunny

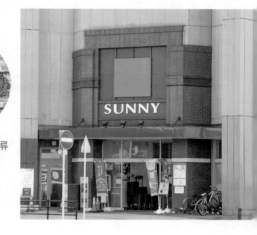

야쿠인에 묵는다면 식품류를 쇼핑하거나 저녁에 먹을 도시락, 간식, 술 등을 살 때 이곳을 추천한다. 마트 규모도 상당히 큰 데다 상품 정리가 잘되어 있어 물건 찾기도 쉽고 저렴한 상품들도 많다. 특히 생선회나 초밥, 튀김, 꼬치 등 조리 식품류가 무척 다양하고 저녁 늦은 시간에는 할인도 한다.

🚶 지하철 와타나베도리역 1번 출구에서 도보 4분
📍 福岡市中央区清川1-8-18 🕐 24시간 ❌ 무휴
📞 +81 92 525 3201 🏠 www.seiyu.co.jp

선곡 센스에 시간 가는 줄 모른다 ········· ⑲
리빙 스테레오 LIVING STEREO

새 음반과 중고 음반을 모두 취급하는 LP 전문점. J-pop 외에도 락, 소울, 재즈를 중심으로 여러 장르의 해외 음반이 다양하다. 희귀 음반들이 꽤 많아 보물을 발굴하는 재미가 있다. 바 카운터에서는 술이나 음료를 마시며 음악을 들을 수 있는데, 선곡이 무척 훌륭하다. 직접 들어보고 살 수 있는 것도 장점. 저녁 5시부터는 음료 주문 필수.

🚶 지하철 야쿠인오도리역 1번 출구에서 도보 7분
📍 福岡市中央区薬院2-18-10 🕐 일·화, 목 14:00~24:00,
금·토 14:00~다음 날 02:00 ❌ 수요일 📞 +81 92 233 4574
🏠 livingstereo.thebase.in

쿠라 치카 KURA CHIKA

최근 다시 인기 몰이 중인 일본 가방 브랜드 포터Porter의
직영점. 캐주얼, 비즈니스 어디에나 어울리는 심플한 디자
인과 기능성으로 성별, 연령 상관없이 두루 사랑받는다.
텐진 지하상가에 위치한 지점이 후쿠오카에서 가장 많은
라인업을 보유하고 있다. 백팩, 토트백, 브리프케이스, 미
니 백 등 종류가 다양하고 카드 지갑, 키 홀더 같은 액세서
리류도 만날 수 있다.

🚶 텐진 지하상가 동9번가 📍福岡市中央区天神2-1004,
TENJIN CHIKAGAI, 東9番街 🕐 10:00~20:00 ❌ 부정기
📞 +81 92 737 8755 🏠 www.yoshidakaban.com

화이트 아틀리에 바이 컨버스
White Atelier BY CONVERSE

도쿄와 후쿠오카, 딱 두 곳에 있는 컨버스의 커스터마이즈 스토
어. 세상에 단 하나뿐인 나만의 컨버스를 만들 수 있는 곳이다.
올스타 흰색의 기본 모델을 먼저 고르고 매장의 책자를 보면서
원하는 디자인을 선택, 색다른 끈을 선택하거나 참을 달 수도 있
다. 주문 후 2시간 정도 후에는 가져갈 수 있다.

🚶 니시테츠 후쿠오카(텐진)역에서 도보 9분, 카이탁 스퀘어 가든 1층
📍福岡市中央区警固1-15-38 🕐 11:00~19:30 ❌ 부정기
📞 +81 92 738 8778 🏠 whiteatelier-by-converse.jp

타비오 Tabio

착용감과 디자인을 모두 중시하는 인기 양말 브랜드로,
이곳 매장은 여성, 남성 양말을 모두 취급한다. 타비오에
서는 기본 아이템도 좋지만 디자인 양말을 눈여겨보자. 스
니커즈, 구두, 샌들 등 각 신발에 어울리는 다양한 컬러와
디자인, 개성 있는 자수 양말도 구할 수 있다. 여러 아티스
트들과 컬래버레이션한 한정 제품을 선보이기도 한다.

🚶 니시테츠 후쿠오카(텐진)역에서 바로, 다이마루 백화점
지하 1층 📍福岡市中央区天神1-4-1 🕐 10:00~20:00
❌ 부정기 📞 +81 92 712 8181 🏠 www.tabio.com

빈티지 리바이스가 다양 ····· ㉓
타이드마크 TideMark

미국에서 남성용 빈티지 의류를 수입해 판매하는 곳이
다. 미사용 중고 제품도 있으며, 빈티지 리바이스 청바
지, 코트, 점퍼, 셔츠 등 디스플레이도 깔끔하게 잘되어
있다. 점원이 친절하고 상품에 대한 정보가 풍부해서 문
의에 잘 응대해 준다. 매일 업데이트하는 온라인 몰이 있
으니 가기 전에 미리 둘러보면 좋다.

🚶 니시테츠 후쿠오카(텐진)역 남쪽 출구에서 도보 5분
📍 福岡市中央区今泉1-16-12 🕐 월~금 13:00~20:00,
토·일 12:00~20:00 ❌ 부정기 📞 +81 92 716 5870
🏠 tidemark1999.ocnk.net

규슈에서 가장 큰 매장 ····· ㉔
유니클로 UNIQLO

남성, 여성, 키즈, 베이비의 모든 라인업을 갖춘 규슈 최
대 규모의 매장이다. 일본과 해외 인기 캐릭터 티셔츠를
다양하게 만날 수 있는 UT 코너도 잘되어 있고, 후쿠오
카에서 오랜 역사를 자랑하는 가게들의 로고를 넣은 티
셔츠 등을 전시 판매하는 등 시기별로 이벤트도 열려 구
경만 해도 재미있다. 면세 가능.

🚶 니시테츠 후쿠오카(텐진)역 북쪽 출구에서 도보 5분, 미나 텐
진 1~2층 📍 福岡市中央区天神4-3-8
🕐 10:00~20:00 ❌ 부정기 📞 +81 92 753 7887
🏠 www.uniqlo.com/jp/ja/

짱구 굿즈는 못 참아 ····· ㉕
짱구 스토어
クレヨンしんちゃんオフィシャルショップ

인기 만화 〈짱구는 못 말려〉(원제 크레용 신짱)의 공식
캐릭터 숍으로, 규슈에서는 유일한 매장이다. 봉제 인형,
피규어, 양말, 식기, 케이블용 액세서리 등 다양한 상품
을 갖추고 있고, 매장 곳곳에 포토 존이 있어 득템은 못
하더라도 재미있는 기념사진을 남길 수 있다.

🚶 니시테츠 후쿠오카(텐진)역에서 바로, 파르코 7층
📍 福岡市中央区天神2-11-1 🕐 10:00~20:30 ❌ 부정기
📞 +81 92 235 7279

키디랜드 Kiddy Land

미피, 치이카와, 야옹 선생, 스누피, 리락쿠마 등 다양한
캐릭터를 한자리에서 만날 수 있는 캐릭터 상품 백화점
같은 곳이다. 각 캐릭터마다 개별 공간으로 매장이 구분
되어 있고 디스플레이도 잘되어 쇼핑하기 편하다. 인형,
문구, 잡화 외에 재미있는 장난감들도 많다.

🏃 니시테츠 후쿠오카(텐진)역에서 바로, 파르코 8층
📍 福岡市中央区天神2-11-1 🕐 10:00~20:30 ❌ 부정기
📞 +81 92 235 7290 🏠 www.kiddyland.co.jp

원피스 무기와라 스토어

ONE PIECE 麦わらストア

무려 25년 동안 인기리에 연재 중인 일본 만화의 레전드
〈원피스〉 공식 캐릭터 숍. 입구에는 사보의 대형 피규어
가 서있어 포토 존으로 인기 있다. 피규어, 인형, 문구류,
티셔츠, 키링, 배지, 캡슐 토이 등 다양한 굿즈가 가득한
곳이어서 원피스 마니아라면 행복한 시간이 될 것이다.

🏃 니시테츠 후쿠오카(텐진)역에서 바로, 파르코 7층
📍 福岡市中央区天神2-11-1 🕐 10:00~20:30 ❌ 부정기
📞 +81 92 235 7428 🏠 www.mugiwara-store.com

토지 とうじ

후쿠오카에서 약 100년 전 창업한 문구점. 초창기에는
붓, 먹, 종이 등을 취급하는 일본화용품점이었지만 현재
는 전통과 현대적인 디자인을 조합한 세련된 카드와 편
지지, 봉투, 노트 등 다양한 문구를 다루고 있다. 품질이
좋으면서 일본스러운 문구를 사고 싶을 때 이곳을 추천
한다.

🏃 니시테츠 후쿠오카(텐진)역에서 도보 3분, 텐진 지하상가
미츠코시 백화점 출입문 옆 📍 福岡市中央区天神2-1-1 きら
めき通り地下 🕐 10:30~19:00 ❌ 부정기
📞 +81 92 721 1666 🏠 www.tohji.co.jp

편지와 관련된 예쁜 문구들 ······· ㉙
줄리엣스 레터스 Juliet's Letters

100년 역사의 문구점 토지에서 오픈한 세련된 문구점. 유럽과 미국에서 수입한 제품들을 중심으로, 가게 이름과 어울리는 다양한 편지 관련 문구류들을 선정해 판매한다. 귀여운 일러스트의 편지지 세트와 카드, 유리 펜 같은 필기도구, 실링 스탬프 등 문구 덕후들이 좋아할 만한 품질 높은 제품들을 다루고 있다.

🚶 지하철 텐진역 16번 출구에서 도보 1분, 아크로스 후쿠오카 1층 ♥ 福岡市中央区天神1-1-1 ① 10:30~19:00 ❌ 부정기
📞 +81 92 752 6666 🏠 www.juliet.co.jp

문구 덕후의 성지 같은 곳 ······· ㉚
하이타이드 스토어 Hightide Store

문구 좋아하는 사람이라면 반드시 들러야 할 가게. 펜코, 빅, 헤리티지, 덕스, 숀 디자인 같은 해외 문구 브랜드부터 하이타이드의 오리지널 브랜드, 귀여운 일러스트가 매력적인 일본 브랜드 뉴레트로 등 다양한 문구를 선보인다. 우리나라보다 상품 가격이 저렴하고 물건도 훨씬 다양하다. 가게 한쪽에는 하이타이드가 만든 수제 맥주를 판매하니 문구에 관심 없는 친구는 여기서 기다리게 하자.

🚶 지하철 야쿠인역 2번 출구에서 도보 7분 ♥ 福岡市中央区白金1-8-28
① 11:00~19:00 ❌ 부정기 📞 +81 92 533 0338 🏠 hightide.co.jp

깔끔하고 시원한 국물 ⋯⋯ ①

오오시게 쇼쿠도 大重食堂

월드 라멘 그랑프리에서 우승한 라멘집. 바로 그 우승 라멘인 사이폰 라멘 다시 サイフォンラーメンDASHI(1,100엔)는 라멘 그릇 바닥을 보게 만드는 깔끔한 국물 맛이 일품이다. 말린 생선을 중심으로 닭 뼈, 돼지 뼈 등 일곱 가지 육수 재료를 커피 추출 기구인 사이폰에 넣어 진공 상태로 끓여내기 때문에 향과 맛이 훨씬 깊다. 맑은 국물의 첫맛은 어패류 육수의 시원함이 치고 들어온다. 무겁

지 않으면서 감칠맛은 깊지만 순해서 밥까지 말아 먹고 싶은 맛. 후쿠오카산 밀로 만든 면은 국물과 잘 어울리고, 가고시마산 명품 돼지 챠미톤으로 만든 차슈도 무척 맛있다. 국물까지 다 먹어도 450Kcal 이하 저칼로리인 것도 마음에 쏙 든다.

🏃 니시테츠 후쿠오카(텐진)역 미츠코시 출구에서 도보 1분
📍 福岡市中央区今泉1-12-23 🕐 11:00~15:30, 18:00~23:00
❌ 부정기 📞 +81 92 734 1065 🏠 www.oshigeshokudo.com

진한 국물과 숙주무침이 찰떡궁합 ⋯⋯ ②

잇푸도 다이묘 본점 一風堂 大名本店

1985년 후쿠오카 다이묘에서 창업해 현재는 12개 국에 지점을 둔 글로벌 라멘 체인점. 이곳에서는 잇푸도의 원조 돈코츠 라멘인 시로마루 클래식 極白丸元味(1,290엔)을 추천한다. 진하고 고소한 국물이 맛있고, 무한 리필되는 매콤한 숙주무침이 돈코츠 국물의 느끼함을 덜어주고 입맛을 돋운다.

🏃 지하철 텐진역 6번 출구에서 도보 7분 📍 福岡市中央区大名
1-13-14 🕐 11:00~22:00 ❌ 부정기 📞 +81 92 771 0880
🏠 www.ippudo.com

하카타 라멘 신신
博多らーめん ShinShin

포장마차 라멘으로 시작해 후쿠오카의 대표 라멘집으로 자리매김했다. 어느 시간에 어느 지점을 가든 줄을 서므로 웨이팅은 감수해야 하지만, 맛은 배반하지 않는다. 돼지 사골과 사가현 브랜드 닭, 규슈산 채소 등을 지하수에 넣어 장시간 끓인 돼지 사골 육수는 누린내, 잡내 없이 국물이 진하고 구수한 것이 특징. 진한 돈코츠 국물과 극세면이 잘 어울리고, 삼겹살 차슈도 부드럽고 맛있다. 달걀 반숙이 들어간 라멘煮玉子入りらーめん(970엔)이 가장 인기 있는 메뉴다.

🚶 지하철 텐진역 4번 출구에서 도보 5분
📍 福岡市中央区天神3-2-19
🕐 11:00~다음 날 03:00
❌ 수요일 📞 +81 92 732 4006
🏠 www.hakata-shinshin.com

이토오카시 いとおかし

오픈 키친에서 요리하는 모습을 볼 수 있는 세련된 해산물 식당. 이곳에서 가장 인기 있는 식사 메뉴는 카이센동海鮮丼(2,000엔). 새우, 연어알, 성게, 가리비, 시라스(멸치, 은어 등의 치어)가 알차게 올라가 있는데 신선한 해산물 특유의 단맛이 입안 가득 퍼진다. 함께 나오는 된장국은 국물이 시원해 속이 확 풀린다. 호텔 조식을 신청하지 않았다면 이곳에서 식사해도 좋다. 저녁에는 1인당 자릿세 500엔이 있다.

🚶 지하철 텐진미나미역 6번 출구에서 도보 5분 📍 福岡市中央区春吉3-25-27 🕐 07:00 ~12:00, 17:30~23:00(수요일은 저녁만 영업) 📞 +81 92 715 1004 📷 itookashi0407

세련된 닭 육수 라멘 ····· ⑤
라멘 나오토 らぁ麺 なお人

돼지 사골을 쓰지 않는 도쿄식 라멘집. 추천 메뉴는 화이트 트러플 향이 좋은 닭 백탕면白トリュフ香る鶏白湯麺(1,100엔)으로, 하카타 토종닭을 통째로 넣어 푹 끓여낸 진하고 걸쭉한 육수에 특별 주문한 가는 생면을 넣고 잘게 썬 생적양파를 함께 곁들여 씹는 맛을 살렸다. 여기에 두 종류의 흰색 트러플 오일과 트러플 소금, 버터를 더해 맛과 향이 한층 풍부해진다. 가게는 매우 작지만 회전율이 좋다.

🏃 지하철 텐진미나미역 6번 출구에서 도보 4분, South Y Tenjin 빌딩 📍福岡市中央区渡辺通5-10-28 🕐 목~화 12:00~15:30, 17:30~21:30 ✖ 수요일 📞 +81 92 401 1540

100년 역사의 모츠나베 ····· ⑥
모츠나베 이치후지 もつ鍋 －藤

통유리창 너머 후쿠오카의 야경을 감상하며 식사할 수 있는 고급스러운 레스토랑 분위기. 모츠나베는 철저히 이곳만의 조리 순서에 따라 만들기 때문에 15분 정도 걸리니, 소곱창 초무침인 스모츠酢もつ(759엔) 등의 애피타이저를 먹으며 기다리면 좋다. 모츠나베もつ鍋(1,694엔)는 된장 맛이 가장 인기 있는데, 최적의 비율로 조합한 흰 된장으로 국물을 내 고급스러운 전골 맛을 즐길 수 있다. 1인당 자릿세 495엔.

🏃 니시테츠 후쿠오카(텐진)역 미츠코시 출구에서 도보 5분, 부라라BuLaLa 빌딩 6층 📍福岡市中央区今泉1-9-19 🕐 일~목 17:00~23:00, 금·토 17:00~23:30 ✖ 12/31~1/1 📞 +81 92 715 7733 🏠 www.ichifuji-f.jp/honten

가성비 만점의 신선한 고등어회무침 ····· ⑦
하카타 고마사바야 博多 ごまさば屋

매일 어시장에서 공수한 신선한 생선과 착한 가격으로 현지인에게 꾸준히 사랑받는 집. 마치 텐진의 기사 식당 맛집 같은 분위기다. 참깨간장소스로 버무린 고등어회무침(고마사바) 덮밥 정식ごまさば丼定食(1,100엔)이 가장 인기. 적당히 기름진 고등어회가 참깨와 만나서 더욱 고소해진다. 현금 결제만 가능.

🏃 지하철 텐진역 1번 출구에서 도보 8분 📍福岡市中央区舞鶴 1-2-11 🕐 월~토 11:00~14:00, 17:30~22:00 ✖ 일요일 📞 +81 92 406 5848

서서 먹는 스시 바 ……⑧
스시 쇼군 すし将軍

회전 초밥도 아닌데 세트 메뉴 1,000엔 전후의 저렴한 가격에 맛과 양까지 만족스러운 스시집. 서서 먹는 게 불편할 수도 있지만, 가성비가 무척 좋아서 현지인과 여행자 모두에게 인기 만점이다. 가게에 잔잔히 흐르는 팝과 J팝의 BGM도 기분 좋다. 스시 세트는 1,100엔~, 스시 단품 90엔~. 주문은 태블릿(한글 가능)으로 한다.

🚶 지하철 텐진역 6번 출구에서 도보 3분
📍 福岡市中央区天神2-7-245 🕐 11:00~22:00 ❌ 부정기
📞 +81 92 717 5115 🏠 www.sushishogun.com

가성비 좋은 신선한 초밥 ……⑨
회전초밥 후지마루 廻転寿司 冨士丸

현지인 단골이 많은 아담한 회전초밥집. 한글 메뉴판도 있으니 태블릿이 없어도 주문이 어렵지 않다. 전반적으로 가격대가 저렴한 편이고, 어느 초밥을 시켜도 생선 살이 도톰하고 신선해 가격 대비 만족스럽다. 종류가 여든 가지나 되어 다양하게 맛볼 수 있는 것도 장점. 사이드 메뉴의 달걀찜과 된장국도 맛있다. 한 접시 143~605엔.

🚶 니시테츠 후쿠오카(텐진)역 중앙 출구에서 도보 11분
📍 福岡市中央区大名2-3-2 🕐 11:00~22:00 ❌ 수요일
📞 +81 92 736 0300

쫄깃한 수타면이 맛있다 ……⑩
만다 우동 萬田うどん

직접 뽑는 수타면으로 인기 높은 우동집. 반투명한 수타면은 부드러우면서도 쫄깃해 식감이 훌륭하다. 주문을 받고 나서 면을 뽑고 삶기 때문에, 음식이 나오는 데 시간이 좀 걸리지만 갓 뽑은 면을 맛볼 수 있다. 추천 메뉴는 채소 튀김 붓카케野菜天ぶっかけ(1,100엔). 일곱 가지 제철 채소 튀김을 붓카케 우동 위에 푸짐하게 올려준다.

🚶 지하철 야쿠인오도리역 1번 출구에서 도보 3분 📍 福岡市中央区薬院2-13-33 🕐 월, 수~금 11:30~15:00, 17:30~21:00, 토·일, 공휴일 11:00~15:00, 17:30~21:00
❌ 화요일, 첫째·셋째 수요일 📞 +81 92 781 8041

단골 주민들이 사랑하는 흑돼지 돈카츠 ⋯⋯ ⑪

타이쇼테이 黒ブタかつれつ 大正亭

30년간 자리를 지키며 동네 맛집으로 사랑받는 흑돼지 돈카츠 전문점. 일단 맛을 보면 누구나 알 수 있을 만큼 최 상급 고기를 고집하는 곳이다. 추천 메뉴는 극상 흑돼지 로스카츠 정식極上黒豚ロースカツ定食(런치 2,530엔, 디너 2,750엔~). 고기에서는 육즙이 배어나와 촉촉하고 비계 에서는 고소한 돼지고기의 풍미가 나며 입맛을 돋운다.

🚶 지하철 아카사카역 2번 출구에서 도보 2분
📍 福岡市中央区赤坂1-3-1 🕐 월~토 11:00~15:00,
17:00~20:30 ❌ 일요일, 공휴일 📞 +81 92 732 7711
🏠 www.taishotei.com

현지인이 추천하는 찐 카레 맛집 ⋯⋯ ⑫

알 스리랑카 R Sri Lanka

후쿠오카에서 인기를 몰아 도쿄까지 진출한 카레집. 강하 지 않고 적당히 입맛 돋는 향에 코코넛밀크 베이스의 부 드러운 스파이시 카레로, 수프 카레처럼 묽은 스타일이 다. 추천 메뉴는 돼지 로스 스테이크 카레豚肩ロースステー キカレー(레귤러 1,300엔, 하프 1,100엔). 매우 푸짐해 양 이 적은 사람은 하프가 적당하다. 매운맛 정도는 1~3단계 중 선택하고, 카레와 밥은 한 번 무료 리필해 준다.

🚶 지하철 야쿠인오도리역 1번 출구에서 도보 5분 📍 福岡市中 央区薬院2-11-24 🕐 11:00~15:00, 18:00~21:30 ❌ 부정기 📞 +81 92 725 2877

명란 한 국자가 올라간 생파스타 ⋯⋯ ⑬

슈퍼 마리오 Super まりお

생면을 쓰는 명란 파스타 전문점. 간판 메뉴는 차조기 향 이 좋은 명란 크림 생파스타大葉香る明太子クリーム生パスタ (1,298엔)로, 무려 명란 한 국자가 푸짐하게 올라간다. 짜 지 않은 명란의 매콤함이 크림소스의 느끼함을 잡아주고 고소함을 살려준다. 토핑으로 올라가는 차조기는 향에 호 불호가 있으니 반드시 맛보고 나서 섞을 것.

🚶 지하철 텐진미나미역 6번 출구에서 도보 6분
📍 福岡市中央区春吉3-16-17 🕐 11:30~21:00
❌ 부정기 📞 +81 92 406 7450
📷 mentaiko_pasta_hakata

모든 메뉴가 식물성 ······· ⑭
소누소누 Sonu Sonu

동물성 재료를 철저히 배제하고 규슈의 유기농 식재료로 요리하는 환경 친화적인 카페. 식사와 디저트 메뉴, 음료, 주류 모두 식물성이어서 비건도 안심하고 즐길 수 있다. 식사로는 버거, 카레, 피자 등이 있는데 추천 메뉴는 타코라이스タコライス(1,300엔). 좀 비싼 편이지만 맛은 상당히 만족스럽다. 현금 결제는 불가, 신용카드, QR 코드, IC 카드만 가능.

🚶 지하철 텐진역 4번 출구에서 도보 4분 　📍福岡市中央区天神 3-6-29 🕐 일~수 08:00~21:00, 목 08:00~17:00, 금·토 08:00~22:00 ❌ 부정기 📞 +81 70 2299 7338

다이묘에서 가장 맛있는 수제 맥줏집 ······· ⑮
후쿠오카 크래프트 FUKUOKA CRAFT

분위기가 밝고 캐주얼한 데다 테이블과 카운터석을 모두 갖춰 혼자 가도, 함께 가도 좋은 분위기의 가게. 수입 수제 맥주도 다양하게 갖추었지만 이곳의 자체 양조장에서 만든 수제 맥주(1잔 470엔~)가 맛있고 종류도 열한 가지나 된다. 맥주만 주문해도 괜찮은 분위기여서 한두 잔 가볍게 마시러 들러도 좋다.

🚶 니시테츠 후쿠오카(텐진)역 미츠코시 출구에서 도보 7분 📍福岡市中央区大名1-11-4 🕐 월~목 17:00~24:00, 금 17:00~ 다음 날 01:00, 토 14:00~다음 날 01:00, 일 14:00~24:00 ❌ 무휴 📞 +81 92 791 1494 🏠 fukuokacraft.elborracho.com

튀기는 기술이 수준급 ······· ⑯
텐푸라 나가오카 博多天ぷら ながおか

캐주얼한 분위기에서 갓 튀긴 텐푸라와 술을 즐길 수 있는 텐푸라 이자카야. 오픈 키친을 둘러싼 카운터석으로 이뤄져 있다. 튀김 단품도 주문이 가능하고, 편하게 시키려면 튀김 7종 세트天ぷら盛り合わせ7種(1,180엔)를 추천한다. 하나씩 차례로 튀겨주는 텐푸라를 맛보면 신선한 재료를 최고의 기술로 튀겨낸다는 것을 알 수 있다. 자릿세(550엔) 대신 기본 안주 성게 푸딩うにプリン도 인기 만점. 예약 필수.

🚶 지하철 야쿠인오도리역 1번 출구에서 도보 5분 📍福岡市中央区今泉2-4-11 🕐 월~목·일 17:00~23:00 ❌ 화·수요일 📞 +81 92 752 8200

맛에 분위기까지 좋은 야키니쿠집 ······ ⑰
니쿠마루 焼肉酒場 にくまる

규슈산 흑소 와규를 개인 숯불에 구워 먹는 세련된 야키니쿠 식당. 오픈 키친을 둘러싼 카운터석으로 되어있어 혼자 가도, 같이 가도 좋다. 추천 메뉴는 흑소 와규의 인기 부위만 모아놓은 모듬 6종赤身＆霜降り6種盛り(2,409엔). 부족하면 1조각씩 단품(88엔~)으로 주문할 수 있고 사이드로 김치, 나물 등도 있으니 편하게 시켜보자. 또 다른 추천 메뉴는 생고기 초밥極楽寿司(935엔). 고소한 육회가 입안에서 살살 녹는다. 예약 필수.

🏃 지하철 텐진미나미역 6번 출구에서 도보 3분　📍福岡市中央区渡辺通 5-1-26　🕐 화~일 16:00~23:00　❌ 월요일　📞 +81 92 738 2919

수도꼭지에서 레몬 사와가 콸콸 ······ ⑱
야키니쿠 호르몬 타케다 焼肉ホルモンたけ田

고기 가격이 418엔부터 시작하는 저렴한 가격으로 가성비 좋은 고깃집. 특수 부위 고기와 곱창까지 종류도 다양하다. 사이드 메뉴로 겉절이, 김치, 쌈 채소, 기름장 마늘구이도 있어 한국식으로도 즐길 수 있다. 이곳의 명물은 수도꼭지 레몬 사와. 60분에 605엔이라는 저렴한 가격이라 한 잔만 마셔도 본전을 뽑는다. 자리마다 설치된 수도꼭지를 틀면 사와가 콸콸 나오고, 시럽 두 가지를 골라서 원하는 맛으로 만들 수 있다. 예약 필수.

🏃 지하철 텐진역 6번 출구에서 도보 6분　📍福岡市中央区大名2-1-42
🕐 월~목 17:00~23:00, 금 17:00~24:00, 토 11:00~24:00, 일 11:00~23:00　❌ 부정기　📞 +81 92 753 6626　🏠 29takeda.com

젊은 활기가 넘치는 오뎅 바 ······ ⑲
하츠유키 初雪

가츠오부시와 다시마 육수로 만든 맑은 국물의 간사이풍 오뎅을 선보이는 오뎅 바. 오픈 키친에서 끓고 있는 거대한 오뎅 냄비 2개가 시선을 사로잡는다. 스지(힘줄), 무 같은 기본 오뎅부터 오뎅집에서 보기 힘든 문어, 가리비, 양상추말이까지 노포 못지않은 오뎅 맛으로 다이묘 젊은이들의 입맛을 사로잡았다. 오뎅(140엔~)과 어울리는 사케도 다양하게 갖추고 있다. 예약 추천.

🏃 니시테츠 후쿠오카(텐진)역 중앙 출구에서 도보 10분
📍福岡市中央区大名1-8-5　🕐 17:00~24:00
❌ 부정기　📞 +81 92 707 3106

사케와 잘 어울리는 숯불구이 ······ ⑳

친자 타키비야 鎮座タキビヤ

오픈 키친에서 숯불구이를 해주는 로바타야키 전문
점으로 이곳의 명물은 숯불 생선구이다. 한 마리를 통
째로 구워 주는데 고소한 생선 살이 안주로 딱이다. 그
날 들여오는 생선에 따라 메뉴와 가격이 조금씩 달라
지며, 보통 중(中) 사이즈가 1,700엔 전후. 또 다른 명
물은 토치로 구운 고등어 스시炙り鯖寿司(1,700엔 전후,
하프 주문 가능). 적당히 기름진 고등어에 불맛을 입혀
맛도 좋고 든든하다. 사케 종류가 다양해 여러 가지에
도전해 보고 싶은 곳이다. 예약 추천.

🚶 니시테츠 후쿠오카(텐진)역 남쪽 출구에서 도보 6분
📍 福岡市中央区今泉1-18-1 🕐 월~금 17:30~23:30,
토~일 17:00~24:00 ❌ 부정기 📞 +81 92 718 7557

멋진 뷰를 즐기며 럭셔리한 점심 식사 ······ ㉑

시로가네 코미치 白金小径

2024년 세계 3대 디자인상인 iF 디자인 어워드를 수상
한 멋진 건축물은 후쿠오카의 대표 명란젓 브랜드 야마
야의 새로운 본사이자 멋진 중정을 둘러싼 도넛 형태의
레스토랑이 자리한 곳이다. 야마야의 명란젓을 이용한
고급스러운 런치 메뉴를 맛보기 위해 후쿠오카 여성들
이 즐겨 찾는 신상 맛집. 명란젓이 올라간 카이센동으
로 먹다가 육수를 부어 오차즈케로도 먹을 수 있는 하
타카 멘타이오리 카이센주博多めんたい織～海鮮重(2,500
엔) 외에 명란 파스타, 다양한 반찬이 나오는 정식도 맛
볼 수 있다. 가성비 메뉴로, 스파클링 와인이나 위스키,
생맥주 등의 술 1잔과 3가지 안주를 1,000엔에 맛볼
수 있는 해피아워(15:00~17:30)도 추천한다.

🚶 지하철 야쿠인역 2번 출구에서 도보 5분
📍 福岡市中央区白金1-5-5
🕐 런치 11:00~15:00(주문 마감), 카페 15:00~18:00
❌ 무휴 📞 +81 92 406 8087 🏠 yamaya-sohonten.jp

맛으로 승부하는 창작 야키토리 ······ ㉒
마츠스케 串焼 まつすけ

'ま(마)'가 적힌 거대한 간판을 따라 들어가면 세련되면서 편안한 분위기의 꼬치구이집이 나온다. 기본 메뉴부터 창작 메뉴까지 모두 맛으로 승부하는 곳. 닭고기 살과 연골을 같이 다져 암염으로 간을 한 특제 네리特製ねり(420엔), 반숙 달걀을 삼겹살로 돌돌 말아 달짝지근한 양념을 발라 구운 하카타 토로타마博多とろ玉(330엔), 모차렐라 치즈와 토마토를 삼겹살로 말아 구운 후 바질 페스토를 뿌린 모차렐라 토마토 말이モッツァレラのトマト巻(350엔)를 강력 추천한다. 예약 추천.

🚶 지하철 텐진역 2번 출구에서 도보 9분 📍 福岡市中央区大名1-10-6
🕐 17:00~24:00 ✖ 부정기 📞 +81 92 711 1108

몇 개라도 먹을 수 있는 닭껍질구이 ······ ㉓
미츠마스 みつます

꼬치에 둘둘 말아 구운 닭껍질구이ぐる皮(1개 165엔)가 맛있는 야키토리 이자카야. 겉은 바삭하면서 속은 쫄깃하고 촉촉하다. 여러 부위의 고기를 섞어 만들어 육즙이 풍부한 나마츠쿠네生つくね(2개 462엔), 채소 꼬치(165엔~)도 추천할 만하다. 주종이 다양해 저녁에 술 한잔하기 좋다.

🚶 니시테츠 후쿠오카(텐진)역 중앙 출구에서 도보 9분
📍 福岡市中央区今泉2-4-23 🕐 17:00~24:00 ✖ 부정기
📞 +81 92 753 8885

한입 먹는 순간 눈이 번쩍 ······ ㉔

아타라요 あたらよ

오픈 키친을 둘러싸고 코노지(ㄷ자) 형태의 카운터석으로 이뤄진, 모던한 분위기의 야키토리 이자카야. 특히 이곳은 소믈리에가 상주하기 때문에 야키토리와 함께 와인과 사케를 페어링해 즐기기 좋은 곳이다. 이곳의 야키토리를 맛본 사람은 다른 곳에 가기 힘들 만큼 최고의 맛을 보여주는데, 그 비결은 당일 아침에 잡은 신선한 하카타 토종닭을 최고의 장인이 최고급 토사 비장탄으로 구워내기 때문. 한입 베어무는 순간 신선한 육즙이 입안 가득 퍼지고 고기는 씹을수록 감칠맛이 넘친다. 야키토리 오마카세 8종燒鳥 おまかせ8串(2,180엔), 마무리로 닭 수프 오차즈케鶏がらスープ茶漬け(520엔)도 강력 추천한다. 예약 필수.

🏃 지하철 와타나베도리역 2번 출구에서 도보 8분 📍福岡市中央区春吉2-2-5
🕐 월~목 18:00~다음 날 01:00, 금~일, 공휴일 17:00~다음 날 01:00 ❌ 부정기
📞 +81 92 406 2095 🏠 fbhp901.gorp.jp

나이스 플랜트 베이스드 카페
NICE Plant-based Cafe

이름 그대로 고기와 생선, 달걀, 유제품 등 동물성 재료를 일체 사용하지 않는 비건 카페. 패티, 마요네즈, 케첩, 번까지 모두 식물성 재료로 만드는 비건 버거는 건강한 음식이면서 포만감도 있고 샐러드가 같이 나와 양도 푸짐하다. 병아리콩과 현미 등으로 만드는 이곳의 오리지널 패티를 맛보면 이게 정말 비건이 맞나 싶을 만큼 맛이 훌륭해 깜짝 놀라게 된다. 비건 여부를 떠나 이곳은 찐 버거 맛집으로 추천한다. 가장 무난하게 맛있는 데리야키 버거Teriyaki Burger(1,350엔) 외에도 아보카도, 칠리 빈, 볼로네제 버거 등 선택의 폭도 넓다. 원 테이블에 옹기종기 둘러앉아 통창으로 푸른 식물을 바라보는 카페의 분위기도 무척 마음에 든다.

🏃 지하철 야쿠인오도리역에서 도보 6분
📍 福岡市中央区警固3-13-35
🕐 수~일 11:30~20:00   ❌ 월~화요일
📞 +81 92 983 5971
🏠 nice-plantbased.com

키르훼봉 Qu'il fait bon

생과일을 듬뿍 올려주어 인기 있는 타르트 전문점. 제철 과일을 쓰기 때문에 시즌마다 메뉴가 달라지는데, 보통 열여덟 가지 중에 고를 수 있다. 보기만 해도 즐거워지는 귀여운 타르트는 품질 좋은 과일을 사용하는 데다 바삭한 생지, 신선한 우유 향 크림을 써서 타르트 자체가 맛있다. 타르트 1조각 745엔~.

🏃 니시테츠 후쿠오카(텐진)역 미츠코시 출구에서 도보 4분
📍 福岡市中央区天神2-4-11
🕐 11:00~18:00   ❌ 부정기
📞 +81 92 738 3370
🏠 www.quil-fait-bon.com

맛 좋고 보기도 예쁜 디저트 ······ ㉗

파티세리 조르주 마르소
Patisserie Georges Marceau

세련된 외관부터 눈길을 끄는 프랑스 디저트 가게. 예쁜 케이크와 구움 과자, 음료 등을 다양하게 맛볼 수 있다. 가장 인기 있는 케이크는 치즈케이크 퐁뒤치즈 ケーキ・フォンデュ(대 1,400엔, 소 530엔). 크림치즈와 파르메산치즈를 사용해 겉은 쿠키처럼 바삭하고 속은 수플레 치즈케이크처럼 촉촉하다. 바삭한 겉부분을 뜯어 부드러운 퐁뒤치즈를 얹어 먹으면 더 맛있다. 제철 과일을 사용해 시즌마다 새롭게 선보이는 파르페(1,700엔~)도 인기 있다.

🚶 니시테츠 후쿠오카(텐진)역에서 도보 8분 📍 福岡市中央区渡辺通5-8-19 🕐 수~일 10:00~19:00 ❌ 월·화요일(공휴일이면 다음날), 1/1~1/3 📞 +81 92 741 5233 🏠 gm.9syoku.com/patisserie/

도쿄에서 온 고급 수제 초콜릿 ······ ㉘

그린 빈 투 바 초콜릿
Green Bean to Bar Chocolate

전 세계 다양한 산지의 카카오 빈을 엄선해 가게 안의 작은 공방에서 초콜릿을 직접 만드는 수제 초콜릿 카페. 예쁜 일본 전통 종이로 포장한 판 초콜릿, 한입 크기의 봉봉 쇼콜라, 얇게 편 초콜릿 위에 견과류, 말린 과일을 얹은 망디앙 등은 선물용으로 딱이다. 가게에서 먹는다면 초콜릿 드링크(666엔), 에클레어, 머핀 같은 초콜릿 디저트(280엔~)가 좋다. 초콜릿 드링크는 스탠더드, 스파이시, 오늘의 오리지널의 세 가지 맛 중에 고를 수 있는데, 시나몬 등의 향신료가 들어 맛이 풍성한 스파이시를 추천한다.

🚶 니시테츠 후쿠오카(텐진)역 미츠코시 출구에서 도보 7분 📍 福岡市中央区今泉1-19-22 🕐 11:00~21:00 ❌ 부정기 📞 +81 92 406 7880 🏠 greenchocolate.jp

빵집 투어의 필수 코스 ····· ㉙

스톡 STOCK

장시간 숙성으로 천천히 발효시켜 감칠맛을 끌어내고, 빵 종류에 따라 효모를 구분해 사용하는 등 끊임없이 연구하는 곳이다. 부동의 인기 1위인 명란바게트めんたいフランス(1개 507엔, 1/2개 259엔) 외에도 호두와 건포도 루뱅, 얼그레이 화이트 초코, 빵 스톡(호밀빵) 등 맛있는 것이 가득하다. 빵집 안에 커피 카운티 P.228도 입점해 있어 함께 먹으면 좋다. 매장이 작아 좌석 수가 적지만 건물 위나 공원 벤치에 앉아 여유롭게 맛보는 것도 즐겁다.

🚶 지하철 텐진역 16번 출구에서 도보 9분, 하레노 가든 웨스트 📍福岡市中央区西中洲6-17 🕐 화~일 08:00~19:00 ❌ 월요일, 첫째 셋째 화요일 📞 +81 92 406 5178 🏠 stockonlineshop.com

예쁜 라테 아트에 맛까지 훌륭 ····· ㉚

커넥트 커피 Connect Coffee

세계 라테 아트 대회 2위 등 화려한 수상 경력을 지닌 톱클래스 바리스타, 안도 타카히로의 카페. 에칭 펜 같은 도구 없이 우유의 흐름만으로 그림을 그리는 '프리 푸어 라테 아트'를 선보인다. 엄선한 원두를 직접 로스팅해 추출하고, 도자기로 유명한 아리타에서 공동 개발해 만든 라테 잔을 쓰는 등 카페 라테(580엔)에 정말 진심이다. 모양은 둘째치고 고소하고 부드러운 맛이 일품이어서 단골이 무척 많다.

🚶 지하철 텐진역 12번 출구에서 도보 7분 📍福岡市中央区天神5-6-13 🕐 월·수~토 12:00~20:00, 일, 공휴일 11:00~18:00 ❌ 화요일 📞 +81 92 791 7213

맛있는 산미를 즐긴다 ······ ③

커피 카운티 Coffee County

남아메리카와 아프리카의 여러 커피 농장에 살면서 농사를 짓고 생산자와 신뢰를 쌓은 곳들과 거래하는 로스터리 카페. 이곳의 주인은 커피 역시 와인처럼 만드는 사람이나 땅이 표현되어야 한다는 신념을 가지고 있다. 다른 카페처럼 여러 원두를 블렌드하지 않고 싱글 오리진을 고집하는 것 또한 생산자의 개성을 중시하기 때문. 이렇게 엄선한 원두는 직접 로스팅해 한 잔 한 잔 정성껏 핸드 드립한다. 맛있는 산미의 커피를 추구하기 때문에 모든 원두가 적당한 산미가 있는데, 저마다 개성 있는 맛과 향이 약간의 산미와 어우러지며 훌륭한 맛을 낸다. 취향을 얘기하며 바리스타와 함께 원두를 고르는 과정도 즐겁다. 핸드 드립 커피 600엔(아이스 700엔).

🏃 지하철 야쿠인역 1번 출구에서 도보 4분　📍福岡市中央区高砂
1-21-21　🕐 목~화 11:00~19:30　✖ 수요일　📞 +81 92 753 8321
🏠 coffeecounty.cc

밥을 포기하더라도 먹고 싶은 디저트 ······ ③

메이 카페 Mei Cafe

과일 가게가 만드는 과일 샌드위치로 인기 높은 카페. 특히 1월부터 초여름까지 한정 판매하는 딸기 플라워 크레페苺フラワークレープ(2,100엔)는 마치 장미꽃처럼 예뻐서 선풍적인 인기를 끌고 있다. 하지만 비주얼이 전부라고 오해하면 안 된다. 가격은 사악하지만 먹는 순간 '나 크레페 좋아했네'라고 생각하게 될 것이다. 최상품 딸기를 신선한 우유 맛 생크림과 함께 크레페 속까지 푸짐하게 채워 넣어 끝까지 맛있다.

🏃 지하철 와타나베도리역 2번 출구에서 도보 5분
📍福岡市中央区春吉 2-16-19　🕐 07:30~18:00
✖ 부정기　📞 +81 92 771 6221

밤 늦게까지 여는 스페셜티 커피숍 ······ ㉝
렉 커피 Rec Coffee

월드 바리스타 챔피언십에서 세계 2위를 수상
한 바리스타 이와세 요시카즈의 카페. 스페
셜티 커피를 사용한 커피 메뉴가 다양하며
모두 맛있지만 특히 렉 카페 라테Rec cafe
latte(540엔~)를 추천한다. 원두는 렉 커피
블렌드와 싱글 오리진 중에서 고를 수 있다.

🚶 지하철 야쿠인역 2번 출구에서 도보 4분 📍福岡市中央区白金
1-1-26 🕐 월~목 08:00~24:00, 금 08:00~다음 날 01:00, 토 10:00~
다음 날 01:00, 일, 공휴일 10:00~24:00 ❌ 부정기 📞 +81 92 524
2280 🏠 rec-coffee.com

후쿠오카 커피씬을 이끄는 곳 ······ ㉞
마누 커피 Manu Coffee

커피와 자연이 조화를 이루는 시스템을 만
들기 위해 다양한 환경 프로젝트를 실천
하는 카페. 쿠지라점은 석재점이었던 44년
된 건물을 로스터리 카페로 재탄생시켰다.
매장 안쪽의 열풍식 로스팅 기계에서 마누 커
피가 자랑하는 원두를 로스팅한다. 부드러운 우유와 원두 향이
잘 어울리는 마누 라테マヌラテ(680엔)를 추천한다.

🚶 지하철 야쿠인역 2번 출구에서 도보 2분 📍福岡市中央区白金
1-18-28 🕐 10:00~19:00 ❌ 부정기 📞 +81 92 707 0306
🏠 www.manucoffee.com

조용히 커피 맛에 집중할 수 있는 곳 ······ ㉟
아베키 Abeki

흰옷을 입은 오너 바리스타가 아담한 카페
한쪽에 앉아 마치 약을 조제하듯 커피 내
리는 모습이 인상적이다. 커피 메뉴는 드립
커피와 카페오레뿐(각 600엔). 적당한 산미에
과일 향과 스모키한 향이 나는 커피는 너무 꾸덕하지 않으면서
부드러운 치즈케이크(500엔)와 찰떡궁합을 자랑한다.

🚶 지하철 야쿠인역 남쪽 출구에서 도보 8분 📍福岡市中央区薬院
3-7-13 🕐 월~토 12:00~17:30 ❌ 일요일, 첫째 셋째 월요일
📞 +81 92 531 0005 🏠 abeki-f.blogspot.jp

후쿠오카 시민들의 휴식처

오호리 공원

大濠公園

#힐링코스 #호수공원 #백조보트

후쿠오카 시민들이 사랑하는 곳 중 하나가 바로 이곳 오호리
공원이다. 후쿠오카의 역사와 문화, 예술, 휴식, 이 모든
것을 오호리 공원을 중심으로 즐길 수 있기 때문. 공원의 이름인
'오호리大濠'는 에도 시대 후쿠오카성을 축성하면서,
성을 방어할 목적으로 주변을 둘러싸게 만든 큰 연못을 가리키는
것으로, 지금도 지명으로 쓰이고 있다. 이 연못을 중심으로
조성된 오호리 공원은 주변에 후쿠오카성 터, 벚꽃 명소로 유명한
마이즈루 공원, 후쿠오카시 미술관까지 인접해 있어
여행자들도 꼭 들르고 싶어 하는 명소 중 하나다.

오호리 공원
추천 코스

오호리 공원을 산책할 때 호수 변을 걷다 보면 햇빛을 피하기가 어려우므로 오전에 둘러보고 근처 맛집에서 점심을 하는 것도 좋다. 후쿠오카성 터에서는 성의 망루인 조건로를 마지막으로 둘러보는 코스로 걸어보자. 연못에 비치는 성의 망루가 아름답고, 특히 벚꽃철에는 연못 위로 꽃잎이 날리는 모습이 로맨틱하다.

🕐 소요 시간 4~5시간

¥ 예상 경비 입장료 450엔 + 식비 약 3,300엔 = 총 3,750엔~

오전 정복 코스

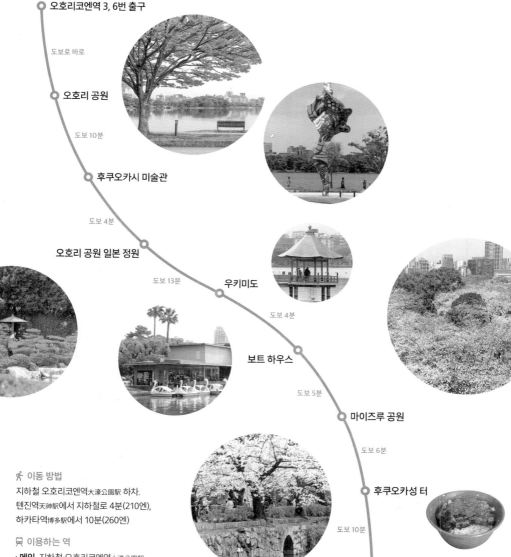

오호리코엔역 3, 6번 출구

도보로 바로

오호리 공원

도보 10분

후쿠오카시 미술관

도보 4분

오호리 공원 일본 정원

도보 13분   우키미도

도보 4분

보트 하우스

도보 5분

마이즈루 공원

도보 6분

후쿠오카성 터

도보 10분

점심 아이토 우나기

🏃 **이동 방법**
지하철 오호리코엔역大濠公園駅 하차.
텐진역天神駅에서 지하철로 4분(210엔),
하카타역博多駅에서 10분(260엔)

🚇 **이용하는 역**
· **메인** 지하철 오호리코엔역大濠公園駅
· **기타** 지하철 롯폰마츠역六本松駅

오호리 공원 상세 지도

사쿠라자카

마이즈루 공원 02 03 후쿠오카성 터

01 다이다이

02 아이토 우나기

아맘 다코탄

후쿠오카시 과학관

롯폰마츠 츠타야 서점

오호리코엔

후쿠오카시 미술관 01

오호리 공원 일본 정원

롯폰마츠 421

우동비요리

보트 하우스

03 앤드 로컬스

04 오호리 공원

롯폰마츠

포크본페이

자크 04

우키미도

N

단돈 200엔에 즐기는 세계적인 예술 작품 ······ ①

후쿠오카시 미술관 福岡市美術館

근현대 미술과 불교 미술, 고미술에 이르는 작품 1만 6,000점을
소장하고 있다. 주요 작품은 조앤 미로의 〈고딕 성당에서 오르
간 연주를 듣는 무희〉, 마르크 샤갈의 〈하늘을 나는 아틀라주〉,
살바도르 달리의 〈포르투 리가트의 성모〉, 앤디 워홀의 〈엘비
스〉, 장 미셸 바스키아의 〈무제〉 등. 쿠사마 야오이의 〈호박〉, 잉
카 쇼니바레 CBE의 〈바람 조각(SG) II〉 등 야외 정원에 설치된
작품은 무료로 볼 수 있으니 절대 놓치지 말자.

🚶 지하철 오호리코엔역 3, 6번 출구에서 도보 10분 📍 福岡市中央区大
濠公園1-6 🕐 09:30~17:30, 7~10월 금·토 09:30~20:00(폐관 30분
전 입장 마감) ❌ 월요일, 12/28~1/4 💴 컬렉션전 기획전 일반 200엔,
고등·대학생 150엔, 특별전 요금 별도 📞 +81 92 714 6051
🏠 www.fukuoka-art-museum.jp

후쿠오카 최대의 벚꽃 명소 ······ ②
마이즈루 공원 舞鶴公園

후쿠오카성 터를 중심으로 조성된 시민 공원. 특히 봄꽃 명소로 유명하다. 1~2월에는 후쿠오카성 터 니노마루 근처 매화원에서 250여 그루의 매화를 만날 수 있으며, 3~4월에는 1,000여 그루의 벚꽃이 만발해 후쿠오카 최대 벚꽃 명소로 인기가 높다. 왕벚나무, 처진개벚나무, 산벚나무 등 19종의 다양한 벚나무를 만날 수 있다. 오호리 공원과 바로 연결되어 있다.

🚶 지하철 오호리코엔역 3, 6번 출구에서 도보 5분　📍 福岡市中央区城内1-4
📞 +81 92 781 2153　🏠 www.midorimachi.jp/maiduru/

벚꽃 철 최고의 인기 명소 ······ ③
후쿠오카성 터 福岡城跡

후쿠오카의 초대 번주蕃主였던 쿠로다 나가마사黑田長政가 1601년부터 7년에 걸쳐 지은 후쿠오카성. 지금은 천수대天守台, 망루였던 다문망多聞櫓과 조견로潮見櫓, 시모노하시고몬下之橋御門 등 일부만 남았다. 전망대 역할을 하는 천수대에 오르면 공원 전체를 조망할 수 있다. 벚꽃이 피는 3월 말~4월 초에 후쿠오카 성 터를 중심으로 벚꽃 축제가 열린다.

🚶 마이즈루 공원 내　📍 福岡市中央区城内1　🏠 fukuokajyo.com

오호리 공원 日本橋

후쿠오카성의 외부 연못을 중심으로 1929년에 호수
공원으로 조성되었으니, 그 역사가 상당히 길다. 거대
한 호수 가운데에 있는 섬 3개가 모두 4개의 다리로 연
결되기 때문에 걸어서 둘러볼 수 있다. 공원의 둘레는
2km쯤 되는데, 자전거 도로가 잘 되어있어서 사이클
링을 하거나 조깅하는 사람들도 많다. 호수 주변의 아
름다운 버드나무와 계절마다 화단을 가득 메우는 꽃
들 덕분에 산책이 무척 즐겁고 호숫가에 앉아 유유히
떠다니는 백조 보트를 보는 것만으로도 힐링이 된다.
오호리 공원 내부와 주변에는 관광 명소들도 있어 여
행자들도 즐겨 찾는 곳이다. 해 질 무렵에는 노을이, 어
두워진 후에는 호수의 다리를 중심으로 조명이 켜져
꽤 로맨틱한 분위기를 낸다.

🏃 지하철 오호리코엔역 3, 6번 출구에서 바로
📍 福岡市中央区大濠公園1 📞 +81 92 741 2004
🏠 www.ohorikouen.jp

야간 라이트 업

호수 가운데 있는 섬 주변을 밝게 하고 안전을 목적으로 설
치한 LED 조명이 이제는 오호리 공원의 명물이 되었다. 일
년 내내 저녁 6~10시(4~9월 저녁 7~10시)에 켜지며, 계절
별로 조명 색이 바뀐다.

오호리 공원의 트레이드마크
우키미도 浮見堂

호수 위에 서있는 육각형의 주홍색 정자. 다리를 건너 정자 안으로 들어서면 마치 호수 한가운데에 서있는 듯한 기분이 든다. 오호리 공원에서 사진을 찍을 때 언제나 멋진 오브제가 되는 건물이다.

도시 소음과 단절된 고요한 공간
오호리 공원 일본 정원 大濠公園 日本庭園

면적 1만 2,000㎡에 달하는 넓은 일본 정원으로, 사방이 높은 수목에 둘러싸여 차분한 분위기다. 정원은 대부분 연못을 중심으로 주변을 산책하며 감상하는 지천회유식으로, 연못에 있는 작은 섬 3개는 오호리 공원 연못에 있는 섬 3개를 본뜬 것이라 한다. 서문 쪽에는 작은 석정石#도 있다.

🕐 5~9월 09:00~18:00, 10~4월 09:00~17:00
✖ 월요일(공휴일인 경우 다음 날), 12/29~1/3
¥ 15세 이상 250엔, 6~14세 120엔
📞 +81 92 741 8377 🏠 ohoriteien.jp

가족, 연인에게 인기 있는 백조 보트
보트 하우스 BOATHOUSE

오호리 공원 풍경에서 빼놓을 수 없는 것이 바로 호수 위를 유유히 떠다니는 백조 보트. 보트하우스에서 빌릴 수 있다. 종류는 발로 움직이는 백조 보트, 직접 손으로 노를 젓는 로우 보트 두 가지.

🕐 4~8월 월~금 11:00~18:00, 토·일, 공휴일 10:00~18:00(17:30 접수 마감) / 9~3월 월~금요일 11:00~, 토·일요일, 공휴일 10:00~(일몰 1시간 전 접수 마감), 날씨에 따라 다름 ¥ 30분 기준 백조 보트 소형 1,200엔, 대형 1,600엔 / 로우 보트 800엔 📞 +81 92 716 9077 🏠 www.oohoriboathouse.jp

세련된 분위기에서 맛보는 미즈타키 ······ ①
다이다이 橙

사가현佐賀県의 브랜드 토종닭을 식육 처리 면허를 가진 전문가가 그 자리에서 손질해서, 가장 신선한 상태로 요리하는 일본식 닭백숙 미즈타키水炊き(4,150엔) 전문점. 내장과 닭고기로 우려낸 육수는 감칠맛이 진하면서도 불필요한 양념을 하지 않아 순수한 국물 맛이 일품이고, 고기는 부드러우면서도 씹는 맛이 좋다. 참고로, 마무리용 죽이나 면은 별도 주문이다. 예약 필수며 1인도 가능.

🚶 지하철 오호리코엔역 4번 출구에서 도보 3분　📍 福岡市中央区大手門1-8-14
🕐 12:00~22:00　❌ 부정기　📞 +81 92 726 0012

장어와 연어알 토핑이 의외로 꿀 조합 ······ ②
아이토 우나기 愛とうなぎ

여기가 장어덮밥집인가 싶은 캐주얼한 카운터석의 식당. 가게에 들어서자마자 장어 굽는 고소한 냄새에 입맛이 돈다. 소금구이도 있지만 간장양념구이인 카바야키가 무난하다. 겉은 바삭, 속은 촉촉한 장어덮밥(장어 4조각 4,400엔~)에 연어알 토핑(880엔)을 추가해 볼 것. 장어덮밥을 맛있게 먹고 남은 밥과 연어알에 양념을 조금 부어 비벼 먹으면 밥 한 그릇이 뚝딱이다.

🚶 지하철 오호리코엔역 4번 출구에서 도보 2분　📍 福岡市中央区大手門3-9-10
🕐 목~화 11:00~14:00, 16:00~20:30
❌ 수요일　📞 +81 92 707 2886
🏠 loveandeel.com

타마고산도가 맛있는
호수 뷰 카페 ····· ③
앤드 로컬스 & locals

'산지와 도시를 연결하는 가교'가 되겠다는 의미로 가게 이름을 앤드 로컬스라고 지었다. 가게 한 면은 호수가 바라보이는 전면 창으로 되어있어, 푸른 호수와 수목을 한눈에 담을 수 있다. 추천 메뉴는 달걀말이 샌드위치와 야메차가 포함된 다시타마산도 세트だし玉サンドセット(850엔). 속에 고추냉이 마요네즈가 들어가 기분 좋은 매콤함이 감돈다. 모나카, 아이스크림 등 디저트 메뉴도 다양하다.

🚶 지하철 오호리코엔역 3, 6번 출구에서 도보 12분 📍 福岡市中央区大濠公園1-9
🕐 화~일 09:00~18:30(주문 마감 18:00) ❌ 월요일(공휴일인 경우 다음 날)
📞 +81 92 401 0275 🏠 andlocals.jp

후쿠오카 대표
파티시에의 케이크 ····· ④
자크 Jacques

프랑스 알자스의 제과점 '자크'에서 수련한 40년 경력의 파티시에가 운영하는 가게. 국제 파티시에 협회인 '를레 데세르 Relais Desserts'에 소속될 만큼 실력을 인정받았다. 시그니처 케이크는 바닐라 향의 캐러멜 무스 안에 꿀에 조린 서양배가 상큼하게 씹히는 자크Jacques(580엔)와 고소한 피스타치오 무스 안에 헤이즐넛 향의 밀크초콜릿이 들어있는 피스타 안탕스Pista Intense(680엔). 테이크아웃만 가능.

🚶 지하철 오호리코엔역 1번 출구에서 도보 4분 📍 福岡市中央区荒戸3-2-1 🕐 수~일 10:00~12:20(주문 마감), 13:40~17:00(주문 마감) ❌ 월·화요일 📞 +81 92 762 7700
🏠 www.jacques-fukuoka.jp

도시적인 풍경과
서민적인 거리가
뒤섞인 동네

롯폰마츠
六本松

십수 년 전만 해도 학생들로 가득한
대학가였지만 규슈대학이 이전한 후 지금은
부도심으로 발전했다. 세련된 주택과
아파트가 들어선 차분한 분위기의 동네에
아직도 옛 주택과 서민적인 가게들이
곳곳에 남아있어 대조적인 분위기를 지닌다.
인기 빵집과 맛집이 자리해 여행자들이
즐겨 찾는 지역이기도 하다.

이동 방법

텐진(텐진미나미역)   **롯폰마츠역**
        🚇 지하철 🕐 9분 ¥ 260엔
        🚌 버스 🕐 15분 ¥ 210엔

하카타역   **롯폰마츠역**
        🚇 지하철 🕐 12분 ¥ 260엔
        🚌 버스 🕐 23분 ¥ 260엔

동네 주민들의 최애 쇼핑몰
롯폰마츠 421 六本松 421

고급형 슈퍼마켓 본 레파스BON REPAS, 츠타야 서점, 후쿠오카시 과학관을 비롯해 인기 식당과 상점, 각종 편의 시설이 자리해 동네 주민부터 타 지역 주민들까지 찾아오는 인기 쇼핑몰이다.

🚶 지하철 롯폰마츠역 3번 출구에서 바로
📍 福岡市中央区六本松4-2-1 🕐 09:00~22:00(시설마다 다름) ❌ 시설마다 다름 📞 +81 92 791 2246
🏠 www.jrkbm.co.jp/ropponmatsu421/

아이와 가기 좋은 체험형 박물관
후쿠오카시 과학관 福岡市科学館

입장은 무료이지만, 볼만한 시설은 모두 유료이므로 3층에서 표를 사야 한다. 5층 기본 전시실은 우주, 환경, 생명, 미래를 주제로 한 체험형 전시와 사이언스 쇼가 열리며, 주로 어린이 타깃이라 할 수 있다. 6층 돔 시어터에서는 자연에 가까운 밤하늘을 재현한 8K 고해상도 영상을 지름 25m의 돔 화면으로 감상할 수 있다.

🚶 롯폰마츠 421 5층 🕐 기본 전시실 09:30~21:30, 뮤지엄 숍 ~18:00 ❌ 화요일(공휴일인 경우 다음 날), 12/28~1/1 💴 입장 무료 / 기본 전시실·돔 시어터 각 일반 510엔, 초중학생 200엔
📞 +81 92 731 2525 🏠 www.fukuokacity-kagakukan.jp

라이프 스타일을 팝니다
롯폰마츠 츠타야 서점 六本松 蔦屋書店

단순히 책을 파는 것이 아니라 취향과 라이프 스타일을 고려해 다양한 큐레이션을 선보이는 곳이다. 요리책 옆에 최신 주방용품을 엄선해 진열하는 등 트렌드를 한눈에 볼 수 있으며, 소규모 전시와 팝업 스토어도 자주 열리므로 구경할 것이 많다. 서점 안에 스타벅스가 있어, 보고 싶은 책을 가져와서 커피를 마시며 읽어볼 수 있다.

🚶 롯폰마츠 421 2층 🕐 09:00~22:00 ❌ 무휴 📞 +81 92 731 7760 🏠 store.tsite.jp/ropponmatsu/

늦게 가면 품절되는 전국구 빵집
아맘 다코탄 AMAM DACOTAN

요즘의 후쿠오카 빵집 붐을 일으킨 일등 공신으로 아맘 다코탄을 꼽을 수 있다. 이탈리안 레스토랑 셰프 출신의 오너 히라코 료타와 유명 빵집 빵스톡Pain Stock이 협업해 문을 연 이 작은 빵집은 후쿠오카에서의 인기를 몰아 도쿄까지 진출했다. 자매점인 다코메카Dacomecca와 아임 도넛I'm Donut의 인기도 대단하다. 내부는 마치 유럽의 어느 성에 들어온 듯한 인테리어에, 포장되지 않은 빵이 잔뜩 늘어선 비주얼부터 남다른 분위기를 풍긴다. 인기 상품은 명란 페페론치노 바게트明太ペペロンチーノバゲット(497엔), 돼지고기 패티와 초절임한 적양배추, 단호박 등이 든 다코탄 버거ダコタンバーガー(518엔), 생크림이 듬뿍 든 마리토쪼マリトッツォ(313엔) 등. 참고로 이곳은 오픈 전부터 대기 줄이 생기고 빵이 다 팔리면 문을 닫기 때문에 폐점 시간은 큰 의미가 없다. 되도록 일찍 방문할 것.

🏃 지하철 롯폰마츠역 3번 출구에서 도보 6분
📍 福岡市中央区六本松3-7-6 🕐 08:00~17:00
❌ 부정기 📞 +81 92 738 4666 🏠 amamdacotan.com

우동도 튀김도 일품
우동비요리 うどん日和

후쿠오카현에서 생산된 밀가루만 사용해 직접 면을 만들고, 천연 재료만으로 국물을 내는 인기 우동집. 시그니처 메뉴는 아보카도와 새우튀김 붓카케 우동アボカドと海老天のぶっかけうどん(890엔). 숨은 인기 메뉴로 소곱창 우동牛すじうどん(880엔)도 추천한다. 국물 있는 우동은 기본 간이 약한 편으로 테이블의 양념으로 조절하면 된다.

🏃 지하철 롯폰마츠역 3번 출구에서 도보 5분
📍 福岡市中央区六本松4-4-12 🕐 수~월 11:00~15:00
❌ 화요일 📞 +81 92 714 5776

저온에 튀겨 속은 촉촉 겉은 바삭
포크본페이 ポーク凡平

동네 주민들이 단골로 꾸준히 찾는 돈카츠집. 기름기가
적은 고기에 굵은 빵가루를 묻혀 저온에 튀겨내기 때문
에, 촉촉한 육즙이 살아있으면서도 겉은 바삭바삭하고
가벼운 식감을 자랑한다. 가성비 좋은 인기 메뉴는 로스
카츠 정식定番ロースかつ定食(1,090엔). 밥과 양배추 샐러드
는 리필 가능하다.

🏃 지하철 롯폰마츠역 1번 출구에서 도보 3분　📍福岡市中央区
六本松4-9-10　🕐 11:00~15:30, 17:30~22:30(폐점 1시간 전
주문 마감)　❌ 연말연시　📞 +81 92 791 5134 4666
🏠 tonkatsupork-bonpei.owst.jp

쌉싸래한 말차 맛의 도미빵
롯폰폰 ろっぽんぽん

일본 애니메이션에 나올 듯 귀여운 가게에서 주인이 주문을
받는 대로 즉석에서 도미빵을 구워준다. 일반적인 도미빵 반
죽이 아니라 찹쌀 반죽을 쓰기 때문에 떡처럼 쫄깃한 식감을
자랑한다. 기본 타이모찌는 좀 심심한 맛이므로, 향과 맛이
좋은 말차 타이모찌抹茶たいもち(270엔), 콩가루를 묻혀주는
키나코타이모찌きなこたいもち(520엔)를 추천한다. 테이크아
웃만 가능.

🏃 지하철 롯폰마츠역 3번 출구에서 도보 6분
📍福岡市中央区六本松4-7-4　🕐 월~수·금·토 10:00~19:00,
일 09:30~19:00　❌ 목요일　📞 +81 80 5794 9648

바다를 품은 후쿠오카

항만 지역
Bay Area

#노을맛집 #해산물천국 #섬여행

후쿠오카가 사랑받는 가장 큰 이유 중 하나는 바로 '바다가
있어서'가 아닐까. 도심에서 10여 분만 빠져나가면 아름다운
바다와 해변을 만날 수 있는 데다, 해안 곳곳에 공원과 수족관,
전망대, 쇼핑몰 등이 있어 볼거리, 즐길 거리도 풍부하다. 배를 타고
10분만 나가면 유유자적 여유로운 섬 여행까지 즐길 수 있으니,
이렇게 다채로운 여행지가 또 있을까 싶다. 또 하카타만은
일본에서 여러 차례 1위로 꼽힐 만큼 어종이 풍부한 어장이다.
후쿠오카에서 맛있는 해산물 요리를 먹을 수 있는 것은
모두 하카타만의 바다 덕분이다.

항만 지역
추천 코스

하카타만은 지역 범위가 무척 넓으므로, 먼저 가장 가고 싶은 명소를 정한 후 주변 명소를 함께 코스로 묶어 계획을 짜는 것이 좋다. 무리해서 여러 구역을 묶기보다는 선택과 집중이 중요하다.

🕐 **소요 시간** 1일

💴 **예상 경비** 교통비 1,580엔 + 입장료 2,000엔 + 식비 약 3,500엔
= 총 7,080엔~

하루 정복 코스

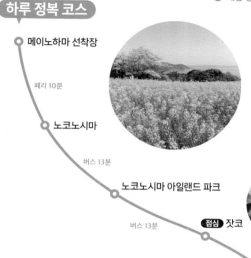

○ 메이노하마 선착장

페리 10분

○ 노코노시마

버스 13분

○ 노코노시마 아일랜드 파크

버스 13분

○ 점심 잣코

페리 10분

○ 메이노하마 선착장

버스 13분

○ 모모치 해변

도보 2분

○ 후쿠오카 타워

버스 15분 + 도보 8분

○ 저녁 타케하타

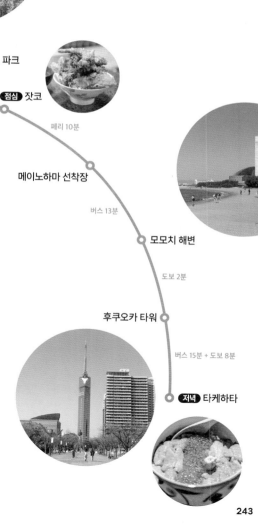

🚶 이동 방법

· **모모치 해변, 후쿠오카 타워** 하카타 버스 터미널
6번 정류장에서 니시테츠 버스 306번 또는
5번 정류장에서 312번 탑승(25분, 260엔),
후쿠오카 타워 하차 / 텐진 버스 터미널 앞 1A 정류장에서
니시테츠 버스 W1, 302번 탑승(15분, 260엔),
후쿠오카 타워 하차 / 지하철 니시진역에 내려 도보 20분

· **베이사이드 플레이스** 지하철 나카스카와바타역
6번 출구에서 도보 17분

· **우미노나카미치** JR 하카타역博多駅에서 가고시마본선 11분,
가시이역香椎駅에서 가이시선으로 환승 16분,
우미노나카미치역海ノ中道駅 하차(480엔) /
텐진중앙우체국 앞天神中央郵便局前 18A번 정류장에서
니시테츠 버스 25A번 탑승해 45분(토·일 고속도로 경유편인
251번은 30분), 마린 월드 우미노나카미치 앞 정류장 하차
(680엔) / 베이사이드 플레이스의 하카타 부두, 또는
모모치 해변의 마리존에서 우미나카라인 여객선으로
20분, 우미노나카미치 여객선 터미널 하차(1,100엔)

🚌 이용하는 역

· **메인** 지하철 니시진역西新駅, 아카사카역赤坂駅,
JR 우미노나카미치역海ノ中道駅

· **기타** 지하철 도진마치역唐人町駅, 오호리코엔역大濠公園駅,
나카스카와바타역中洲川端駅, 무로미역室見駅,
JR 가시이역香椎駅, 후쿠마역福間駅

항만 지역
상세 지도

노코노시마

노코노시마 아일랜드 파크

JR 시모야마토

잣코

노코노시마 선착장 · 노코니코 카페

JR 메이노하마

· 메이노하마 선착장

08 아타고 신사

후쿠오카 타워 02

· 마리존

01 모모치 해변

무로미

03 후쿠오카시 박물관

04 마사쇼

후지사키

우미노나카미치 해변 공원 11

니시진

마린 월드 우미노나카미치 12

04 미즈호 페이페이 돔

마크 이즈 05

도진마치

06 니시 공원

오호리코엔

05 간소 나가하마야

03 우오타츠 스시

미야지다케 신사 07

아카사카

02

타케하타

10 후쿠오카 포트 타워

나미하노유온천 ·

텐진

하카타 토요이치 01

09 베이사이드 플레이스

모모치 해변 百道浜

여름에는 해수욕과 비치 스포츠를 즐기는 휴가객으로 붐비고, 일 년 내내 해변을 산책하는 시민과 여행자들이 즐겨 찾는 곳이다. 특히 해 질 녘이면 노을을 기다리는 이들이 삼삼오오 모여들면서 붐비기 시작한다. 이곳은 모래사장에 데크 산책로가 설치돼 신발에 모래가 들어갈 걱정 없이 걸을 수 있고, 산책로에 걸터앉아 바다를 감상하기에도 딱 좋다. 모래사장 끝까지 연결된 길을 따라 걸으면 바다 위에 떠있는 듯 아름답게 서있는 건물 마리존이 나오는데, 마치 유럽 남부에 온 듯 주변 분위기를 확 바꿔버린다. 건물 안에는 레저용품점과 식당, 카페, 아이스크림 가게, 웨딩 홀 등이 있고, 마리존 뒤쪽에는 우미노나카미치행 배를 탈 수 있는 선착장이 있다.

🚶 후쿠오카 타워 버스 정류장에서 도보 5분
📍 福岡市早良区百道浜2-902-1

바다와 도시 야경을 한번에 ⋯⋯⋯ ②

후쿠오카 타워 福岡タワー

후쿠오카 최고의 전망 명소. 지상 123m의 최상층 전망대에서 하카타만의 바다와 후쿠오카 시내를 360도 파노라마로 조망할 수 있다. 낮에는 햇빛을 받아 반짝이는 바다와 맞닿은 푸른 하늘이 멋진 풍경을 만들고, 밤에는 주변이 온통 반짝이는 조명으로 수놓이며 아름다운 야경을 선사한다. 전망대치고 입장료가 말도 안 되게 저렴해, 그야말로 가성비 최고의 관광 코스라고 할 수 있다.

🚶 하카타 버스 터미널 6번 승차장에서 니시테츠 버스 306번 또는 5번 정류장에서 312번 탑승(25분 소요, 260엔) 후쿠오카 타워 하차. 또는 텐진 버스 터미널 앞 1A 정류장에서 니시테츠 버스 W1, 302번 탑승(15분 소요, 260엔) 후쿠오카 타워 하차. 또는 지하철 니시진역 1번 출구에서 도보 20분 📍 福岡市早良区百道浜2-3-26 🕐 09:30~22:00(입장 마감 21:30) ✖ 6/24~25 ¥ 일반 800엔, 초중학생 500엔, 4세 이상 200엔 📞 +81 92 823 0234 🏠 www.fukuokatower.co.jp

스카이뷰 123 Sky View 123

전망 3층은 360도 모두 통창으로 된 최상층의 전망대. 낮에는 오호리 공원, 노코노시마, 마리존 등 인기 명소들을 찾아보는 재미가 있다. 가장 추천하는 시간은 일몰 때. 하카타만으로 저무는 석양이 아름답고, '일본 야경 100선'에 선정된 야경도 로맨틱하다. 전망 1층으로 내려가면 커플을 위한 하트 포토 존, 캡슐 토이 코너 등이 마련되어 있다.

전망대에서 바라본 마리존

스카이 카페 & 다이닝 리퓨즈
Sky Cafe & Dining Refuge

자리 고민은 필요 없다! 전망 2층은 모든 자리에서 멋진 전망을 감상할 수 있는 카페 겸 레스토랑. 항상 사람이 많은 편이라 자리 잡기가 쉽지는 않지만, 통창으로 바다와 도시를 내려다보며 커피 한잔하는 시간은 꽤 즐겁다. 음료, 디저트 외에 파스타, 카레도 있다. 저녁은 코스 요리로 예약 필수.

일루미네이션
Illumination

일몰 때부터 밤 11시까지 화려한 조명으로 옷을 갈아입는 후쿠오카 타워. 계절에 따라 일루미네이션 디자인과 점등 시간이 바뀌는데, 그날의 일루미네이션 정보는 홈페이지에서 안내한다. 건물 전체의 일루미네이션을 가장 잘 볼 수 있는 곳은 후쿠오카시 박물관 쪽으로 길게 뻗은 사자에상 거리다.

후쿠오카의 민속 문화를 엿본다 ⋯⋯⋯ ③

후쿠오카시 박물관 福岡市博物館

후쿠오카의 역사와 민속 문화를 연구하고 전시하는 박물관이다. 한반도, 유라시아 대륙과 지리적으로 가까운 후쿠오카가 어떻게 문화를 받아들이고 발전시켜왔는지 살펴볼 수 있다. 건물 앞에 서있는 네 마리의 청동상은 프랑스 근대 조각의 거장, 에밀 앙투안 부르델의 작품으로, 동상 1점당 1억 엔에 구입했다고 한다.

🚶 지하철 니시진역 1번 출구에서 도보 15분 📍 福岡市早良区百道浜 3-1-1 🕐 화~일 09:30~17:30(입장 마감 17:00)
❌ 월요일(공휴일인 경우 다음 날), 12/28~1/4
¥ 일반 200엔, 고등·대학생 150엔 📞 +81 92 845 5011
🏠 museum.city.fukuoka.jp

소프트뱅크의 홈구장 ⋯⋯⋯ ④

미즈호 페이페이 돔

みずほPayPayドーム

일본 시리즈에서 열한 번이나 우승한 프로야구팀 소프트뱅크 호크스의 홈구장. 대단한 팬덤을 보유한 호크스는 과거 이대호가 2년간 선수로 뛰었고 김성근 감독이 고문으로 몸담았던 곳이기도 하다. 이곳은 일본 최초의 개폐식 돔구장으로, 야구 경기뿐 아니라 콘서트, 전시회 등 다양한 이벤트가 열린다.

🚶 지하철 도진마치역 1번 출구에서 도보 15분 📍 福岡市中央区地行浜 🏠 www.softbankhawks.co.jp/stadium

인기 맛집의 지점이 모였다 ⋯⋯⋯ ⑤

마크 이즈 Mark is 福岡ももち

시내에 워낙 갈만한 쇼핑몰이 많은지라 메리트는 없지만, 마땅히 식사할 데를 정하지 못해 여러 곳을 둘러보고 편하게 고르고 싶다면 이곳을 추천한다. 잇카쿠 쇼쿠도(정식), 코우짱 라멘, 텐푸라 타카오(튀김) 같이 시내 인기 맛집들의 지점이 여러 곳 있고 스타벅스, 도토루 커피 같이 쉬어갈 만한 카페도 있다.

🚶 지하철 도진마치역 1번 출구에서 도보 10분
📍 福岡市中央区地行浜 2丁目 2−1 🕐 상점 10:00~21:00,
식당 11:00~22:00 ❌ 부정기 📞 +81 92 407 1345
🏠 www.mec-markis.jp/fukuoka-momochi

노코노시마 섬으로 가는 페리를 타는 메이노하마 선착장 근처에 있던 아웃렛, 마리노아 시티 후쿠오카는 2024년 8월 문을 닫았으며 대관람차 역시 운영이 중지되었다. 이곳은 재개발되어 2027년 미츠이 아웃렛으로 새롭게 탄생할 예정이다.

현지인이 주로 찾는 벚꽃 명소 ⑥

니시 공원 西公園

평소엔 인근 주민들만 찾는 매우 한적한 공원이지만 1,300그루의 벚나무에 꽃이 만발하는 봄에는 인기 명소가 된다. 언덕 정상의 전망대에서는 하카타만의 바다와 후쿠오카 시가지 풍경을 볼 수 있고 주변에 벚꽃도 많아 피크닉 장소로 인기. 특히 '일본 벚꽃 명소 100선'에 선정된 테루모 신사光雲神社 주변은 많은 시민이 찾는다.

🚶 지하철 오호리코엔역 1, 2번 출구에서 도보 10분 　📍 福岡市中央区西公園13
🏠 www.nishikouen.jp

후쿠오카에서 가장 희귀한 절경 ⑦

미야지다케 신사 宮地嶽神社

2월 하순과 10월 하순에 딱 일주일씩만 볼 수 있는 신비한 풍경으로 유명한 신사. 신사에서 직선상에 있는 앞바다의 소노시마섬으로 해가 떨어질 때, 붉은 석양이 일직선으로 뻗은 참배 길을 비춰 황금빛으로 빛나는 이 희귀한 광경을 '빛의 길'이라 부른다. 이 시기가 아니어도 언제 가도 아름다우니 가벼운 마음으로 방문해도 좋다.

🚶 JR 후쿠마역 서쪽 출구에서 버스 1-1번 탑승(6분, 210엔)
미야지다케진자마에 하차 　📍 福津市宮司元町7-1
📞 +81 940 52 0016 　🏠 www.miyajidake.or.jp

진정한 야경 맛집은 여기 ······ ⑧
아타고 신사 愛宕神社

주택가의 가파른 계단을 숨을 헐떡이며 올라가 짧은 숲길을 지나면 언덕 위에 자리한 신사가 나온다. 동네 주민들에게는 화재를 막아주는 신사로 유명하지만, 여행자에게는 하카타만의 바다와 후쿠오카 타워, 주변 도시 풍경들이 어우러져 훌륭한 조망을 자랑하는 숨은 뷰 맛집이다. 풍경이 아름다워 데이트 명소로 유명하고, 영화 〈하나와 미소시루〉에도 등장했다. 낮 풍경도 좋지만 사실 진짜는 일몰과 야경. 후쿠오카 타워보다도 더 감동적인 야경을 볼 수 있는 곳이다. 단, 오가는 길은 인적이 드무니 너무 늦지 않게 내려가자.

🚶 텐진 버스 터미널 앞 1A 정류장에서 301, 302, 333번 버스로 20분(360엔), 아타고 신사 입구에서 하차해 도보 13분 📍福岡市西区愛宕2-7-1
📞 +81 92 881 0103 🏠 atagojinjya.com

바닷바람 쐬기 좋은 날 ······ ⑨
베이사이드 플레이스
Bayside Place

여객선 터미널을 중심으로 식당, 카페, 상점 등이 모인 쇼핑몰. 생산자가 직접 판매하는 마트 완간 시장湾岸市場, 온천 시설 나미하노유波葉の湯, 가성비 좋은 121엔 스시 뷔페 하카타 토요이치博多豊一 등이 자리해 시민들이 나들이 장소로 사랑하는 곳이다. 또 우미노나카미치로 갈 때 여기서 배를 타면 20분 만에 갈 수 있다. 부산을 오가는 여객선 터미널이 도보 12분 거리에 있으니, 돌아가기 전 이곳에서 시간을 보내도 좋다.

🚶 지하철 나카스카와바타역 6번 출구에서 도보 17분
📍福岡市博多区築港本町13-6
🕐 06:30~23:00(상점 10:00~20:00, 식당 11:00~22:00) 📞 +81 92 281 7701
🏠 www.baysideplace.jp

베이사이드 플레이스의 랜드마크 ······ ⑩

후쿠오카 포트 타워

博多ポートタワー

바다와 항구 주변을 360도로 감상할 수 있는 무료 전망대. 타워 전체 높이는 103m이며 전망대는 73.5m 지점에 있다. 건물 15층 정도이니 그리 높지는 않지만 한가한 편이라 여유롭게 감상할 수 있다. 단, 해지기 전에 문을 닫으니 주의할 것. 내부에는 하카타항의 역사와 역할을 소개하는 전시실도 있다. 어두워지면 타워 전체에 조명을 켜서 멀리서도 존재감이 드러난다.

🚶 지하철 나카스카와바타역 6번 출구에서 도보 17분
📍 福岡市博多区築港本町14-1
🕐 목~화 10:00~20:00(입장 마감 19:40)
✖ 수요일(공휴일인 경우 다음 날), 12/29~1/3
📞 +81 92 291 0573

가족 나들이 장소로 인기 ······ ⑪

우미노나카미치 해변 공원

海の中道海浜公園

78만 평에 이르는 거대한 해변 공원. 꽃의 언덕, 유럽식 정원, 어린이용 놀이 시설, 탁 트인 바다를 가까이서 감상할 수 있는 전망대 등 곳곳에 볼거리와 간단히 요기할 푸드 트럭, 카페테리아도 있어서 데이트 또는 가족 단위로 나들이 오는 시민들이 많다. 워낙 부지가 넓으므로 자전거를 빌려(3시간 500엔) 다니는 것이 보통이다.

🚶 JR 우미노나카미치역에서 바로
📍 福岡市東区西戸崎18-25
🕐 3~10월 09:30~17:30, 11~2월 09:30~17:00
(폐장 1시간 전 입장 마감)
✖ 12/31~1/1, 2월 첫째 월, 화요일, 자연재해 시
¥ 15세 이상 450엔 📞 +81 92 603 1111
🏠 uminaka-park.jp

푸른 바다 앞 수족관 ┄┄┄ ⑫
마린 월드 우미노나카미치
Marine World Uminonakamichi

350종 3만 개체의 해양 생물을 만날 수 있는 대형 수족
관. 물과 빛의 움직임, 영상과 음향을 효과적으로 활용해
규슈 각지의 바닷속을 구현했다. 가장 인기 있는 것은 하
카타만의 바다를 배경으로 야외 풀장에서 펼쳐지는 돌
고래 쇼. 돌고래가 조련사와 호흡을 맞추며 점프하는 모
습이 무척 멋지다.

🚶 우미노나카미치 여객선 터미널에서 도보 1분,
JR 우미노나카미치역에서 도보 5분 📍 東区西戸崎18-28
🕐 09:30~17:30, 골든 위크·여름·10/29 핼러윈 09:30~21:00,
12~2월 10:00~17:00, 12/23~25 10:00~21:00
(입장은 폐관 1시간 전까지) ❌ 2월 첫째 월, 화요일
¥ 일반 2,500엔, 초중학생 1,200엔, 3세~미취학 아동 700엔
📞 +81 92 603 0400 🏠 www.marine-world.jp

가족 외식에 딱인 가성비 맛집 ┄┄┄ ①
하카타 토요이치 博多豊一

인근 어시장에서 직송한 싱싱한 생선으로 만든 스시가 가득 채
워진 진열대를 보면 군침이 절로 돈다. 스시는 원하는 대로 직접
골라 담는 시스템인데 가격이 무려 1개 121엔(포장은 119엔).
저렴한데 맛도 좋아 줄 서는 경우도 많다. 스시 외에 덮밥, 구이,
튀김, 국 등 메뉴도 무척 다양하다. 현금 결제만 가능.

🚶 지하철 나카스카와바타역 6번 출구에서 도보 17분, 베이사이드
플레이스 B관 1층 📍 福岡市博多区築港本町13-6 🕐 월·화·목
11:00~20:30, 금 11:00~21:30, 토 10:30~21:30, 일 10:30~17:30
❌ 수요일(공휴일은 영업하고 전날이나 다음 날 휴무)
📞 +81 92 262 2425

황금색 성게는 바다 그 자체 ⋯⋯ ②
타케하타 たけはた

좁은 식당 골목에 있어 동네 선술집 분위기일까 싶지만, 막상 들어가 보면 차분한 음악이 흐르는 세련되고 깔끔한 해산물 요리 이자카야다. 이곳은 어시장과 가까운 지리적 이점을 살려 최상급 재료를 합리적인 가격에 제공하는 데다, 셰프의 음식 솜씨까지 더해 실패할 수 없는 맛집이다. 추천 메뉴는 성게와 연어알 덮밥うにいくら丼(런치 1,800엔, 디너 1,950엔). 탱글탱글하고 투명한 주황색 연어알은 물론이고, 특히 단번에 신선도를 알아볼 만큼 아름다운 황금색 성게는 입에 넣는 순간 바다 향이 물씬 나고 신선한 단맛이 입안 가득 퍼진다. 기본 안주와 반찬들도 하나같이 맛있어서 술을 부르는 곳이다.

🚶 지하철 아카사카역 1, 6번 출구에서 도보 9분 📍福岡市中央区長浜2-4-109 🕐 월~금 11:00~13:30, 17:30~21:00, 토 17:30~21:00 ❌ 일요일, 공휴일 📞 +81 92 751 5501

고급 재료의 스시를 공략하라 ⋯⋯ ③
우오타츠 스시 市場ずし 魚辰

나가하마 어시장에 자리해 어느 식당보다도 빨리 신선한 생선을 좋은 가격에 들여온다. 덕분에 복어회 같은 고급 생선회도 합리적인 가격에 맛볼 수 있다. 대뱃살 1개, 중뱃살 2개, 뱃살 2개가 나오는 참치 초밥 세트トロづくし(1,380엔)도 인기. 속이 풀리는 시원한 국물의 바지락 된장국あさり汁(460엔)은 꼭 주문할 것. 스시 1접시 115엔~.

🚶 지하철 아카사카역 3번 출구에서 도보 9분
📍 福岡市中央区長浜3-11-3 市場会館 1階
🕐 월~토 09:30~21:00, 일, 공휴일 11:00~21:00
❌ 부정기 📞 +81 92 711 6340

마사쇼 まさ庄

오랜 경력의 실력 있는 셰프가 스시를 쥐어주는 숨은 맛집. 스시는 맛도 좋을 뿐더러 런치를 이용하면 가격도 합리적이다. 스시 단품은 가격이 비싼 편이라, 모둠 메뉴를 시키는 것이 더 저렴하다. 런치 1,650엔~, 디너 2,750엔~.

🚶 지하철 니시진역 1번 출구에서 도보 16분, TNC 방송 회관 1층 📍 福岡市早良区百道浜2-3-2 🕐 목~화 11:30~14:00, 17:00~21:00 ❌ 수요일 📞 +81 92 852 5430

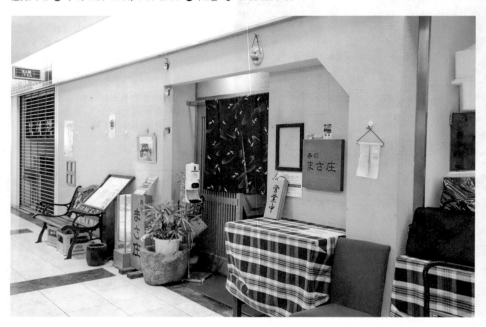

간소 나가하마야 元祖長浜屋

국물이 진하고 묵직한 하카타식 돈코츠와 달리, 국물이 좀 더 가볍고 맑은 나가하마식 돈코츠 라멘의 원조다. 메뉴는 라멘 하나에 550엔이라는 놀라운 가격을 자랑한다. 새벽에 열고 밤늦게까지 영업하므로 해장하러 오는 손님들도 많다. 면 추가는 150엔, 고기 추가는 100엔인데 양이 꽤 많다.

🚶 지하철 아카사카역 1, 6번 출구에서 도보 10분
📍 福岡市中央区長浜2-5-25 🕐 06:00~다음 날 01:45
❌ 12/31~1/5 📞 +81 92 711 8154
🏠 www.ganso-nagahamaya.co.jp

도심을 벗어나 유유자적 섬 여행
노코노시마 能古島

후쿠오카 시내에서 배로 10분이면 도착하는 꽃의 섬, 노코노시마.
푸른 바다를 배경으로 계절마다 아름다운 꽃밭이 펼쳐져
포토 스폿으로, 나들이 장소로도 좋은 곳이다. 복잡한 시내를 벗어나
자연 속에서 바다를 느끼는 것도 좋고 섬마을의 고즈넉한
분위기, 오가는 길에 배 타는 시간도 즐겁다.

🚶 하카타역 앞 A 정류장(42분, 500엔) 또는 텐진 고속버스 터미널 앞
1A 정류장(29분, 430엔)에서 니시테츠 버스 301, 302번 이용,
노코 도선장能古渡船場 정류장(메이노하마 도선장姪浜渡船場) 하차.
도선장에서 페리로 10분(일반 230엔, 어린이 120엔). 배는 1시간에 1~2대 운행.
🏠 nokonoshima.com

예쁜 꽃길을 걸으며 힐링

노코노시마 아일랜드 파크
のこのしまアイランドパーク

바다 전망이 좋은 섬의 일부를 플라워 파크로 조성했는
데, 일 년 중 겨울을 제외한 시간 내내 온통 꽃으로 뒤덮
이는 꽃밭이 무척 아름답다. 많은 꽃밭 중 가장 포토제닉
한 곳은 바다와 마주한 절벽 쪽의 넓은 꽃밭이다. 2월 하
순~4월 중순은 유채꽃, 3월 말~4월 초 벚꽃, 3월 하순
~5월 초는 리빙스턴 데이지, 7월 중순~8월 중순은 해바
라기, 10월 초~11월 중순은 코스모스 등 계절별로 다양
한 꽃을 볼 수 있다. 공원 안에는 식당과 카페, 매점이 있
어 간단한 요기도 가능하다.

🚶 노코노시마 도선장에서 아일랜드 파크행 니시테츠 버스로
13분(260엔) 📍 福岡市西区能古島 🕐 월~토 09:00~17:30,
일, 공휴일 09:00~18:30(겨울철은 매일 09:00~17:30)
❌ 무휴 ¥ 일반 1,500엔, 초중학생 800엔, 3세 이상 500엔
📞 +81 92 881 2494 🏠 nokonoshima.com

섬 여행에는 시간 체크가 중요
꽃밭을 가장 예쁘게 찍으려면 오전에 가는 것을 추천한다. 승객
이 많은 봄가을에는 배 출발 시간보다 여유 있게 30분 전에는
선착장에 도착하는 것이 좋고, 섬에 내릴 때에는 돌아올 배의 시
간을 미리 확인해 두면 대기 시간을 줄일 수 있다.

일부러 찾아가고 싶은 맛

잣코 雑魚

'잡어'라는 식당 이름처럼 매일 아침 근해에서 잡은 다양한 토종 생선을 요리한다. 생선과 채소튀김이 그릇에 넘칠 만큼 푸짐하게 올라간 텐동天丼(1,650엔)을 맛보면, 싱싱한 재료를 놀라운 기술로 튀겨냈다는 걸 알 수 있다. 회, 조림, 튀김, 국 등 다양하게 요리한 생선을 맛보려면 잡어정식雑魚定食(2,200엔)도 좋다. 현금 결제만 가능.

🏃 노코노시마 도선장에서 도보 2분
📍 福岡市西区能古462
🕐 화~일 11:00~18:00
❌ 월요일 📞 +81 92 881 0695

알록달록 귀여운 카페

노코니코 카페 ノコニコカフェ

커피 수혈이 필요하다면 여기로 가자. 커피뿐 아니라 노코노시마 사이다, 밀크코코아, 핫밀크 등 다양한 음료를 300엔 정도의 저렴한 가격에 마실 수 있다. 알록달록 귀여운 컬러의 가게는 아기자기한 소품으로 꾸며져 있어 저절로 눈길이 간다.

🏃 노코노시마 도선장 바로 앞   📍 福岡市西区能古457-1   🕐 14:00~17:00   ❌ 부정기   📞 +81 92 892 7201

수험생은 아니지만
꼭 가보고 싶어
다자이후
太宰府

합격 운을 높이는 신사로 유명한 다자이후
텐만구. 학생뿐 아니라 많은 여행자에게도 인기가
높은 이유는 수백 년에서 1,500년 된 나무들이
만드는 녹음과 화려한 건축의 신사들이
조화를 이룬 멋진 공간이기 때문이다. 게다가
학문의 신 스가와라 미치자네에 관한
이야기들이 곳곳에 많이 담겨있어 알고 갈수록
재미있는 곳이다.

이동 방법

니시테츠 후쿠오카(텐진)역   다자이후역
○ ·························· ○
🚇 오무타선 후츠카이치역에서
다자이후선 환승 ⏱ 총 25분 ¥ 420엔

하카타 버스 터미널   다자이후역
○ ·························· ○
🚌 1층 11번 정류장에서 다자이후행 버스
다자이후역 앞 하차 ⏱ 45분/첫차 08:00 ¥ 700엔

교통비 할인받는 세트권, 다자이후 산책 티켓

니시테츠 전철 왕복 승차권[후쿠오카(텐진)역~다자
이후역]과 우메가에모찌(매화떡) 2개 교환권이 포함
된 할인 티켓. 전철 왕복 요금이 840엔, 떡 2개 가격이
300엔이니 80엔 이득인 셈이다. 우메가에모찌는 가장
유명한 카사노야를 포함한 33개 가게에서 교환할 수
있다. 니시테츠 후쿠오카(텐진)역에서 판매.

¥ 일반 1,060엔, 어린이 680엔

간식을 먹으며 즐겁게 산책

참배 길 大宰府天満宮表参道

400m 길이의 참배 길에 다자이후의 명물 떡인 우메가에모찌를
비롯한 간식 가게들과 기념품점, 식당과 찻집 등 80여 개의 가게가
모였다. 참배 길 초입부터 텐만구 입구까지 총 5개의 거대한 도리
이(신사의 관문)가 서있다. 수학여행 철이나 여행 성수기에는 이 참
배길이 사람들로 가득 찬다.

🚶 니시테츠 다자이후역에서 도보 1분

다자이후의 매화떡, 우메가에모찌 梅ヶ枝餅

간단히 매화떡이라고 부르는데, 원래는 매화 가지 떡이라
는 뜻. 팥 앙금이 든 찹쌀떡을 매화 문양 틀에 넣고 구워,
겉은 바삭하고 속은 쫄깃하다. 다자이후 텐만구에서 모시
는 학문의 신 스가와라 미치자네가 생전에 다자이후에 유
배를 당해 연금 상태라 식사가 변변치 않았을 때, 이를 가
엾게 여긴 할머니가 매화 가지 끝에 떡을 꽂아 창살 너머
로 전해준 데서 유래했다는 설이 있다.

●

참배 길 산책이
두 배 즐거운
길거리 간식

오전 11시가 넘어야 문을 여는 식당들과 달리
길거리 간식 가게들은 오전 9시면 문을 열기 시작한다.
참배 길을 걸으며 맛있는 간식들로 허기를 달래보자.
오후 5~6시에는 대부분 문을 닫으니
너무 늦지 않게 찾을 것.

카사노야 かさの家

다자이후에서 우메가에모찌(매화떡)로 가장 유명한 가
게. 방금 구운 따뜻한 떡이 1개 150엔.

사이후 마메야 宰府まめや

건강에 좋은 콩으로 만든 전통 콩과자. 어른, 아이 할 것
없이 누구나 좋아하는 맛이다. 종류가 무려 일흔가지나
되어 고르는 재미가 있다. 1봉지 300엔 전후.

텐잔 天山 本店

하카타의 명품 딸기인 아마오우(11~4월 한정)를 올린 딸
기 찹쌀떡いちご大福(500엔)을 추천. 달콤새콤한 딸기와
찹쌀떡이 무척 잘 어울린다.

카구노코노미 香菓

면 뽑듯이 눈앞에서 밤 페이스트를 뽑아 내려주는 몽블
랑(800엔~). 속은 아이스크림이라 시원하고 산뜻하며, 안
에 든 머랭은 바삭하게 씹힌다. 하나로 두 사람이 먹어도
충분한 양.

스타벅스 Starbucks

간식 먹을 때 커피를 빼놓을 수 없다. 일본의
유명 건축가 쿠마 겐고가 설계한 멋진 매장을
구경하는 것은 덤.

학문의 신을 모시는 천 년 역사의 신사

다자이후 텐만구 太宰府天満宮

학문의 신, 문화 예술의 신이라 불리는 스가와라 미치자네를 모시는 신사로, 일 년
에 1,000만 명 넘는 사람들이 찾을 정도로 인기가 높다. 여행자들도 많이 찾지만
학업 성취나 시험 합격을 기원하는 학생들의 단체 방문이 많다. 경내에는 키 높은
녹나무가 100그루 넘게 있는데, 그중에는 1,500살이 넘은 나무들도 있다. 또한
매화나무도 6,000그루나 있어 마치 숲속을 거니는 느낌이 들 정도로 푸르른 나무
들이 아름다운 풍경을 만든다. 신사로 이어지는 참배 길의 도리이도 지어진 지 수
백 년 되었을 만큼 이 신사의 오랜 역사를 곳곳에서 실감할 수 있다.

🚶 니시테츠 다자이후역에서 도보 5분 📍 太宰府市宰府4-7-1 🕕 06:00~19:00
(추분~춘분 전날 06:30~, 6~8월 ~19:30, 12~3월 ~18:30) 📞 +81 92 922 8225
🏠 www.dazaifutenmangu.or.jp

매화 사랑에 진심인 다자이후

다자이후 텐만구에서 모시는 학문의 신 스가와
라 미치자네는 생전에 매화나무를 무척 좋아했
다고 한다. 그렇기 때문에 경내에 매화나무를
많이 심었고, 일본 전역에서 매화나무 수백 그
루를 기증받기도 했다. 신사 곳곳에서 매화 문
양을 찾아볼 수 있고, 참배 길에서 파는 우메가
에모찌에도 매화 문양이 찍혀있으며, 기념품점
에 가면 매화 무늬 천으로 만든 지갑이나 손수
건 등도 쉽게 찾을 수 있을 정도로 다자이후의
매화 사랑은 대단하다.

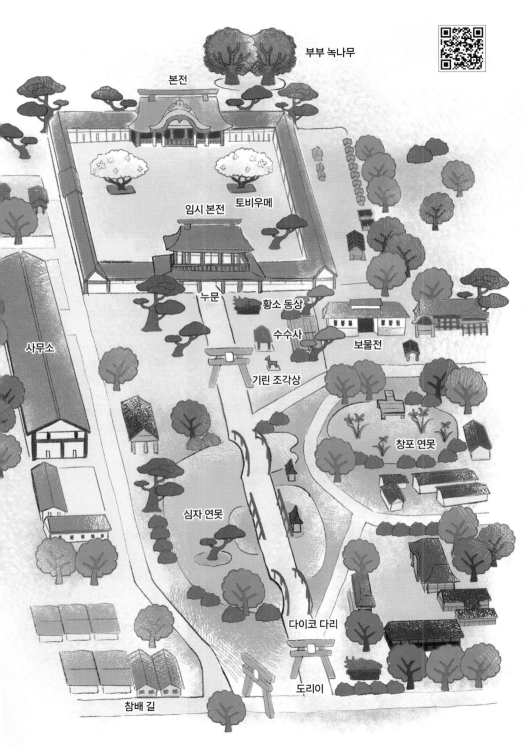

부부 녹나무

본전

임시 본전

토비우메

누문

황소 동상

수수사

보물전

사무소

기린 조각상

창포 연못

심자 연못

다이코 다리

참배 길

도리이

도리이 鳥居

참배 길이 끝나고 신사 경내가 시작되는 지점에 있는 네 번째 도리이 문. 지어진 지 700년 되었다. '도리이'는 신과 인간의 구역을 가르는 경계로, 여기부터 신의 성지가 시작된다는 의미다.

황소 동상 神牛

황소 동상의 머리를 만지면 똑똑해진다는 설이 있어서 그 부분만 반질반질하게 닳았다. 스가와라 미치자네가 별세한 후 수레에 시신을 실어 옮기고 있었는데, 수레를 끌던 소가 갑자기 꿈적하지 않았다고 한다. 결국 그 자리에 묘를 세우게 되었고, 그곳이 바로 지금의 본전이 위치한 자리다. 이후 사람들이 황소 동상을 제물로 바치기 시작했고 현재 신사에 11개의 황소 동상이 있다. 그중에서 이 동상이 가장 크다.

심자 연못 心字池

하늘에서 보면 연못이 마음 심心자 모양을 하고 있어 이런 이름이 붙었다. 연못에는 총 3개의 다리(붉게 솟아오른 다이코 다리 2개와 그 사이에 평평한 다리 1개)가 있는데, 각각 과거, 현재, 미래를 상징한다. 이 다리를 건너며 몸과 마음을 깨끗이 하고 신전으로 들어간다는 의미가 있다.

다이코 다리 太鼓橋

신사 경내로 들어가면 널따란 심자 연못
이 나오는데, 여기에 붉은색 아치형 다리
가 2개 놓여있다. 하늘까지 가릴 만큼 키
큰 나무들이 둘러싼 푸른 녹음 속에 강
렬한 붉은색 다리가 대비되어 아름다운
풍경을 만든다. 포토 존으로 인기가 많
다.

수수사 手水舍

신을 만나기 전 몸과 마음을 깨끗이 한
다는 의미로 손, 입을 씻는 곳. 텐만구의
수수사는 규모가 상당히 크다. 특히 6월
수국 철에는 수수사의 물 위를 수국으로
가득 채워 장식하는 이벤트가 열리는데
그 모습이 무척 아름답고 포토제닉하다.

누문 樓門

본전의 정문. 본전의 위엄을 상징하듯 거
대하고 화려한 건축이 눈에 띈다. 들어가
는 방향에서는 지붕이 2층짜리로 보이는
데 본전 쪽에서 나갈 때 보면 1층인 특이
한 형태.

본전 本殿

텐만구에서 가장 중심 건물로, 학문의 신 스가와라 미치자네를 모시는 곳이다. 가파른 경사의 지붕과 처마, 화려한 색상의 섬세한 조각은 건축이나 예술적으로 가치가 매우 높은 국가 중요 문화재다. 전통 예복을 갖춰 입은 신관들이 이곳에서 기도를 올리거나 신도 의식을 치른다.

본전은 현재 124년 만의 보수 공사 중으로, 3년간 공사가 진행될 예정이다. 대신 본전 앞에는 지붕에 나무를 심은 독특하고 현대적인 임시 본전을 지었다.

토비우메 飛梅

스가와라 미치자네는 어릴 적부터 매화나무를 좋아했다. 다자이후로 오기 전 교토에서 좋아하던 매화나무에 시를 써서 바쳤는데, 그 나무가 스스로 뿌리째 뽑혀 스가와라를 따라 다자이후로 날아왔다는 전설이 전해온다. 그래서 이 나무를 '날아온 매화'라는 뜻의 토비우메라고 부른다. 토비우메는 경내에서 가장 먼저 꽃이 핀다.

붐비지 않아 여유롭게 볼 수 있다
규슈 국립박물관
九州国立博物館

도쿄, 나라, 교토에 이은 일본의 네 번째 국립박물관. 지리적으로 아시아와 교류가 많았던 규슈의 역사와 문화를 알리는 역사박물관이다. 국보와 문화재를 다수 소장하고 있으며, 특별전과 기획전이 수시로 열리니 홈페이지에서 미리 전시 내용을 확인하고 방문하는 것이 좋다.

🚶 다자이후 텐만구에서 도보 7분 📍 太宰府市石坂4-7-2 🕐 09:30~17:00, 특별 전시 중 금·토 09:30~20:00(폐관 30분 전 입장 마감) ❌ 월요일(공휴일인 경우 다음 날), 연말 💴 평상전 일반 700엔, 대학생 350엔, 특별전은 별도 요금 📞 +81 50 5542 8600 🏠 www.kyuhaku.jp

〈귀멸의 칼날〉 팬들의 성지
카마도 신사 竈門神社

예부터 신들이 머무는 산이라고 알려진 호만산 기슭에 자리한 신사로, 연애운이 좋아진다고 하여 젊은 여성들이 많이 찾는다. 또 이곳이 유명한 것은 인기 만화 〈귀멸의 칼날〉 때문. 주인공의 성姓이 이 신사의 이름인 '카마도'와 같다는 이유로 성지 순례 오는 팬들이 무척 많다. 신사답지 않게 인테리어가 모던한 부적 판매소도 유명하다.

🚶 니시테츠 다자이후역에서 커뮤니티 버스(100엔)로 10분 📍 太宰府市内山883 🕐 09:00~18:00 📞 +81 92 922 4106 🏠 kamadojinja.or.jp

건강한 맛의 남인도식 카레
미들 MIDLE.

가정집을 개조한 카페 특유의 내추럴한 분위기와 들보
를 노출한 높은 천장이 편안한 분위기를 내는 곳이다.
추천 메뉴는 런치 메뉴인 밀스Meals(베지 1,400엔, 논
베지 1,500엔/음료 포함). 밀스는 남인도의 주식으로,
2~3종류의 카레와 채소 반찬을 섞어 먹는다. 재료가
부드럽고 향신료도 강하지 않아 순하고 건강한 맛이
다. 현금 결제만 가능.

🏃 니시테츠 다자이후역에서 도보 2분
📍 太宰府市宰府3-2-10 🕐 토~수 11:00~17:00
❌ 목·금요일, 부정기 📞 +81 92 922 8325

가성비 좋은 양식 런치
카페 코코로 CAFE COCCOLO

에도 시대 말기에 지어진 전통 가옥을 개조한 고민가 카페로, 들보와 외관은 옛
모습 그대로 살려 운치 있다. 추천 메뉴는 파스타 런치パスタランチ(1,980엔)와 햄
버그스테이크 런치ハンバーグランチ(2,200엔). 맛도 좋은 데다, 샐러드와 밥 또는
빵이 함께 나와 푸짐하게 먹을 수 있다.

🏃 니시테츠 다자이후역에서 도보 3분
📍 太宰府市宰府3-3-2 🕐 화~목 11:00~
17:00, 금·토·일 11:00~15:30, 17:00~22:00
❌ 월요일(공휴일인 경우 다음 날)
📞 +81 92 982 6847 🏠 cafecoccolo.com

코바 카페 Coba Cafe

아담한 정원이 딸린 귀여운 카페. 이곳의 시그니처 메뉴는 브륄레 파르페(1,700엔~). 딸기가 잔뜩 들어간 파르페를 눈앞에서 토치로 브륄레(열을 가해 단단한 설탕 막을 만드는 것)해준다. 귀여운 딸기 위로 커스터드 크림이 흘러내리고 그 위에 캐러멜라이즈된 단단한 설탕 막이 생기면서 달콤 쌉싸름한 향이 기분을 업시킨다. 가격이 비싸지만 음료 포함이니 나쁘지 않다. 현금 결제만 가능.

🚶 니시테츠 다자이후역에서 도보 2분
📍 太宰府市宰府2-7-4
🕐 11:00~18:00 ❌ 부정기
📞 +81 92 928 2211

나미만 なみ満

참배 길에서 텐만구 방향으로 첫 번째 도리이를 지나 왼쪽 상점 사이 좁은 골목 안으로 들어가면 정겨운 분위기의 고민가 식당이 나온다. 홋카이도산 유기농 무농약 메밀을 사용해 직접 면을 뽑고, 규슈산 다시마와 가다랑어포로 육수를 내는 등 좋은 재료를 고집하는 곳이다. 추천 메뉴는 차가운 자루 소바에 간 무를 올린 오로시 소바おろしそば(990엔).

🚶 니시테츠 다자이후역에서 도보 2분 📍 太宰府市宰府3-2-55 🕐 목~화 11:00~15:00
❌ 수요일 📞 +81 92 919 6733 🏠 www.dazaifu-namiman.com

수로 마을의
낭만을 즐겨봐
야나가와
柳川

마을 전체가 미로처럼 수로로 연결되어
'일본의 베네치아'라는 별명이 붙은 야나가와.
원래 성의 해자였던 수로에는 장어가 많이 살아
예부터 장어 요리가 발달했다. 지금도
그 명성을 유지하기 위해 매년 수로에 장어
새끼를 풀어 개체 수를 일정하게 유지하고 있다.
뱃놀이로 운치 있는 마을 풍경을 즐기고
장어덮밥을 먹고 오면 완벽한 코스가 된다.

이동 방법

니시테츠 후쿠오카(텐진)역   니시테츠 야나가와역

🚃 특급 전철 🕐 49분/급행으로 58분 ¥ 870엔

니시테츠 다자이후역   니시테츠 야나가와역

🚃 후츠카이치역에서 오무타선으로 환승. 특급 전철
🕐 41분/급행으로 47분 ¥ 690엔

물의 도시를 즐기는 방법
뱃놀이 川下り

뱃삯이 하나도 아깝지 않은 야나가와의 필수 코스. 사공이 모는 배는 4km의 수로를 따라 약 1시간 동안 운행하는데, 사공이 끊임없이 일본어로 주변을 설명해주고 노래도 한 곡조 뽑는 등 흥을 돋운다. 마을의 소소한 풍경이 아름답고, 다리를 지날 때 머리를 숙이는 등 스릴도 약간 느낄 수 있어서 1시간이 금방 지나간다. 꽃 피는 봄에는 수로 주변에 벚꽃 구간이 많아 무척 아름답다. 처음에 배를 탔던 곳으로 돌아갈 때는 내린 곳 부근에서 셔틀버스를 탄다. 햇볕에 피부가 그대로 노출되니 모자나 선글라스를 준비하자(모자 대여 가능).

🚶 선착장: 니시테츠 야나가와역 서쪽 출구에서 도보 3분 📍 柳川市三橋町下百町1-6
🕘 09:00~17:00(접수 09:30~15:00) ❌ 무휴 ¥ 중학생 이상 1,800엔, 5세~초등학생 900엔 📞 +81 944 73 4343 🏠 kawakudari.com

발의 피로를 풀어줄 무료 족욕탕
카라타치 분진노 아시유
からたち文人の足湯

약 70명이 동시에 이용할 수 있는 규모의 족욕탕으로, 동네 주민들도 자주 이용한다. 족욕탕 옆에는 발을 지압할 수 있는 자갈밭도 있다. '문인의 족욕탕'이라는 이름처럼 한쪽 벽에는 야나가와 출신 문인들의 사진과 이력이 전시되어 있다. 족욕은 무료이므로 편하게 들러 발의 피로를 풀어보자. 다만 수건은 준비해 가야 한다. 바로 옆에 공중화장실도 있다.

🚶 타치바나 저택 오하나에서 도보 9분 📍 柳川市弥四郎町9
🕘 11:00~15:00 ❌ 무휴 📞 +81 944 73 8111

정원 툇마루에서 마시는 커피 한잔
타치바나 저택 오하나 柳川藩主立花邸 御花

에도 시대 야나가와 번주였던 타치바나 가문의 저택으로, 지금은 고급 료칸이다.
숙박하지 않아도 견학할 수는 있는데, 사게몬さげもん(딸의 첫 명절을 축하하며
천으로 만드는 장식)과 역사 자료관을 먼저 보고 연못 정원인 쇼토엔松濤園을 보
며 마무리하면 좋다. 연못에는 산수를 표현하는 바위가 있고 푸르른 곰솔이 연
못 주위를 둘러싸 운치가 있다. 넓은 다다미방 툇마루에 앉아 정원을 바라보며
커피를 마시면 신선놀음이 이런 건가 싶다.

🚶 니시테츠 야나가와역에서 버스로 15분, 뱃놀이 하차 장소 부근 ◉ 柳川市新外町1
🕐 10:00~16:00 ✖ 부정기(홈페이지에서 확인) ¥ 일반 1,000엔, 고등학생 500엔,
초중학생 400엔 📞 +81 944 73 2189 🏠 www.tachibana-museum.jp

작가를 몰라도 꽤 흥미롭다
기타하라 하쿠슈 생가·기념관
北原白秋生家·記念館

일본 근대 문학에 위대한 족적을 남긴 시인 기타하라 하쿠슈는
야나가와에서 나고 자랐다. 이곳은 그가 19세까지 살았던 생가
로 내부를 복원해 유품과 저서 등을 전시한다. 작가에 관심이 없
더라도 당시 일본 가정집의 구조나 사용했던 물건들을 살펴볼
수 있어 꽤 흥미롭다. 당시 출판된 저서들을 보면 북 디자인, 일러
스트 등이 매우 세련되고 창의적이어서 놀랍다.

🚶 타치바나 저택 오하나에서 도보 5분 ◉ 柳川市沖端町55-1 🕐 09:00
~17:00 ✖ 12/29~1/3 ¥ 일반 600엔, 학생 450엔, 어린이 250엔
📞 +81 944 72 6773 🏠 www.hakushu.or.jp/hakushu_hall/

300년 된 장어찜덮밥의 원조
간소 모토요시야 元祖 本吉屋

멋진 고택에서 맛보는 300년 역사의 장어찜덮밥,
세이로무시せいろ蒸し(4,800엔). 양념장에 버무린
쌀을 증기로 찐 다음, 장어구이와 달걀지단을 올리
고 다시 한 번 찐 요리로 이 식당이 원조. 빨간 사
각 상자에 담겨 나오는 장어찜덮밥은 매우 부드러
워 입에서 살살 녹는다. 찌지 않고 구워 올린 우나기
동うなぎ丼(3,700엔)도 있다.

🏃 니시테츠 야나가와역 서쪽 출구에서 도보 12분
📍 柳川市旭町69 🕐 화~일 10:30~20:00 ❌ 월요일
📞 +81 94 472 6155 🏠 www.motoyoshiya.jp

평일 한정 메뉴가 가성비 갑
와카마츠야 若松屋

야나가와에서 손꼽히는 인기 장어덮밥집. 추천 메
뉴는 두툼한 장어 4조각이 나오는 죠우나기 세이로
무시上鰻せいろ蒸し(3,930엔). 평일 한정인 미니 세이
로무시 가이세키ミニせいろ蒸し会席(3,000엔)는 가성
비가 좋은 메뉴다. 장어는 2조각만 들었지만 장어
달걀말이, 국, 반찬 2종이 함께 나온다.

🏃 타치바나 저택 오하나에서 도보 2분 📍 柳川市沖端町
26 🕐 11:00~14:30(주문 마감), 17:00~20:00(주문 마감
19:15) ❌ 수요일, 첫째, 셋째 화요일(공휴일은 영업)
📞 +81 94 472 3163 🏠 wakamatuya.com

저렴한 장어찜 주먹밥
사라야 후쿠류 皿屋 福柳

장어찜덮밥을 주먹밥으로 만든
우나무스うなむす(2개 600엔)로
유명한 식당. 주먹밥 안에 든 장
어는 무척 작지만, 가격이 저렴하
니 수긍이 간다. 양념한 밥이 맛있어서 간단히 요기
하기에 딱 좋다. 테이크아웃만 가능하다.

🏃 타치바나 저택 오하나에서 도보 3분
📍 柳川市沖端町29-1 🕐 11:30~14:30
❌ 매주 목요일, 둘째 넷째 수요일
📞 +81 94 472 2404 🏠 www.saraya-fukuryu.com

PART 4

후쿠오카 근교를 가장 멋지게 여행하는 방법

귀여운 시골 마을에서
온천으로 힐링

유후인

湯布院

기차역에 내리자마자 마주한 첫인상부터, 우리는 유후인에
반하게 된다. 유노츠보 거리 뒤편으로 보이는 유후산의
고즈넉한 풍경에서 시골 마을 특유의 여유가 흘러넘친다.
귀엽고 아기자기한 가게들이 늘어선 메인 스트리트의
활기찬 분위기에 흥이 났다가, 드넓게 논밭이 펼쳐진 평온한
전원 풍경에 들뜬 마음이 차분해진다. 마을 곳곳에 있는
뮤지엄과 전시관을 둘러보고 료칸에 묵으며
온천욕과 맛있는 요리를 즐기고 나면, 일상에 지쳐
잃어버린 감성을 채우고 돌아갈 수 있을 것 같다.

유후인
추천 코스

아침 일찍 도착해 온천 거리를 산책한 후, 유후다케 온천에서 온천욕을 하고 돌아가는 당일치기 코스다. 유후인에서 숙박한다면 온천 방문을 생략하고 숙소로 돌아가 온천욕을 즐기면 된다.

🕐 소요 시간 8시간

¥ 예상 경비 입장료 3,200엔 + 식비 약 2,180엔 = 총 5,380엔~

하루 정복 코스

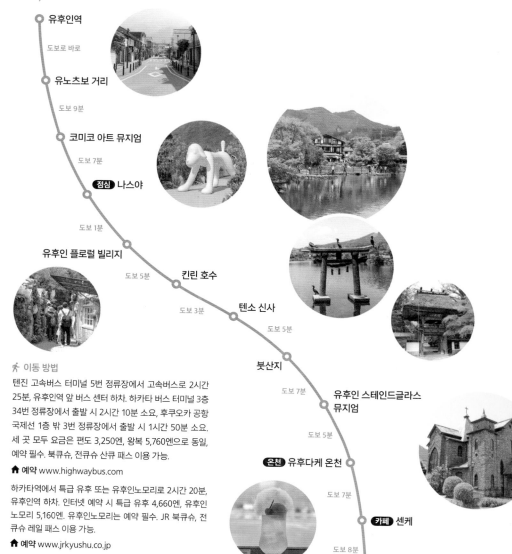

○ 유후인역

도보로 바로

○ 유노츠보 거리

도보 9분

○ 코미코 아트 뮤지엄

도보 7분

점심 나스야

도보 1분

유후인 플로럴 빌리지 ○

도보 5분   ○ 킨린 호수

도보 3분   ○ 텐소 신사

도보 5분

붓산지 ○

도보 7분   유후인 스테인드글라스
              뮤지엄 ○

도보 5분

온천 유후다케 온천 ○

도보 7분

카페 센케 ○

도보 8분

○ 유후인역

🚶 이동 방법

텐진 고속버스 터미널 5번 정류장에서 고속버스로 2시간 25분, 유후인역 앞 버스 센터 하차. 하카타 버스 터미널 3층 34번 정류장에서 출발 시 2시간 10분 소요, 후쿠오카 공항 국제선 1층 밖 3번 정류장에서 출발 시 1시간 50분 소요. 세 곳 모두 요금은 편도 3,250엔, 왕복 5,760엔으로 동일, 예약 필수. 북큐슈, 전큐슈 산큐 패스 이용 가능.

🏠 예약 www.highwaybus.com

하카타역에서 특급 유후 또는 유후인노모리로 2시간 20분, 유후인역 하차. 인터넷 예약 시 특급 유후 4,660엔, 유후인노모리 5,160엔. 유후인노모리는 예약 필수. JR 북큐슈, 전큐슈 레일 패스 이용 가능.

🏠 예약 www.jrkyushu.co.jp

🚌 이용하는 역

JR 유후인역由布院駅

01 호시노 리조트 카이 유후인

유노츠보 거

에이 코프 01
라멘 텐고쿠 05

미르히
쿠쿠치
트릭 3D
아트 뮤지엄 03

코미코 아트 뮤지엄 02

04 카르네

카란도넬

기모노 대여점 펠리체

유후인역 앞
버스 센터
모미지 01 02 타케오

유후인 JR

유후인 투어리스트 인포메이션

08 야마다야

마키바노이에 05 03 센케

유후인 호텔 슈호칸

산스이칸

04 무소엔

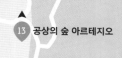

▲

13 공상의 숲 아르테지오

02 호테이야

05 유후인 쇼와칸

12 유후산

유후인
가라스노모리

03 하우스

유후인
른럴 빌리지 **04** · 금상 고로케

나스야 **06** **09** 미피모리노 키친

07 시탄유

07 스누피차야

06 킨린 호수

08 텐소 신사

사보 텐조사지키 **08**

호타루노야도 센도우 **07**

야와라기노사토 야도야

09 붓산지

10 유후인 스테인드글라스 미술관

11 유후다케 온천

구경하며 걷기 좋은
메인 스트리트 ……①
유노츠보 거리 湯の坪街道

유후인 마을의 중심 상점가. 유후인역에서 킨린 호수 방면으로 가는 길이다. 기념품점과 식당, 카페, 길거리 간식이나 디저트를 파는 곳 등 다양한 70여 개 가게가 늘어서 있어 구경하며 걷기 좋다. 중심 거리인 만큼 항상 관광객들로 붐빈다는 것은 고려해야 한다.

🚶 JR 유후인역에서 도보 10분 📍 由布市湯布院町川上1505-6

유후인을
산책하는
색다른 방법

온천 거리를 산책하는 가장 좋은 방법은
걷는 것이지만, 상황에 따라 방법을
바꾸어 보자. 새로운 각도에서 유후인을
바라볼 수 있어 여행의 기억이 전혀 달라질 것이다.

인력거

유후인역 앞과 킨린 호수
앞에서 인력거가 대기하
고 있다. 주행 가능한 지역
이라면 목적지는 자유롭
게 정할 수 있다.

¥ 1km 약 12분 1명 3,000엔,
2명 4,000엔

대여 자전거

유후인은 지역 범위가 꽤 넓고 좁은 길이 많으므로 자전
거로 둘러보면 여러모로 편하다. 유후인역 앞 투어리스트
인포메이션 센터에서 빌릴 수 있다.

¥ 1시간 300엔

기모노 체험

현지 문화 체험 차원에서 기모노를 입고 산책하면서 기념
사진을 남겨도 좋다.

기모노 대여점 펠리체 フェリーチェ駅前店
📍 由布市湯布院町川上2919-2 🕘 09:00~17:00
¥ 1일 5,000엔~ 📞 +81 97 784 7477
🏠 www.kimono-yufuin.com

관광 마차

9~10명 정원의 소형 마차를 타고 유후인역에서 출발해
붓산지, 우나기히메 신사를 거쳐 다시 유후인역으로 돌아
온다. 오래 걷기 힘든 부모님과 함께 하거나 날이 더워서
걷기 힘들 때 추천한다. 예약 필수이며, 유후인역 앞 투어
리스트 인포메이션 센터에서 당일 예약만 받는다.

🕘 3~12월 09:00부터 선착순으로 예약 접수(운행 횟수는 최대
10편), 운행 시간 1시간 ¥ 일반 2,200엔, 초등학생 이하 1,650엔
🏠 www.yufuin.gr.jp

세계적인 예술 작품과 건축의 만남 ...... ②
코미코 아트 뮤지엄 COMICO ART MUSEUM

NHN JAPAN이 운영하는 최초의 오프라인 시설. 유후인의 자연과 조화를 이룬 독특한 건축물은 세계적인 건축가 쿠마 켄고가 설계했다. 쿠사마 야요이, 스기모토 히로시, 무라카미 타카시, 요시모토 나라 등 세계적으로 유명한 일본 현대 작가들의 수준 높은 작품을 전시하고 있어 입장료가 전혀 아깝지 않다. 예약을 받아 소수 인원만 입장시키기 때문에 차분하게 작품 감상에 집중할 수 있는 것도 큰 장점이다. 내부 전시실 일부와 조형물이 있는 야외 정원은 사진 촬영도 가능해 멋진 기념사진을 남기기에도 딱 좋은 장소다. 홈페이지에서 사전 예약하면 200엔 할인된다.

🚶 JR 유후인역에서 도보 9분 📍 由布市湯布院町川上2995-1
🕐 목~화 09:30~17:00(입장 마감 16:00) ❌ 수요일, 1/1~2,
1/11 💴 일반 1,700엔, 대학생 1,200엔, 중고생 1,000엔,
초등학생 700엔(온라인 예약은 200엔 할인) 🏠 camy.oita.jp

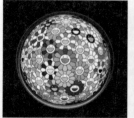

아이와 함께 가기 좋은 곳 ⸺ ③
트릭 3D 아트 뮤지엄
Trick 3D Art Museum

CG를 이용한 3D 트릭아트 작품을 전시하는 체험형 뮤지엄. 그림 안에 들어가 재미있는 사진을 찍으며 놀 수 있는 대형 작품부터 함께 답을 맞혀보는 두뇌 트레이닝 퀴즈, 착시를 이용해 신비로운 체험을 하는 영상 등 착시 현상을 이용한 신기한 작품들을 만날 수 있다.

🚶 JR 유후인역에서 도보 10분 📍 由布市湯布院町川上 3001-8 🕐 10:00~17:00(입장 마감 16:30)
❌ 부정기 ¥ 4세 이상 1,000엔 📞 +81 97 784 5058
🏠 www.trick3dart-yufuin.com

동화 속 주인공이 된 기분 ⸺ ④
유후인 플로럴 빌리지
Yufuin Floral Village

영국 코츠월즈의 거리를 옮겨온 듯한 쇼핑 시설. 마치 동화 속에 나올 법한 아기자기한 가게 19곳이 늘어서 있다. 앨리스, 무민, 하이디 등 동화의 주인공을 콘셉트로 한 잡화점과 포토 존이 많아서 기념사진을 찍으려는 이들로 항상 붐빈다. 규모가 작아서 가볍게 돌아본다면 10분이면 충분하다.

🚶 JR 유후인역에서 도보 15분 📍 由布市湯布院町川上 1503-3 🕐 09:30~17:30 ❌ 부정기
📞 +81 977 85 5132 🏠 floral-village.com

일본식 레트로 감성 ⸺ ⑤
유후인 쇼와칸 湯布院昭和館

많은 일본인이 그리워하는 쇼와 시대 1950년대부터 1960년대의 주택과 상점가를 재현한 실내 테마파크. 35년 이상 수집한 진품들로 꾸며놓아 과거로 돌아간 듯한 실감이 난다고 일본인들이 인정한 곳이다. 마치 일본판 〈응답하라〉의 세트장으로 들어온 느낌. 그 시절 학교와 식당, 구멍가게, 이발소, 가정집, 공중목욕탕 등을 둘러보고 기념사진을 찍을 수 있다.

🚶 JR 유후인역에서 도보 15분 📍 由布市湯布院町川上 1479-1 🕐 09:00~17:00 ¥ 일반 1,200엔, 중고생 1,000엔, 어린이 600엔 📞 +81 977 85 3788 🏠 showakan.jp

유후인 최고의
포토 존은 여기 ⋯⋯⋯ ⑥
킨린 호수 金鱗湖

유후인 하면 떠오르는 대표적인 풍경이 바로 킨린 호수다. 호수의 물고기 비늘이
석양에 금빛으로 빛난다고 해서 '킨린' 호수라는 이름이 지어졌다고 한다. 둘레
400m의 호수는 바닥에서 맑은 물과 온천수가 끊임없이 솟아올라 연중 수온이
높은 희귀한 호수다. 그래서 날씨가 추워지면 이른 아침에 호수 위로 물안개가
피어오르는 신비로운 풍경을 볼 수 있다. 추울수록 안개가 자욱해지므로 일찍
일어날 자신이 있다면 가보길 추천한다. 호수 주변에 산책로가 나있으니, 여기서
호수를 배경으로 사진을 찍으면 예쁘게 나온다. 특히 단풍철에는 호수 주변 산
들이 붉게 물들어서 더욱 아름답다.

🚶 JR 유후인역에서 도보 20분   📍 由布市湯布院町川上1561-1

시탄유 下ん湯

혼욕탕이지만 실제로는 남탕 ⋯⋯⋯ ⑦

킨린 호숫가에 자리한 아담한 규모의 공중
목욕탕으로, 주로 동네 주민들이 이용한다.
이곳은 남탕, 여탕의 구분이 없는 혼욕탕! 하
지만 실제로 오는 손님들은 모두 남성이다.
초가지붕 건물로 들어가면 작은 공간에 실
내탕과 호수가 살짝 보이는 반 노천탕이 나
란히 붙어있다.

🚶 JR 유후인역에서 도보 20분 📍 由布市湯布院
町川上 🕐 10:00~20:00 ❌ 무휴
¥ 300엔 📞 +81 977 84 3111

텐소 신사 天祖神社

호수와 도리이가 만드는
멋진 풍경 ⋯⋯⋯ ⑧

킨린 호수의 멋진 풍경을 만드는 데 중요한
역할을 하는 것 중 하나가 바로 텐소 신사의
도리이다. 땅 위에 있어야 할 도리이가 마치
호수에 뜬 것처럼 물속에 서있는 모습이 신
비로운 분위기를 자아낸다. 도리이를 호수
에 세운 이유는 호수에 사는 용의 신이 땅으
로 올라오는 문의 역할을 하기 위해서라는
이야기가 전해온다.

🚶 JR 유후인역에서 도보 21분 📍 由布市湯布院
町川上156-1 📞 +81 977 84 3111

초가지붕의 정겨운 산문 ⑨

붓산지 佛山寺

킨린 호수 근처, 삼나무와 대나무 숲으로 둘러싸인 아담한 규모의 임제종 사찰로, 약 1,000년 전에 세워졌다. 입구에 해당하는 산문은 초가집 같은 정겨운 분위기로 가을에는 단풍이 물들어 더욱 아름답다. 붓산지 입구는 관광 마차와 인력거가 지나는 코스여서 이곳에서 기념사진을 찍는 이들이 많다. 절 자체는 크게 볼 것은 없다.

🏃 JR 유후인역에서 도보 20분　♥ 由布市湯布院町川上 1879　📞 +81 977 84 2714

앤티크를 좋아한다면 추천 ⑩

유후인 스테인드글라스 미술관
Yufuin Stained Glass Museum

유럽의 앤티크 스테인드글라스를 수집해 전시하는 미술관. 관내에 건물은 영국식 저택인 닐스 하우스와 성 로버트 교회가 있다. 유럽의 스테인드글라스를 지역, 역사별로 소개하는데 전시물의 수가 생각보다 꽤 되어서 알차게 둘러볼 수 있다. 내부의 가구와 소품도 모두 영국의 골동품이다.

🏃 JR 유후인역에서 도보 14분　♥ 由布市湯布院町川上 2461-3　🕘 09:00~17:00　¥ 일반 1,000엔, 초중학생 500엔 📞 +81 977 84 5575　🏠 www.yufuin-sg-museum.jp

당일치기로 좋은 온천 시설 ⑪

유후다케 온천 由布岳温泉

유후산과 논밭에 둘러싸인 한적한 온천 시설. 료칸에 숙박하거나 료칸의 당일 온천을 이용하지 않는다면 이곳에서 온천욕을 즐겨도 좋다. 남탕과 여탕, 전세 가족탕 모두 각각 실내 온천과 노천 온천을 함께 갖추고 있다. 수건은 판매만 하니(200엔) 미리 준비해 가자.

🏃 JR 유후인역에서 도보 16분　♥ 由布市湯布院町川上 2426-3　🕘 09:30~18:00　❌ 부정기　¥ 공동 온천 일반 500엔, 초등생 이하 300엔 / 가족탕 1시간 2,000엔 📞 +81 977 84 2453

유후산 由布岳

유후인의 아름다운 풍광을 만드는 일등 공신으로, 산 정상이 2개의 봉우리로 갈라져 있어 쉽게 구별할 수 있다. 유후산은 해발 1,583m의 활화산으로, 2,200년 전 마지막 분화한 이후 분화 활동은 없었다. 이 유후산의 마그마가 지하수를 데워 유후인에서 온천수가 용출되는 것. 여행자에게는 유후산이 보이는 노천탕에서 온천을 즐기는 것이 큰 즐거움이지만, 현지 주민들에게는 등산 명소로 무척 인기 있다. 산 정상까지 다녀오는 데 5시간 정도 걸리며, 산이 푸르게 물드는 4월부터 9월까지가 가장 아름답고 등산하기 좋다.

🚶 JR 유후인역에서 도보 20분
📍 由布市湯布院町川上

음악을 주제로 한 유니크한 공간 ······ ⑬
공상의 숲 아르테지오 空想の森 アルテジオ

아름다운 음악이 흐르는 공간에서 음악에 영감을 받은 예술 작품들을 감상할 수 있는 독특한 미술관. 온천 료칸인 '산소 무라타' 시설 안에 있는데, 숙박객이 아니어도 누구나 입장할 수 있다. 미술관으로 이어지는 복도는 천장이 높고 격자창 사이로 자연광이 스며들어 경건한 분위기를 낸다. 카페와 숍이 함께 있으며, 카페에서는 '비 스피크'의 롤케이크를 맛볼 수 있다.

🚶 JR 유후인역에서 택시로 7분　📍 由布市湯布院町川上1272-175　🕐 10:00~17:00
❌ 부정기　💴 일반 600엔, 초등학생 300엔
📞 +81 977 28 8686　🏠 www.artegio.com

온천가 산책이 즐거운 이유, 유후인의 길거리 간식

메인 스트리트인 유노츠보 거리를 걷다 보면 여기저기서 길거리 간식의 맛있는 냄새가 진동한다. 산책하다가 지칠 즈음, 맛있는 간식을 맛보며 잠시 쉬어가자. '밥 배 따로, 간식 배 따로'를 외치는 당신에게 유후인의 인기 간식을 추천한다.

카란도넬 Carandonel

깨물기 아까울 만큼 예쁜 카늘레. 카란도넬에서는 우유와 녹차, 고명으로 쓰는 과일과 견과류 등 유후인산 재료만 고집하고 있다. 달콤하면서 쌉싸래한 맛에 식감은 부드럽고 쫀득해서 커피와도 잘 어울린다.

🚶 JR 유후인역에서 도보 3분 📍 由布市湯布院町川上2939-4 🕐 11:00~17:00
❌ 수, 목요일 💴 카늘레 350엔~ 📞 +81 977 75 9475 🏠 carandonel.thebase.in

미르히 由布院ミルヒ

유후인산 우유를 사용해 만든 다양한 디저트를 맛볼 수 있다. 진하고 고소한 우유 맛에 달콤 쌉싸래한 캐러멜 시럽이 더해진 미르히 푸딩은 입안에서 살살 녹는다. 바닥의 캐러멜 시럽을 잘 섞어서 먹어보자.

🚶 JR 유후인역에서 도보 9분 📍 由布市湯布院町川上3015-1 🕐 10:30~17:30
❌ 부정기 💴 미르히 푸딩 330엔 📞 +81 977 28 2800 🏠 milch-japan.co.jp

쿠쿠치 鞠智 Cucuchi

갓 구운 도라야키를 맛볼 수 있는 곳. 숙련된 장인이 동판에 직접 하나하나 도라야키를 굽는 모습을 구경할 수 있다.

🚶 JR 유후인역에서 도보 10분 📍 由布市湯布院町川上3001-1 🕐 10:00~17:00
❌ 부정기 💴 도라야키 340엔 📞 +81 977 85 4555 🏠 cucuchi.jp

금상 고로케 湯布院金賞コロッケ

〈전국 고로케 콩쿠르〉에서 금상을 받은 고로케로, 유후인의 대표 간식 중 하나. 겉은 바삭바삭하고 속은 부드럽다. 종류가 다양해 입맛대로 고를 수 있다. 미르히 근처에 2호점도 있다.

🚶 JR 유후인역에서 도보 15분 📍 由布市湯布院町川上1481-7 🕐 09:00~17:30
❌ 부정기 💴 고로케 200엔 📞 +81 977 85 3053

저녁 장보기 좋은 마트 ····· ①
에이 코프 A Coop

유노츠보 거리에 자리한 마트로, 접근성이 좋고 규모
도 큰 편이다. 후쿠오카 시내 마트만은 못하지만 신선
한 과일과 각종 식료품, 주류, 도시락 등 딱히 없는 건
없다. 식사 불포함인 숙소를 예약한 사람은 여기서 장
을 보는 것이 편하다. 단, 저녁 7시면 문을 닫으니 일찍
방문할 것.

🚶 JR 유후인역에서 도보 9분　◈ 由布市湯布院町川上3028
🕐 10:00~19:00　✖ 부정기　📞 +81 97 785 2241

영롱하게 빛나는 유리의 숲 ····· ②
유후인 가라스노모리 由布院ガラスの森

아름다운 색채의 유리 공예품을 만날 수 있는 곳이다.
유리로 만든 액세서리와 각종 소품, 조명 등 영롱하게
빛나는 유리 제품들로 매장이 꽉 차있어 보기만 해도
힐링이 된다. 2층 '오르골의 숲' 매장에서는 다양한 음
악과 디자인의 오르골을 판매하고 있으며, 내가 원하
는 프레임과 음악을 선택해 나만의 오르골을 만들 수
도 있다.

🚶 JR 유후인역에서 도보 15분
◈ 由布市湯布院町川上1477-1　🕐 09:30~17:30
✖ 부정기　📞 +81 97 785 5015

집에 두고 싶은 일상용품 ····· ③
하우스 HAUS

길 안쪽에 살짝 숨어있는 보석 같은 가게. 지역 작가들
의 공예품을 만날 수 있는 곳으로, 가게는 매우 협소한
데 비해 주인이 셀렉트한 물건들은 디자인과 질이 훌
륭하고 가격도 합리적이다. 그릇과 컵부터 작은 수저받
침, 패브릭 제품, 아로마 제품 등 모두 일상용품들이라
실용적이기도 하다.

🚶 JR 유후인역에서 도보 16분　◈ 由布市湯布院町川上
1470　🕐 금~수 10:00~17:00　✖ 목요일
📞 +81 80 3180 9019　🏠 haus.handcrafted.jp

눈꽃 마블링의
스테이크덮밥 ······ ①
모미지 もみじ

일식 전문 셰프가 생선회와 튀김을 중심으로 제철 재료를 사용한 일식 요리를 선보인다. 가격대가 다양한 런치 세트 메뉴도 좋지만, 규슈산 흑소 와규를 사용한 스테이크덮밥黒毛和牛ステーキ丼(2,900엔)이 별미다. 눈꽃을 뿌린듯한 마블링의 스테이크는 살코기와 지방의 비율이 훌륭해 밥 위에 올려 먹으면 느끼하지 않고 부드러우면서 소고기의 고소함이 풍부하게 느껴진다. 현금 결제만 가능.

🏃 JR 유후인역에서 도보 3분　📍 由布市湯布院町川上2921-3　🕐 월~토 11:30~14:30
❌ 일요일　📞 +81 97 784 2070

건강하고 푸짐한 덮밥으로 입소문 ······ ②
타케오 たけお

작은 ㄷ자 모양 카운터석과 테이블석 하나가 전부인 아담한 식당. 카운터에 앉으면 셰프가 요리하는 모습을 직접 볼 수 있다. 이곳의 인기 메뉴는 타케오동たけお丼(1,200엔). 연어와 명란, 소고기, 배추, 지단, 김 가루 등 총 아홉 가지 토핑이 올라간 덮밥에 일본식 육수로 만든 간장 베이스의 소스를 뿌려주는데 소스 맛이 깔끔해 다양한 토핑과도 잘 어울린다. 채소가 많이 들어가 건강한 맛이고 양도 푸짐하다.

🏃 JR 유후인역에서 도보 3분
📍 由布市湯布院町川上2931-4
🕐 월·목 11:30~14:30, 화, 수, 금~일
11:30~14:30, 17:00~20:00
❌ 부정기　📞 +81 97 784 5385

유후산이 한눈에 들어오는 뷰 맛집 ······ ③
센케 千家

전면의 큰 창 너머로 드넓게 펼쳐진 논과 기개 넘치는 유후산의 풍광이 펼쳐져 가슴이 탁 트이는 기분이다. 포토제닉한 비주얼로 SNS에서 인기 있는 크림 소다クリームソーダ(780엔)는 원하는 색을 선택할 수 있다는 것도 재미있다. 톡 쏘는 과일 맛 소다 음료 위에 얹어주는 아이스크림과 솜사탕을 녹이면 적당히 달콤하다.

🚶 JR 유후인역에서 도보 8분 　📍 由布市湯布院町川上2850-7 　🕐 금~수 08:30~17:00 　❌ 목요일, 둘째 금요일
📞 +81 977 84 5525 　🏠 senke.info

가격은 좀 있지만 맛은 확실 ······ ④
카르네 CARNE

세련된 분위기의 야키토리 이자카야. 추천 메뉴인 토요노샤모豊のしゃも 야키토리(300엔~)는 지방이 적고 맛이 좋은 유후인 토종닭을 사용하는데, 신선한 닭을 매일 공급받기 때문에 특수 부위까지 맛볼 수 있다. 단, 준비된 수량이 적으므로 무조건 처음에 주문해야 한다. 자릿세 1인 350엔, 현금 결제만 가능. 예약 필수.

🚶 JR 유후인역에서 도보 4분 　📍 由布市湯布院町川上3725-5
🕐 월~금 17:30~22:00, 토 17:00~22:00
❌ 일요일 　📞 +81 977 85 7540

단골이 많은 가성비 만점의 라멘 ······ ⑤
라멘 텐고쿠 ラーメン天国

세련되지는 않지만 푸근함이 느껴지는 동네 라멘집 분위기. 시오, 쇼유, 미소 라멘 모두 담백하고 깔끔한 스타일이고 교자 맛도 좋아서 특히 동네 단골이 많다. 무엇보다 500엔이라는 저렴한 가격이 놀라울 정도. 라멘집이 드문 유후인에서 가볍게 들르기 좋다.

🚶 JR 유후인역에서 도보 8분 　📍 由布市湯布院町川上2
🕐 11:00~16:00, 18:00~20:00 　❌ 부정기
📞 +81 97 785 3801

맛도 좋은데 양까지 푸짐 ······ ⑥
나스야 茄子屋

유후인의 고급 료칸 카메노이벳소에서 13년간 요리사로 근무하다 독립해 이곳에서 식당을 운영한 지 30년. 나스야에서는 유후인에서 기른 신선한 닭고기로 만든 런치 메뉴 네가지를 선보인다. 소박한 요리들이지만 재료를 제대로 다룰 줄 아는 노련한 요리사의 내공을 느낄 수 있다. 추천 메뉴는 닭 철판구이鳥の鉄板焼 (1,500엔). 가격이 믿어지지 않을 만큼 고기 양이 푸짐하고 같이 나오는 국과 반찬도 모두 맛있다. 재료가 소진되면 더 일찍 닫기도 한다.

🚶 JR 유후인역에서 도보 14분 📍 由布市湯布院町川上1503-6 🕐 수~월 11:00~14:00
❌ 화요일 📞 +81 977 85 3314

귀여운 스누피를 품은 디저트 ······ ⑦
스누피차야
SNOOPY茶屋

카페와 캐릭터 숍, 포토 존까지 세 가지를 한곳에서 만날 수 있어 마치 스누피 테마파크에 온 것 같은 기분이 든다. 카페 입구와 정원에는 스누피 그림과 인형, 동상 등이 있어 포토 존으로 인기다. 추천 음료는 스누피 마시멜로 드링크スヌーピーのマシュマロドリンク(990엔). 스누피 얼굴을 한 마시멜로가 음료 위에 둥둥 떠있어 사진을 찍지 않을 수 없다. 음료는 카페라테, 밀크티, 말차라테 중 고를 수 있다. 스누피 얼굴을 한 오므라이스, 카레 등의 식사 메뉴도 인기 있다.

🚶 JR 유후인역에서 도보 13분 📍 由布市湯布院町川上1540-2 🕐 10:00~17:00
❌ 무휴 📞 +81 97 775 8780 🏠 www.snoopychaya.jp

숲 뷰가 아름다운 카츠 샌드 맛집 ...... ⑧
사보 텐조사지키
茶房 天井棧敷

에도 시대 말기에 지어진 양조장 건물 중 일부를 개조한 복고풍 목조 건물로, 내부는 앤티크 가구와 조명으로 꾸며졌다. 배경 음악으로 그레고리 성가가 흘러나와 서정적이면서 성스러운 분위기가 느껴진다. 특히 창가 자리는 멋진 정원 뷰로 유명하다. 추천 메뉴는 히타산 브랜드 돼지고기를 사용한 카츠 샌드ヵツサンド(음료 포함 세트 1,650엔). 감칠맛과 고소한 육즙이 살아있고, 매콤한 겨자(요청하면 빼준다)가 살짝 들어가 약간의 느끼한 맛까지 싹 잡아준다.

🚶 JR 유후인역에서 도보 18분 📍 由布市湯布院町川上2633-1 🕐 09:00~17:00
❌ 부정기 📞 +81 977 85 2866 🏠 www.kamenoi-bessou.jp

마치 미피 박물관 같은 곳 ...... ⑨
미피모리노 키친 みっふぃー森のきっちん

온 가게 안이 미피와 친구들로 장식된 귀여운 빵집. 1층 매장에서 미피 모양의 빵(300엔~)과 커피(389엔~)를 구입한 후 2층에 가서 먹으면 된다. 계단부터 2층까지 온 벽과 테이블에 미피 그림과 인형이 있고 미피의 그림책과 아이를 위한 놀이 공간도 준비되어 있다. 단, 테이블 수가 적고 서서 먹어야 해서 오래 휴식할 수 있는 분위기는 아니다. 빵집 바로 옆에는 미피 캐릭터 숍도 있어 쇼핑도 함께 즐길 수 있다.

🚶 JR 유후인역에서 도보 15분 📍 由布市湯布院町川上ソノ田 1503番8 🕐 3/6~12/5 09:30~17:30, 12/6~3/5 09:30~17:00
❌ 부정기 📞 +81 267-31-0628 🏠 miffykitchenbakery.jp

호시노 리조트 카이 유후인 界 由布院

산 중턱에 자리한 자연 친화적인 온천 료칸으로, 관광객이 붐비는 온천가나 다른 숙소에서 떨어져 있어 온전한 휴식을 누릴 수 있다. 숙소 중앙에 펼쳐진 계단식 논은 굉장히 일본다우면서도 이국적인 분위기까지 느낄 수 있다. 벼농사의 절기에 따라 사계절의 변화를 감상할 수 있어 도시에서는 상상할 수 없는 특별한 경험을 할 수 있다. 탁 트인 하늘과 유후산을 바라보며 온천욕을 즐길 수 있는 노천 온천, 오이타현의 식문화를 고스란히 담은 가이세키 요리, 오이타의 전통 공예품으로 꾸며진 세련된 객실, 전통문화 체험 프로그램 등은 잊지 못할 특별한 하루를 만들어 준다.

🚶 JR 유후인역에서 택시로 6분 📍 由布市湯布院町川上398 ¥ 1인 2식 22,000엔~
📞 +81 50 3134 8092 🏠 www.hoshinoresorts.com

©호시노 리조트

©호시노 리조트

시골집처럼 정겨운 분위기 ······ ②

호테이야 ほてい屋

억새 지붕을 얹은 료칸 건물과 부뚜막에서 찐 달걀, 고구마 등이 마치 시골집에 온 듯 정겨운 느낌을 주는 온천 숙소다. 이렇게 소박하고 편안한 분위기를 가졌으면서도, 1,000평 부지에 본관과 독채 숙소, 공동 노천 온천과 전세 노천 온천 (무료), 전망 테라스까지 갖춘 대형 료칸이다. 독채 숙소는 실내 온천이나 노천 온천이 딸려있어 프라이빗하게 휴식할 수 있다는 장점이 있다. 또 하나 이곳의 자랑은 퓨전 스타일이 가미된 교토식 가이세키 요리. 30년 경력의 셰프가 만드는 요리는 항상 높은 평가를 받을 만큼 맛이 훌륭하다.

🚶 JR 유후인역에서 택시로 5분
📍 由布市湯布院町川上1414
¥ 2인 2식 38,000엔~
📞 +81 97 784 2900
🏠 www.hoteiya-yado.jp

야와라기노사토 야도야 やわらぎの郷やどや

상당히 합리적인 숙박비로 일본의 료칸 문화를 제대로 경험할 수 있는 료칸이다. 실내 대욕장은 물론 전세 노천 온천(무료)도 있어 프라이빗하게 온천욕을 즐길 수 있다. 특히 야도야가 높은 점수를 받는 이유는 개인 노천 온천에서 바라보는 풍경이나 온천의 분위기가 상당히 운치 있기 때문이다. 매달 메뉴가 바뀌는 가이세키 요리와 아침 식사도 좋은 평가를 받고 있다. 외국인 투숙객에게는 작은 선물을 주는 등 세심하게 신경 쓴 서비스가 만족스러운 곳이다.

🏃 JR 유후인역에서 도보 14분 ♀ 由布市湯布院町川上2717-5
¥ 2인 2식 25,000엔~ 📞 +81 97 728 2828
🏠 www.yawaraginosato.com

유후산이 바로 보이는 드넓은 노천탕 ······ ④
무소엔 山のホテル夢想園

유후인의 대표적인 인기 료칸 중 한 곳. 그 이유는 유후산이 정면에 보이는 노천탕 덕분인데, 탁 트인 풍경이 아름다울 뿐 아니라 노천탕의 규모도 무척 넓다. 게다가 이 대형 노천 온천은 숙박하지 않아도 당일 온천(1,000엔)으로 즐길 수 있다. 다만 인기가 높아서 탕 종류에 따라 쉬는 날과 이용 시간이 정해져 있으니 홈페이지를 참고할 것. 객실은 일본식, 서양식이 있으며, 노천탕이 딸린 객실도 있다.

🚶 JR 유후인역에서 택시로 4분 📍 由布市湯布院町川南1243 ¥ 2인 2식 50,000엔~
📞 +81 97 784 2171 🏠 www.musouen.co.jp

노천 온천의 절경이 환상적 ······ ⑤
마키바노이에 旅荘 牧場の家

유후산이 바로 보이고 거대한 바위들로 둘러싸인 넓은 노천 온천이 마키바노이에 료칸의 인기 비결이다. 모든 객실이 별채이며, 8개의 전세 온천탕을 갖춰 독립성이 뛰어나 가족, 커플이 많이 찾는다. 저녁에 준비되는 가이세키 요리는 주요리를 세 가지 중에서 고를 수 있어 선택의 즐거움이 있다. 유후인역에서 가까워 이동하거나 관광하기에도 유리하다.

🚶 JR 유후인역에서 도보 8분 📍 由布市湯布院町川上2871-1
¥ 1인 2식 18,700엔~ 📞 +81 97 784 2138 🏠 ryosoumakibanoie.com

유후인 호텔 슈호칸 ゆふいんホテル秀峰館

일본식 다다미방과 서양식 침대방, 침대와 다다미방이 합쳐진 화양실까지 다양한 객실을 보유한 숙박 전용 호텔. 식사는 제공하지 않는 만큼 상당히 합리적인 숙박비로 묵을 수 있다. 건물 최상층인 4층에 있는 노천탕과 대욕장에서 유후산의 멋진 전망이 보여 온천하는 시간이 더욱 즐겁다. 호텔 주변에 논밭이 펼쳐져 주변 풍경도 아름답다.

🚶 JR 유후인역에서 도보 12분 📍 大分県由布市湯布院町川上 2415-2 💴 10,300엔~ 📞 +81 97 784 5111
🏠 www.shuhokan.jp

호타루노야도 센도우 ほたるの宿 仙洞

킨린 호수, 유노츠보 거리와 가까워 관광하기 매우 편한 위치면서도 계곡 옆에 나무가 우거진 고즈넉한 분위기여서 조용히 온천을 즐기며 휴식하기 좋다. 토종 닭 요리, 와규 스테이크, 해산물 전골 등 가이세키 요리의 종류가 다양해서 숙박 플랜에 따라 식사를 정할 수 있다. 객실은 대부분 금연실이지만 침대방 일부는 흡연실이니 참고하자.

🚶 JR 유후인역에서 택시로 5분 📍 大分県由布市湯布院町川上 2634-1 💴 1인 2식 13,550엔~ 📞 +81 97 784 4294
🏠 yufuin-sendou.com

야마다야 旅想 ゆふいん やまだ屋

오이타강 주변에 자리해 조용하면서도 유후인역에서 가까워 관광하기도 편하다. 일본식 다다미방, 침대 딸린 다다미방, 넓은 가족용 객실, 노천탕이 딸린 고급 객실까지 다양한 객실 중에 고를 수 있으며, 2층 객실 중 일부는 유후산 뷰도 있다. 유후산이 보이는 노천탕과 대욕장이 있으며, 가족탕은 예약만 하면 무료로 이용할 수 있다.

🚶 JR 유후인역에서 도보 6분 📍 大分県由布市湯布院町川上 2855-1 💴 1인 2식 20,600엔~ 📞 +81 97 785 3185
🏠 www.yufuin-yamadaya.com

일본 최고의
온천 왕국

벳푸
別府

일본에 3,000개가 넘는 온천 중에서도 용출량과
원천 수에서 단연 압도적인 일본 1위를
자랑하는 그야말로 온천 왕국. 일본 온천 지역
순위에서도 항상 5위권에 들 정도로
손꼽히는 지역이다. 산으로 둘러싸인 칸나와
온천 지역에서는 마을 곳곳에서 엄청난 수증기가
뿜어나오는 장관을 볼 수 있으며, 벳푸만의
온천 지역에서는 드넓은 바다를 바라보며 온천을
즐길 수 있는 숙소들이 많아 커플, 가족에게
두루 인기가 높다.

이동 방법

JR 하카타역　　　　　　　　　벳푸역
- 🚃 특급 소닉, 니치린　● 2시간 11분
- ¥ 자유석 5,940엔, 지정석 6,470엔
- * 인터넷 예약 시 둘 다 3,150엔

하카타 버스 터미널　　　　　벳푸(키타하마)
- 🚌 벳푸행 고속버스　● 2시간 50분
- ¥ 편도 3,250엔, 왕복 5,760엔
- * 예약 필수, 텐진 고속버스 터미널에서도 요금 동일, 2시
간 20분 소요

유후인역 앞 버스 센터　　　　　벳푸역
- 🚌 노선 버스 36번　🕒 50분　¥ 1,100엔

JR 유후인역　　　　　　　　　벳푸역
- 🚃 규다이 본선으로 이동(54분),
오이타역에서 특급 소닉 또는 니치린 환승(8분)
- ¥ 자유석 1,630엔　* 둘 다 보통열차 이용 시 1,130엔

N

회오리 지옥

피의 연못 지옥

호시노 리조트 카이 벳푸
오오에도 온센모노가타리 벳푸 세이후
아마넥 벳푸 유라리
렉스 호텔 벳푸
우미노 호텔 하지메

• 효탄 온천

• 호텔 후게츠

• 미유키노유
흰 연못 지옥
도깨비산 지옥

가마솥 지옥

스님 머리 지옥

바다 지옥

무겐노사토 슌카슈토

관광, 체험 모두 가능한
최고의 코스

벳푸 지옥 순례 別府地獄めぐり

벳푸의 온천 지대인 칸나와, 카메가와. 이곳은 1,000년 전부터 뜨거운 증기가 자욱하고 펄펄 끓는 온천수와 진흙이 솟아나는 곳이라, 과거에는 사람이 접근할 수 없는 혐오스러운 땅으로 여겼다. 그래서 온천 분출구를 '지옥'이라 부르게 된 것. 그중 가장 특색 있는 곳들을 둘러보는 지옥 순례는 온천 왕국 벳푸의 진면목을 볼 수 있는 흥미로운 코스다. 버스로 가야 하는 피의 연못 지옥, 회오리 지옥 2곳을 제외하면(여건이 안 되면 코스에서 뺄 것), 모두 걸어서 둘러볼 수 있으니 족욕도 하고 간식으로 온천 달걀도 맛보면서 천천히 즐겨보자. 7개 지옥을 모두 볼 수 있는 공통 관람권(구입 당일과 다음 날 사용 가능)은 5곳만 가도 본전을 뽑을 수 있다. 시간 여유가 없다면 바다 지옥과 가마솥 지옥 2곳만 볼 것을 추천한다.

🕐 08:00~17:00 ❌ 무휴 ¥ 공통 관람권 일반 2,200엔(초중학생 1,000엔), 지옥마다 개별 티켓 구매 시 각 450엔(초중학생 200엔) 🏠 www.beppu-jigoku.com

아름다운 에메랄드빛 온천

바다 지옥 海地獄

벳푸 지옥 중 가장 규모가 큰 바다 지옥은 지중해 바다처럼 아름다운 푸른색을 띠고 있다. 푸른색을 띠는 것은 온천 성분 중 황산철이 용해되어 있기 때문. 에메랄드색의 원천 위로 흰 수증기가 뭉게뭉게 피어오르는 모습이 무척 신비롭다.

🏃 JR 벳푸역 서쪽 출구에서 1, 2, 5, 7, 41번 버스로 20분(390엔), 또는 택시로 15분(약 1,900엔) 📍 別府市大字鉄輪559-1
📞 +81 977-66-0121
🏠 www.umijigoku.co.jp

부글부글 끓어오르는 회색 진흙탕
스님 머리 지옥 鬼石坊主地獄

고온 고압에 녹아내린 회색 점토가 부글부글 끓어
오르는 모습이 마치 삭발한 승려를 닮았다 하여
스님 머리 지옥이라 불린다. 노천 온천을 갖춘 온
천 시설 오니이시노유鬼石の湯(일반 620엔, 초등학
생 300엔, 미취학 아동 200엔)가 함께 있다.

🏃 바다 지옥에서 도보 1분 📍 別府市鉄輪559-1
📞 +81 977 27 6655 🏠 oniishi.com

지옥 순례의 축소판
가마솥 지옥 かまど地獄

98℃의 온천이 분출되면서 발생하는 증기로 마을
의 수호신에게 바칠 밥을 짓던 데서 가마솥 지옥이
라는 이름이 붙었다. 다른 6개 지옥의 축소판을 이
곳에서 한꺼번에 볼 수 있어 특히 인기가 높다. 마
시면 10년 젊어진다는 온천수와 수욕, 족욕 등이
있어 가볍게 온천을 체험할 수도 있다.

🏃 스님 머리 지옥에서 도보 4분 📍 別府市鉄輪621
📞 +81 97 766 0178 🏠 kamadojigoku.com

뭉게뭉게 피어오르는 지옥의 증기
도깨비산 지옥 鬼山地獄

99℃의 온천에서 뿜어내는 수증기가 시야를 가릴
정도로 자욱하다. 하루에 200톤이라는 엄청난 용
출량 덕분에 주변 온천 지역에서 이 온천수를 사용
하고 있으며, 온천 열을 이용해 70여 마리의 악어
를 사육한다. 온천 옆에 익살스러운 표정을 한 빨
간 도깨비 동상이 있어 포토 존으로도 인기 있다.

🏃 가마솥 지옥에서 도보 1분
📍 別府市鉄輪625 📞 +81 97 767 1500
🏠 oniyama-jigoku.business.site

창백한 푸른색의 온천
흰 연못 지옥 白池地獄

일본식 정원에 연못처럼 자리해 차분한 분위기가 감돈다. 푸른빛이 도는 흰색을 띤 온천수 위로 흰 수증기가 피어오르는 모습이 신비롭기도 하다. 물이 청백색을 띠는 것은 원래 무색투명한 온천이 연못으로 분출될 때 온도와 압력이 떨어지며 색이 변하기 때문이라고 한다.

🏃 도깨비산 지옥에서 도보 1분 📍 別府市鉄輪283-1
📞 +81 97 766 0530 🏠 shiraikejigoku.com

갑자기 호러 분위기
피의 연못 지옥 血の池地獄

일본에서 가장 오래된 천연 지옥. 검붉은색의 온천은 이름처럼 피로 가득한 연못 같고, 그 위에 피어오르는 증기가 정말 지옥에 온 것 같은 분위기를 자아낸다. 고온 고압에 녹은 지하 점토에 산화철 성분이 생성되고, 이것이 지층으로 분출해 쌓이면서 온천이 붉은색을 띠는 것이다.

🏃 흰 연못 지옥에서 도보 3분 거리의 칸나와 정류장에서 16, 29번 버스로 6분(220엔) 📍 別府市野田778
📞 +81 97 766 1191 🏠 chinoike.com

솟아오르는 에너지에 깜짝
회오리 지옥 龍巻地獄

뜨거운 온천수가 땅 위로 솟구쳐 오르는 간헐천이 있는 곳이다. 원래 온천수가 20m 높이까지 치솟아 마치 회오리 같다고 했는데, 지금은 안전상의 이유로 지붕이 설치되었다. 하지만 솟구쳐 오르는 수압, 엄청나게 뿜어나오는 증기의 양은 대단하다. 간헐천은 30~40분에 한 번 치솟으니 기다리는 시간이 필요하다.

🏃 피의 연못 지옥에서 도보 1분
📍 別府市野田782 📞 +81 97 766 1854
🏠 www.beppu-jigoku.com/tatsumaki/

당일치기 온천으로 딱
효탄 온천 ひょうたん温泉

남탕과 여탕, 개인 온천으로 나뉜 넓은 온천 시설. 원천 100% 온천수를 매일 교체하고 흘려보내는 방류식이어서 안심하고 이용할 수 있다. 실내 대욕장은 물론 노천 온천도 제대로 갖추고 온천 후 지옥 찜 요리 등 식사할 수 있는 레스토랑도 있다.

🚶 JR 벳푸역 동쪽 출구에서 5, 7, 41번 버스 탑승(16분, 330엔), 칸나와 하차 후 도보 6분 📍 別府市鉄輪159-2 🕐 09:00~다음 날 01:00 ¥ 13세 이상 1,020엔, 7~12세 400엔, 4~6세 280엔
📞 +81 97 766 0527 🏠 www.hyotan-onsen.com

모든 탕이 가족탕
미유키노유 みゆきの湯

흰 연못 지옥 근처에 있는 온천 시설. 전부 가족탕만 있어서 가격대는 좀 높지만 조용하고 편하게 즐길 수 있는 것이 장점이다. 노천탕이 딸린 가족탕 4곳, 실내탕으로 된 가족탕 4곳이니 이왕이면 요금을 조금 더 내더라도 노천탕이 딸린 곳을 선택하는 게 낫다. 기본 이용 시간은 1시간이며, 30분 연장(추가 요금)도 가능하다.

🚶 JR 벳푸역에서 2, 5, 7번 버스 탑승(25분, 340엔), 칸나와 하차 도보 5분
📍 大分県別府市鉄輪御幸3 🕐 11:00~21:00(접수 마감 20:00) ❌ 무휴
¥ 노천탕 1시간 월~금 11:00~16:00 2,100엔/16:00~21:00 2,600엔,
토·일, 공휴일 16:00~21:00 2,600엔 📞 +81 97 775 8200
🏠 www.miyukinoyu.com

숲속에 자리한 유황 온천
무겐노사토 슌카슈토 夢幻の里·春夏秋冬

산속에 자리해 교통이 불편한 데도 이곳이 인기 있는 이유는 사계절 변하는 자연 속에서 수질 좋은 유황 온천을 즐길 수 있기 때문이다. 푸른색을 띤 우윳빛의 온천은 날씨에 따라 물의 색깔이 변하는 점도 재미있다. 대욕장 2개와 가족탕 5개를 갖추고 있으며, 폭포를 보며 온천을 즐길 수 있는 타키노유가 가장 인기 있다.

🚶 JR 벳푸역 서쪽 출구 36번 버스 탑승(13분, 280엔), 호리타 하차 도보 7분
📍 大分県別府市堀田6組 🕐 10:00~17:00(접수 마감 16:00) ❌ 부정기
¥ 대욕장 일반 700엔, 초등학생 이하 300엔 / 가족탕 2,500~3,000엔
📞 +81 97 725 1126 🏠 mugen-no-sato.com

다양한 콘셉트를 즐기는 드라마틱한 하루

호시노 리조트 카이 벳푸 界 別府

벳푸 온천 거리를 콘셉트로 한 개성 넘치는 온천 료칸으로, 세계적인 건축가 쿠마 겐고가 설계했다. 저녁에는 온천수를 담은 통을 이용해 연주하는 흥겨운 공연이 열리고, 벳푸의 온천과 지역 문화를 체험하는 다양한 프로그램도 마련되어 있다. 피의 연못 지옥이 연상되는 색채와 벳푸 전통 공예품으로 꾸며진 세련된 객실에서는 액자 창 너머 눈앞에 바다가 펼쳐지는 한 폭의 그림 같은 풍경을 만끽할 수 있다. 실내 온천과 노천탕이 있는 대욕장, 벳푸의 식재료를 이용한 가이세키 요리와 조식, 바다 일출이 장관인 족욕탕, 야식으로 무료 제공되는 라멘과 주류 등 즐거운 경험이 가득한 곳이다.

🚶 JR 벳푸역 동쪽 출구에서 도보 9분 　📍 別府市北浜2-14-29 　💴 1인 2식 19,000엔~
📞 +81 50 3134 8092 　🏠 hoshinoresorts.com/ja/hotels/kaibeppu/

바다를 보며 노천 온천

오오에도
온센모노가타리
벳푸 세이후
大江戸温泉物語 別府清風

벳푸만의 바다 바로 앞에 자리한 온천 숙소. 드넓은 수평선이 눈앞에 펼쳐지는 전망 노천 온천은 특히 일출 때가 무척 장관이다. 객실은 일본식 다다미방과 침대방이 있는데 오션 뷰와 시티 뷰로 나뉘니 선택할 때 참고하자. 최상층 레스토랑의 뷔페도 인기가 높다. 친구들끼리나 가족 여행에 추천하는 숙소다.

🚶 JR 벳푸역 동쪽 출구에서 도보 9분 📍 別府市北浜2-12-21
¥ 1인 2식 10,280엔~ 📞 +81 570 052268 🏠 beppu.ooedoonsen.jp

스타일리시한 온천 호텔

아마넥 벳푸 유라리
AMANEK BEPPU YULA-RE

벳푸만의 바다와 주변 시가지까지 조망할 수 있는 루프톱 온천 수영장은 하늘이 붉게 물드는 일출 때 무척 로맨틱하다. 피부에 좋은 탄산수소염 온천의 대욕장에서도 통유리창으로 벳푸를 내려다보며 온천을 할 수 있다. 객실 인테리어가 스타일리시하며 특히 조식 중 하프 뷔페 스타일의 화양 2종 세트는 맛있기로 입소문이 났다.

🚶 JR 벳푸역 동쪽 출구에서 도보 3분
📍 別府市駅前本町6-35
¥ 조식 포함 트윈 15,000엔~
📞 +81 97 776 5566
🏠 amanekhotels.jp/beppu/

아이와 함께 가기 좋은 곳
호텔 후게츠 ホテル風月

저녁, 아침 식사 모두 뷔페식이고 호텔 안에 어린이용 실내 놀이 시설도 있어서 아이들과 함께 하는 가족 여행객에게 인기 높은 온천 호텔이다. 객실은 다다미방과 침대방이 있는데, 벳푸만의 바다 뷰, 츠루미다케산 뷰를 즐길 수 있는 객실도 있다. 옥상의 노천탕에서는 칸나와 온천가가 내려다보여 운치가 있다.

🚶 JR 벳푸역에서 24번 버스 탑승(20분, 380엔), 기타주 하차 도보 1분　📍 大分県別府市北中1組　💴 1인 2식 11,100엔~
📞 +81 570 550 078　🏠 yukai-r.jp/fugetsu

일본 오션 뷰 숙소 톱 10
렉스 호텔 벳푸 Rex Hotel 別府

모든 객실이 오션 뷰인 데다 인테리어가 세련되어 여성들에게 특히 인기 높은 곳이다. 일본 전국의 오션 뷰 숙소 랭킹 10위 안에 들 만큼 환상적인 뷰를 자랑한다. 특히 벳푸만의 바다가 눈앞에 펼쳐지는 인피니티 노천탕은 무척 매력적이다. 식사는 메인 코스와 뷔페를 함께 즐기는 스타일이어서 다양하게 맛볼 수 있다.

🚶 JR 벳푸역 동쪽 출구에서 도보 18분　📍 大分県別府市若草町13-21　💴 1인 2식 17,000엔~　📞 +81 977 23 6111
🏠 rexhotel-beppu.co.jp

합리적인 가격의 오션 뷰 숙소
우미노 호텔 하지메 海乃ホテルはじめ

벳푸만의 바다 앞에 자리한 온천 숙소로, 합리적인 가격대로 인기 있다. 일본식 다다미방부터 침대방, 노천탕이 딸린 객실까지 선택지가 다양하고, 오션 뷰의 대욕장과 노천탕을 갖춘 것이 최대 장점이다. 사우나, 피트니스 룸도 있으며, 유카타를 여러 디자인 중에서 골라 입을 수 있는 것도 재미있다. 참고로 최근 호텔 뉴 마츠미에서 이름이 변경되었다.

🚶 JR 벳푸역 동쪽 출구에서 도보 11분　📍 大分県別府市北浜3-14-8　💴 1인 2식 13,000엔~　📞 +81 977 23 22011
🏠 www.new-matsumi.co

산속에 펼쳐진
동화 같은 풍경

구로카와 온천
黒川温泉

해발 700m 산속, 타노하라 강 계곡을 사이에
두고 30채의 전통 료칸이 늘어선
구로카와 온천 마을. 자연 속에서 옛 전통 온천의
풍경을 고스란히 간직하고 있어 상업화,
현대화된 유후인이나 벳푸와는 전혀 다른
분위기를 자아낸다. 계곡에 몸을 담그듯
노천탕을 즐기고 온천달걀과 달달한 디저트를
맛보며 느긋한 시간을 보내다 보면
이 산골 마을의 매력에 푹 빠지게 된다.

이동 방법

| 후쿠오카 공항 | 구로카와 온천 |
| 국제선 2번 승차장 | 버스 정류장 |

   🚌 구로카와 온천행 고속버스　🕐 2시간 16분

| 하카타 버스 터미널 | 구로카와 온천 |
| 3층 34번 승차장 | 버스 정류장 |

   🚌 구로카와 온천행 고속버스　🕐 2시간 35분

| 텐진 고속버스 터미널 | 구로카와 온천 |
| 5번 승차장 | 버스 정류장 |

   🚌 구로카와 온천행 고속버스　🕐 3시간

¥ 편도 3,470엔, 왕복 6,220엔

＊ 요금은 후쿠오카 3곳 모두 동일. 하루 3편 운행하니 예
약을 추천하며, 후쿠오카에서 왕복 시 북큐슈 산큐패스
2일권을 구입하는 게 훨씬 저렴하다.

🏠 버스 예약 www.highwaybus.com

구로카와 온천만의 독특한 시스템
마패 하나 들고 노천온천 순례

온천 순례 마패(뉴토테가타入湯手形)가 있으면 26개 료칸의 노천탕을 자유롭게 체험할 수 있다. 3곳의 노천탕을 체험하거나, 2곳의 노천탕을 체험하고 1곳에서는 간식이나 기념품(이코이 료칸의 온천달걀과 사이다/토후 킷쇼의 당고 2개와 녹차 또는 당고 1개와 소프트아이스크림/사케노야도의 쿠마몬 사이다와 호타루마루 사이다 등이 인기)으로 교환할 수도 있다. 프런트에 마패를 제시하면, 뒷면의 스티커를 떼어가고 스탬프를 찍어준다.

- **가격** 성인 1,500엔, 어린이 700엔
- **유효 기간** 6개월
- **구입 장소** 카제노야, 각 료칸의 프런트
- **주의 사항** 1인당 1개 필수이며 공유 불가. 온천 이용 시간은 08:30~21:00이지만, 료칸마다 이용 시간이 다르고 마패 사용이 불가한 당일 온천 휴무일도 있으니 확인은 필수. 매일 업데이트 되는 사이트, 또는 모든 시설에 놓인 영업 정보 표지판으로 확인할 수 있다.
- **입욕 가능 료칸 정보** www.kurokawaonsen.or.jp/nyuyoku/

료칸에 숙박한다면 미리 픽업 서비스를 예약할 것

유명 료칸들과 식당, 상점들이 모여있는 중심 온천가는 끝에서 끝까지 걸어가는 데 10~15분밖에 걸리지 않으니 산책하듯 구경하면 된다. 무거운 짐을 들고 체크인해야 할 경우나 료칸의 거리가 좀 먼 경우는 료칸에 미리 픽업 서비스를 예약해 두자. 버스 정류장에서 픽업 받을 수도 있고, 카제노야 코인로커에 짐을 넣어두고 온천가를 산책하다가 카제노야로 돌아와 픽업 받을 수도 있다.

도착하면 가장 먼저 들를 곳
카제노야 風の舎

구로카와 온천 료칸조합에서 운영하는 관광안내소. 온천 순례 마패, 기념품, 음료를 구입하거나 료칸 및 여행 정보를 얻을 수 있다. 화장실과 코인로커, 주차장, 무료 휴게소를 이용할 수 있고, 유카타 렌털점도 있어 여행 중 반드시 한두 번은 들르게 된다. 안내소 앞에는 대형 마패 조형물이 있어서 기념사진을 찍기도 좋다.

🚶 구로카와 온천 버스 정류장에서 도보 9분 📍 熊本県阿蘇郡南小国町満願寺6594-3 🕐 09:00~17:00 ❌ 무휴
📞 +81 967 44 0076 🏠 www.kurokawaonsen.or.jp

유카타를 렌털하려면 카제노야로
벳친칸 べっちん館

마패를 판매하는 카제노야의 안내소 뒤쪽 계단을 내려가면 유카타 렌털점과 무료 휴게소가 있다. 료칸에 숙박할 경우 료칸에서 제공하는 유카타를 입고 산책하면 되지만, 당일치기로 왔거나 내 취향에 맞는 디자인과 컬러의 유카타(샌들 포함)를 입고 싶다면 이곳에서 유료 렌털하는 방법도 있다. 운이 좋으면 가게 앞에 상주하는 귀여운 고양이를 만날 수 있다.

📍 熊本県阿蘇郡南小国町満願寺6595-3
🕐 10:00~17:00(16:00 반납 마감) ¥ 2,000엔
📞 0967-48-8130

마패를 걸고 소원 빌기
지장당 地蔵堂(黒川地蔵尊)

온천 마을 중앙에 위치한 작은 사당으로, 건물 안에는 목 없는 지장을 모시고 있다. 온천순례 마패를 다 쓰고 나서 연애 성취, 가족 안전, 학업 성취 3가지 소원 중 하나가 적힌 스탬프를 찍은 후 기둥에 마패를 묶어두면 소원이 이루어진다는 얘기가 있다. 기둥에 가득 걸린 마패들이 이색적인데, 그 외에 특별한 볼거리는 없으니 큰 기대는 말 것.

🚶 구로카와 온천 버스 정류장에서 도보 6분
📍 熊本県阿蘇郡南小国町満願寺6612-2

피부미인 되는 온천
안탕 顔湯

파티세리 로쿠 맞은편, 후모토 료칸 앞에는 위가 뚫린 작은 나무 상자가 있다. 여기 얼굴을 대면 따뜻한 온천 수증기가 나와 스팀 마사지 효과를 볼 수 있다. 온도가 높으니 얼굴을 너무 가까이 대지 않도록 주의할 것. 무료이니 산책 중에 한 번씩 체험해 보자.

🚶 구로카와 온천 버스 정류장에서 도보 6분　📍 熊本県阿蘇郡南小国町満願寺 6697

기념사진 촬영은 필수
마루스즈 다리 丸鈴橋

구로카와 온천 마을의 대표적인 포토 스폿이 2곳 있는데, 바로 신메이칸 료칸 앞과 마루스즈 다리다. 계곡을 따라 푸르른 나무들이 우거지고 다리 건너 서 있는 료칸 후지야ふじ屋의 노란색 외벽, 검은 목조와 기와가 어우러져 지브리의 애니메이션 속으로 들어와 있는 듯한 기분이 든다. 낮과 해 질 녘, 해진 후의 분위기가 각기 달라 산책할 때마다 색다른 풍경을 즐길 수 있다.

🚶 구로카와 온천 버스 정류장에서 도보 4분
📍 熊本県阿蘇郡南小国町満願寺 6600-1

온천가의 편의점 같은 곳
고토사케텐 後藤酒店

구로카와 온천에 숙박한다면 이곳은 반드시 알고 있어야 한다. 맥주, 사케 같은 주류부터 음료수, 과자, 빵 같은 간식류, 안주류, 도시락이나 샌드위치까지 웬만한 먹거리, 마실 거리는 이곳에서 구입할 수 있다. 편의점이나 슈퍼마켓 없는 구로카와 온천에서 이곳이 유일한 편의점 같은 존재다. 24시간은 아니지만 밤 10시까지 운영한다.

🏃 구로카와 온천 버스 정류장에서 도보 7분 📍熊本県阿蘇郡南小国町大字満願寺黒川 6991-1 🕐 08:40~22:00 ❌ 부정기 📞 0967-44-0027 🏠 gotousakaya.base.shop

입에서 살살 녹는 스테이크 덮밥
와로쿠야 わろく屋

300년 역사의 전통 료칸 오캬쿠야가 운영하는 일본식 양식당. 직접 운영하는 농장의 신선한 채소 위, 구마모토 브랜드 소고기 아카규 스테이크를 썰어 올린 덮밥, 아카규 스테이크 라이스あか牛ステーキライス(2,500엔)는 건강한 한 끼이면서 맛도 훌륭하다. 료칸의 주방장이 직접 감수한 레시피이기 때문에 카레 등 다른 메뉴들도 맛있다.

🏃 구로카와 온천 버스 정류장에서 도보 4분 📍熊本県阿蘇郡南小国町満願寺黒川 6600-1 🕐 토~월 11:00~16:00, 화·수 11:00~14:30, 17:30~19:00(주문 마감 시간 기준) ❌ 목·금요일 📞 0967-44-0283 🏠 www.okyakuya.jp

온천 후 장어덮밥으로 몸보신
우나키타 うな北

구마모토현에서 인기 있는 장어덮밥집의 지점. 기본 장어덮밥인 우나동(2,500엔~)부터 야나가와식 장어구이 찜 덮밥인 세이로무시(3,600엔~), 나고야식 장어덮밥 히츠마부시(4,600엔~)까지 취향대로 맛볼 수 있다. 보들보들 통한 장어구이는 가격대가 올라갈수록 양이 푸짐해지니 투자가 좀 필요하요. 저녁 영업하는 식당이 별로 없으니 저녁 식사 불포함 료칸을 예약했다면 여기를 추천한다.

🏃 구로카와 온천 버스 정류장에서 도보 4분 📍熊本県阿蘇郡南小国町満願寺 6600-2 🕐 11:30~14:30, 17:00~20:30 ❌ 부정기 📞 0967-44-1010 🏠 unagi-nobori.shop

가성비 갑의 숨은 맛집
스미요시 쇼쿠도 すみよし食堂

지역에서 생산한 재료들로 요리하는 집밥 느낌의 식당. 한쪽은 기념품점, 한쪽은 식당인 아주 작은 가게다. 정원이 8명 정도여서 타이밍이 맞지 않으면 기다릴 수밖에 없다. 덮밥과 우동, 소바 등의 요리를 맛볼 수 있는데, 그중에서도 돈가스 계란덮밥인 카츠동かつ丼(850엔)이 맛있다. 가격도 저렴한데 의외의 맛집이라 상당히 만족스럽다.

🚶 구로카와 온천 버스 정류장에서 도보 5분 📍 熊本県阿蘇郡南小国町大字満願寺黒川 6603 🕐 11:00~18:00 ✖ 부정기
📞 +81 967 44 0657

온천가 산책에 필수인 달콤 디저트
파티세리 로쿠 パティスリー 麓

산속 온천 마을에서 이렇게 수준 높은 디저트를 만날 수 있다니. 몇 사람 들어가지 못하는 작은 가게지만, 수플레, 크레이프, 롤케이크, 치즈케이크, 만주 등 디저트의 종류가 꽤 다양해 놀랍다. 그중 베스트셀러는 가게에서 끊임없이 구워내는 슈크림(300엔). 바삭바삭한 슈 안에 부드럽고 고소한 커스터드 크림이 가득 들어있다. 귀여운 유리병에 든 푸딩이나 커피와 같이 먹어도 잘 어울린다.

🚶 구로카와 온천 버스 정류장에서 도보 6분 📍 熊本県阿蘇郡南小国町満願寺 6610-1 🕐 09:00~17:00 ✖ 화요일, 둘째 또는 셋째 수요일 📞 +81 967 48 8101 🏠 kurokawa-roku.jp

도라야키의 신세계
도라도라 どらどら

일본에서 도라야키 좀 먹어봤다 하는 사람도 이곳 도라야키의 맛은 인정할 수밖에 없다. 이곳의 시그니처 메뉴인 도라도라 버거どらどらバーガー(300엔)는 팥앙금 사이에 얇은 피의 크림 찹쌀떡이 들어있다. 한입 베어 물면 적당한 단맛의 팥앙금 사이에 쫀득한 떡이 터지면서 안에서 신선한 크림이 새어 나오는데, 세 가지 맛의 조화가 훌륭하다.

🚶 구로카와 온천 버스 정류장에서 도보 6분 📍 熊本県阿蘇郡南小国町大字満願寺黒川 6612-2 🕐 09:30~17:00 ✖ 부정기
📞 0967-44-1055 🏠 kurokawa-kaze.com

구로카와 온천에서 가장 독특한 온천탕
신메이칸 新明館

구로카와 온천의 지금의 인기를 만든 것이 바로 신메이칸의 동굴 온천이다. 인공적으로 바위를 깎아 동굴 형태로 만들어 그 어디서도 볼 수 없는 독특한 분위기의 온천탕이 되었다. 계곡에 접한 노천탕과 숙박객 전용의 가족탕까지 하나같이 분위기가 훌륭하다. 지브리 애니메이션에 나올듯한 아름다운 외관은 구로카와 온천의 2대 포토 스폿이기도 하니 꼭 들러볼 것.

🚶 구로카와 온천 버스 정류장에서 도보 5분
📍 熊本県阿蘇郡南小国町満願寺 6608
💴 2인 2식 39,600엔~
📞 0967-44-0916 🏠 shinmeikan.jp

숲속에 온 듯 자연 친화적인 료칸
이코이 료칸 いこい旅館

료칸 안에 온천탕이 무려 13개나 있어 어디부터 들어갈지 고민이 될 정도다. 특히 구로카와 온천에서 유일하게 '일본의 명탕 비탕 100선'에 뽑힌 노천탕, 타키노유는 신경통, 근육통 등에 효과 있는 황화 수소천으로 온천의 수질이 좋을 뿐 아니라 주변 풍광이 운치 있어 전통 온천의 분위기를 그대로 느낄 수 있다. 온천 후에는 료칸에서 판매하는 온천달걀과 사이다를 먹으며 출출한 배를 채워보자.

🚶 구로카와 온천 버스 정류장에서 도보 5분 📍 熊本県阿蘇郡南小国町黒川温泉川端通り
💴 1인 2식 23,650엔~ 📞 0967-44-0552 🏠 www.ikoi-ryokan.com

300년 역사의 최고참 료칸
오갸쿠야 御客屋

1722년 창업해, 구로카와 온천 마을에서 역사가 가장 오래된 료칸이다. 과거 영주가 이곳을 전용 온천으로 지정해 일반인은 이용할 수 없는 숙소였을 만큼 구로카와 온천에서 역사적으로 오래된 곳이다. 전통 가옥의 세련된 분위기를 가지면서도 풀과 나무를 보며 힐링할 수 있는 노천탕과 실내탕, 가족탕 등 총 7곳의 온천이 있다.

🚶 구로카와 온천 버스 정류장에서 도보 5분 📍 熊本県阿蘇郡南小国町大字満願寺 6546 ¥ 1인 2식 18,700엔~
📞 0967-44-0454 🏠 www.okyakuya.jp

매력적인 정원과 노천탕
오야도 노시유 お宿のし湯

입구에 들어서는 순간 일본 정원에 온 게 아닌가 싶을 정도로 초록빛이 가득한 료칸이다. 초가지붕을 얹고 고목을 이용해 지은 료칸 건물은 전통적이면서 중후하고 동시에 소박한 매력도 흐른다. 일본식 다다미방 객실과 별장 분위기의 침대방, 독채 객실까지 갖추고 있는 것도 장점이다. 특히 계곡에 몸을 담그는 것 같은 자연적인 분위기의 노천탕이 무척 멋지다.

🚶 구로카와 온천 버스 정류장에서 도보 7분 📍 熊本県阿蘇郡南小国町大字満願寺 6591-1 ¥ 1인 2식 25,850엔~
📞 +81 967 44 0308 🏠 noshiyu.jp

가성비 좋은 료칸
유메린도 夢龍胆

구로카와 온천에서 가장 가성비 좋은 료칸 중 한 곳이다. 널찍하고 깔끔한 객실, 맛있는 음식, 자연 속의 노천온천까지 구로카와 온천의 다른 료칸과 비교해도 흠잡을 데 없지만 가격 메리트가 크다. 객실의 전망을 포기하고(한쪽 창만 열리고 전망이랄 것 없이 나무들만 보인다) 식사를 불포함한다면 12,100엔~의 가격으로 묵을 수 있으니 온천 료칸치고는 상당히 저렴한 편이다.

🚶 구로카와 온천 버스 정류장에서 도보 1분 📍 熊本県阿蘇郡南小国町満願寺 6430-1 ¥ 1인 2식 19,800엔~
📞 0967-44-0321 🏠 www.yumerindo.com

성부터 야경까지
하루가 순삭

고쿠라
小倉

후쿠오카현의 두 번째 중심 도시인 고쿠라는
예부터 '규슈의 모든 길은 고쿠라로
통한다'는 말이 있을 정도로 하카타와 함께
규슈 교통의 요지로 발달했다. 도심
한복판에 자리한 고쿠라성, 야경으로 유명한
사라쿠라산 전망대 등 추천 명소들이
있고, 모지코에 가려면 반드시 거쳐야 하는
도시이기도 하다.

이동 방법

JR 하카타역 ·· **고쿠라역**

🚆 특급 소닉 🕐 40분
💴 자유석 1,910엔, 지정석 2,440엔
＊인터넷 예약 시 둘 다 1,470엔
＊신칸센을 타면 15분 만에 갈 수 있지만 가격이 비싼 편.
  (자유석 2,160엔, 지정석 3,860엔). JR 북큐슈 레일 패
  스로도 이 구간의 신칸센은 탈 수 없다.

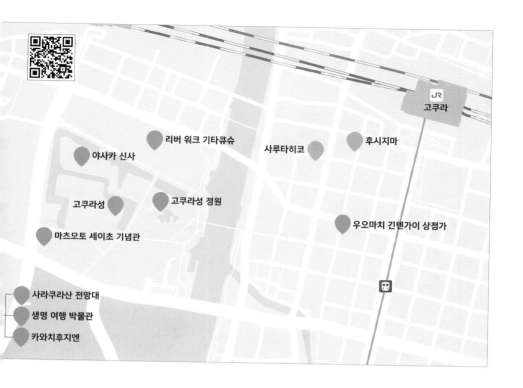

벚꽃 피는 봄에 가장 인기
고쿠라성 小倉城

후쿠오카에서 유일하게 천수각이 남아있는 성으로, 그 역사는 400년이 넘는다. 일본의 성 중 여섯 번째로 높은 천수각 내부는 5층으로 되어있고, 성의 역사를 전시하는 동시에 흥미로운 체험 코너들이 많다. 이곳은 기타큐슈 최고의 벚꽃 명소이기도 하다. 마치 호수에 백로가 서있는 듯한 천수각과 해자, 거기에 벚꽃까지 활짝 피면 그야말로 절경이 따로 없다. 해가 지면 천수각에 조명이 켜져 더욱 멋지다.

🚶 JR 고쿠라역 고쿠라성 출구에서 도보 13분 📍 北九州市 小倉北区城内2-1 🕐 천수각 4~10월 09:00~20:00, 11~3월 09:00~19:00 ❌ 무휴 ¥ 천수각 일반 350엔, 중고등학생 200엔, 초등학생 100엔 📞 +81 93 561 1210 🏠 www.kokura-castle.jp

---

고쿠라에서는 공통권이 이득

고쿠라성과 고쿠라성 정원을 함께 보거나(2시설 공통권 560엔), 고쿠라성, 고쿠라성 정원, 마츠모토 세이초 기념관 3곳(3시설 공통권 700엔)을 모두 볼 사람은 할인되는 공통권을 구매하자.

천수각의 숨은 포토 존
고쿠라성 정원 小倉城庭園

고쿠라성 성주의 별장 터에 연못이 있는 일본식 정원과 에도 시대 무신의 서원을
복원했다. 마치 연못 위에 떠 있는 듯한 멋진 서원 건물 뒤로 현대적인 빌딩 숲이
펼쳐진 모습이 묘한 분위기를 자아낸다. 서원의 넓은 툇마루에서는 정원의 모습
이 한눈에 들어오고 오른쪽으로는 고쿠라성 천수각의 멋진 모습을 담을 수 있
으니 기념사진을 꼭 남겨보자. 정원 입구로 들어가 안쪽 작은 정원에도 천수각의
포토 존이 있다.

🏃 JR 고쿠라역 고쿠라성 출구에서 도보 13분
📍 北九州市小倉北区城内1-2 🕐 4~10월
09:00~20:00(7~8월 금·토 ~21:00), 11~3월
09:00~19:00 ❌ 무휴 ¥ 일반 350엔,
중고등학생 200엔, 초등학생 100엔
📞 +81 93 582 2747

신사 옆에 의외의 포토 존이
야사카 신사 八坂神社

고쿠라성 안에 자리한 400년 역사의 신사. 사업 번창, 연애운을 높이는 데 효험
이 있다 하여 많은 이들이 찾는 곳이다. 야사카 신사에서 리버 워크 쇼핑몰 쪽으
로 다리를 건너면 해자 뒤로 신사 건물과 천수각의 모습이 무척 아름다운 포토
존이 있으니 놓치지 말자.

📞 +81 93 561 0753 🕐 09:00~17:00 ❌ 무휴

거장의 창작욕에 리스펙트
마츠모토 세이초 기념관
松本清張記念館

고쿠라에서 태어난 일본 추리 소설계의 거장 마츠모토 세이초의 일생과 작품 세
계를 소개하는 전시관. 그야말로 세이초 월드를 집약한 듯하다. 한쪽 벽을 그가
집필한 700여 권의 단행본 표지들로 장식한 모습이 장관이다. 건물 중앙에는 작
업실과 서재 등이 있던 실제 집의 일부를 가져와 당시 모습 그대로 재현해 놓았다.

🚶 JR 고쿠라역 고쿠라성 출구에서 도보 17분 📍 北九州市小倉北区城内2-3 🕐 09:30~
18:00(입장 마감 17:30) ❌ 월요일(공휴일인 경우 다음 날), 12/29~1/3 ¥ 일반 600엔,
중고등학생 360엔, 초등학생 240엔 📞 +81 93 582 2761 🏠 www.seicho-mm.jp

맛집이 모여있는 로컬 상점가
우오마치 긴텐가이
상점가 魚町銀天街

고쿠라역에서 고쿠라성으로 가는 도중
에 나오는 상점가. 너무 복작거리지 않으
면서도 로컬 상점가의 활기찬 분위기를
느낄 수 있어 걷는 재미가 있다. 사방으로
뻗은 상가 골목 곳곳에 세련된 식당부터
노포까지 맛집들이 참 많다. 빵집이나 카
페도 곳곳에 있으니 쉬어가고 싶을 때 들
러도 좋다.

🚶 JR 고쿠라역 고쿠라성 출구에서 도보 2분
📍 北九州市小倉北区魚町

성과 나란히 서있는 강변 쇼핑몰
리버 워크 기타큐슈
Riverwalk Kitakyushu

NHK 방송국과 아사히 신문사 등이 나란히 붙어있는 복합 쇼핑몰. 고쿠라성과
현대적인 쇼핑몰이 해자를 사이에 두고 마주한 모습이 무척 이색적이다. 야외석
에서 고쿠라성을 바라보며 커피를 마실 수 있는 스타벅스와 프레시니스 버거 외
에도 다양한 식당과 카페, 상점들이 있다.

🚶 JR 고쿠라역 고쿠라성 출구에서 도보 11분   📍 北九州市小倉北区室町1-1-1
🕐 10:00~20:00(가게마다 다름)   ❌ 무휴   📞 +81 93 573 1500
🏠 riverwalk.co.jp

기대를 뛰어넘는 환상적인 야경
사라쿠라산 전망대 皿倉山展望台

해발 622m 산 정상에 자리한 전망대로, 케이블카를 타면 쉽게 올라갈 수 있다. 기타큐슈 시가지와 간몬해협까지 드넓게 펼쳐진 낮 풍경도 매력 있지만, 여기서는 무조건 야경을 추천한다. 수많은 다이아몬드를 뿌려놓은 것처럼 아름답게 빛나는 야경은 '신일본 3대 야경'으로 뽑힐 만큼 많은 이들이 인정했다. 케이블카에서 내려 중간 고도에서 한 번, 슬로프카를 타고 최정상 전망대에서 또 한 번, 두 가지 야경을 즐겨보자. 단, 흐린 날은 제대로 볼 수 없으니 날씨를 미리 확인해야 한다.

🚶 JR 야하타역에서 무료 셔틀버스 왕복 운행(10분). 4~12월 금·토·일, 공휴일은 JR 고쿠라역 북쪽 출구에서 무료 셔틀버스 하루 세 번 왕복 운행(20분) 📍 北九州市皿倉山山頂
🕐 4~10월 10:00~22:00(상행 막차 21:20), 11~3월 10:00~20:00(상행 막차 19:20) ❌ 화요일(공휴일 제외), 6/3~7
💴 케이블카+슬로프카 왕복권 일반 1,230엔, 초등학생 이하 620엔 📞 +81 93 671 4761
🏠 www.sarakurayama-cablecar.co.jp

공룡을 만나러 가자
생명 여행 박물관
北九州市立いのちのたび博物館

기타큐슈의 시립 자연사박물관으로, 서일본 최대급 규모이다. 이곳의 하이라이트는 공룡 전시실인 어스 몰. 넓은 공간에 들어찬 공룡의 등신대 전신 골격은 보는 순간 스케일에 압도된다. 전체 길이 35m의 세계 최대급 디플로도쿠스와 티라노사우루스 골격 표본 등 공룡 마니아들은 시간 가는 줄 모르고 구경하게 된다. 그 외 곤충과 해양 동물, 조류, 화석 전시도 만날 수 있다.

🚶 JR 스페이스월드역에서 도보 5분　📍 北九州市八幡東区東田2-4-1　🕐 09:00~17:00
❌ 연말연시, 6월 하순 6일간　💴 일반 600엔, 고등·대학생 360엔, 초중학생 240엔
📞 +81 93 681 1011　🏠 www.kmnh.jp

딱 보름만 여는 인생 사진 스폿
카와치후지엔 河内藤園

미국 CNN이 뽑은 '일본에서 가장 아름다운 장소 31선'에 뽑힌 등나무꽃 명소. 사유지라서 평소에는 개방하지 않고 등나무꽃이 만발하는 4월 하순~5월 초순에 반짝 개방한다. 9,910㎡(3,000평)의 넓은 부지에 20종 150그루의 등나무가 꽃을 피우면 분홍색, 보라색, 흰색이 그라데이션되며 머리 위로 꽃의 파도가 출렁인다. 등나무꽃 터널은 80m, 110m 길이의 터널 2곳이 있다. 홈페이지에서 사전 예약 필수.

🚶 JR 야하타역에서 택시로 20분　📍 北九州市八幡東区河内2-2　🕐 4월 하순~5월 초순
08:00~18:00　❌ 평소에는 미공개　💴 18세 이상 1,500엔(일반 1명당 고등학생 이하 2명무료)　📞 +81 93 652 0334　🏠 kawachi-fujien.com

토핑이 가득한 일본식 비빔면
사루타히코 さるたひこ

라멘집답지 않게 귀엽고 아기자기한 분위기의 가게. 닭육수 라멘부터 탄탄멘, 츠케멘까지 다양한 라멘이 고루 인기 있는데, 그중에서도 별미로 마제 소바まぜそば(980엔)를 추천한다. 따뜻한 중면 위에 가득 올린 닭고기살과 해초류, 각종 채소, 견과류 등을 비빔 소스와 달걀노른자에 비벼 먹으면 살짝 매콤하면서 풍부한 맛이 끝내준다.

🚶 JR 고쿠라역 남쪽 출구에서 도보 5분
📍 北九州市小倉北区京町1-5-12
🕐 수~일 11:30~16:00 ❌ 월, 화요일
📞 +81 93 482 3008

소박하지만 내공이 느껴진다
후시지마 ふじしま

동네 사람들이 단골로 찾는 텐푸라 정식집. 이곳의 튀김은 투박하고 평범해 보이기까지 한다. 하지만 깨끗한 기름을 써서 튀김옷이 밝은색이고 막 튀겨내 바삭바삭한 데다, 생선튀김에서는 비린내가 전혀 느껴지지 않는다. 추천 메뉴는 새우튀김이 포함된 텐푸라 정식天ぷら定食(940엔).

🚶 JR 고쿠라역 남쪽 출구에서 도보 3분 📍 北九州市小倉北区京町2-1-15
🕐 월, 화 10:00~16:00, 수, 금~일 10:00~19:30 ❌ 목요일 📞 +81 93 531 5695

레트로 감성에
낭만을 더한

모지코
門司港

고베, 요코하마와 더불어 일본 3대 항구 도시로
불린 모지코. 그 어느 곳보다 번성하고
화려했던 도시의 영광은 항구가 쇠퇴하며
사라지나 했더니, 이제는 레트로 감성을 더한
로맨틱한 항구 도시로 여행자들의
사랑을 듬뿍 받고 있다. 낮에는 푸른 바다와
유럽식 건축물들의 운치 있는 풍경이
아름답고, 밤이면 항구 주변을 수놓는 화려한
불빛들로 낭만이 넘쳐흐른다.

이동 방법

JR 하카타역 ·············· **모지코역**

🚈 특급 소닉(고쿠라역 환승)+가고시마 본선
모지코행 열차 🕐 1시간 10분
¥ 하카타~고쿠라 인터넷 예약 시 1,470엔
(이 구간으로만 인터넷 할인 가능), 고쿠라~모지코 280엔

JR 고쿠라역 ·············· **모지코역**

🚈 가고시마 본선 모지코행 열차 🕐 14분 ¥ 280엔

시모노세키 ·············· **모지코역**

🚈 간몬 연락선 🕐 5분 ¥ 400엔

모지코 레트로 門司港レトロ

130년 전 개항한 모지코(모지항)는 고베, 요코하마와 함께 '일본의 3대 무역항'이라 말할 정도로 가장 번영한 국제 도시였다. 당시 전성기를 보여주듯 모지코역과 항구 주변에는 지금도 유럽식 건축물이 많은데, 이런 옛 건물이 모여있는 구역 일대를 '모지코 레트로'라고 부른다. 지금은 모지코의 역사를 알리고 항구 경관을 멋스럽게 만드는 명소 역할을 톡톡히 하고 있다. 걸어서 충분히 돌아볼 수 있을 만큼 아담한 구역이니, 아래 지도의 코스대로 산책해 보자. 배를 타고 편하게 주변을 둘러보고 싶다면 모지코 레트로 크루즈(20분, 1,000엔)를 타도 좋다.

🏠 www.mojiko.info

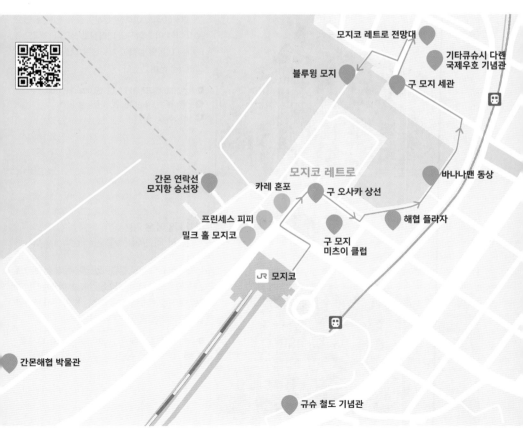

모지코 레트로 전망대

기타큐슈시 다롄 국제우호 기념관

블루윙 모지

구 모지 세관

모지코 레트로

간몬 연락선 모지항 승선장

카레 혼포

구 오사카 상선

바나나맨 동상

프린세스 피피

밀크 홀 모지코

구 모지 미츠이 클럽

해협 플라자

JR 모지코

간몬해협 박물관

규슈 철도 기념관

기차역이 문화재라니
모지코역 門司港駅

1914년에 세워진 모지코역은 기차역으로는 매우
드물게 네오 르네상스 양식의 목조 건축물로 지었
고, 기차역 최초 국가 중요 문화재로 지정되었다.
레트로 디자인의 플랫폼부터 당시 모습 그대로 보
존된 창구와 대합실 등 곳곳이 포토 존이다.

📍 北九州市門司区西海岸1-5-31

↓ 도보 3분

모지코 레트로의 시작점
구 오사카 상선 旧大阪商船

한 달에 60척의 여객선이 대만, 중국, 인도, 유럽으
로 떠나던 이곳 항구의 대합실로 쓰였다. 외국으로
떠나는 이들의 설렘이 가득했던 장소. 1층은 현재
갤러리로 쓰이고 있다.

📍 北九州市門司区港町7-18　🕐 09:00~17:00
❌ 무휴　💴 1층 일반 150엔, 초중학생 70엔
📞 +81 93 321 4151

↓ 도보 1분

마치 독일에 온 기분
구 모지 미츠이 클럽 旧門司三井倶楽部

미츠이 물산의 사교 클럽이었으며, 유럽 전통 하프
팀버 방식으로 지어진 목조 건축물. 아인슈타인이
강연하러 일본에 왔을 때 묵었던 방의 당시 모습을
그대로 재현해 공개하고 있다.

📍 北九州市門司区港町7-1　🕐 09:00~17:00　❌ 무휴
💴 2층 아인슈타인 메모리얼 룸 일반 150엔, 초중학생
70엔　📞 +81 93 332 1000

↓ 도보 1분

선물 사기 좋은 해변 쇼핑몰
해협 플라자 海峡プラザ

기념품점과 식당, 카페가 모여있는 쇼핑몰. 건물 앞
에는 파라솔이 딸린 야외 테이블이 있어서 간식이
나 커피를 사서 마시며 쉬어가기 좋다. 동관과 서
관이 나란히 이어져 있으며, 서관 1층 앞에 모지코
레트로 크루즈 매표소(10:00~18:00)가 있다.

📍 北九州市門司区港町5-1　🕐 상점 10:00~20:00,
식당 11:00~22:00　❌ 무휴　📞 +81 93 332 3121
🏠 www.kaikyo-plaza.com

↓ 바로 앞

재미있는 기념사진을 찍어보자
바나나맨 동상 バナナマン像

바나나를 처음 대량 수입하여 저렴하게 먹을 수 있
게 된 곳이 바로 모지코다. 이를 기념하는 마스코
트로 바나나맨과 바나나맨 블랙 동상이 해협 플라
자 앞에 서있다. 유머러스한 동상 앞에서 기념사진
을 남겨보자.

📍 北九州市門司区港町9

↓ 도보 3분

항구 도시의 상징
구 모지 세관 旧門司税関

세관이었던 붉은 벽돌 건물은 이곳이 항구 도시로
화려한 과거를 보냈다는 증거. 현재는 1층에 카페와
휴게실이 있고, 3층은 간몬해협을 오가는 배와 도
개교 블루윙 모지를 한눈에 볼 수 있는 전망실로 꾸
며졌다.

📍 北九州市門司区東港町1-24　🕐 09:00~17:00
❌ 무휴　📞 +81 93 321 4151

↓ 도보 1분

과거 중국과의 인연을 볼 수 있는
기타큐슈시 다롄 국제우호 기념관
北九州市大連友好記念館

과거 모지항이 항구로 번영하던 시절, 중국 다롄과 활발히 교류해 우호 도시를 맺었고 이를 기념해 지어진 건축물이다. 1층은 중식당, 2층은 휴식 공간으로 누구나 들어갈 수 있다.

📍 北九州市門司区東港町1-12　🕐 09:00~17:00
❌ 무휴　📞 +81 93 331 5446

연인에게 인기 높은 야경 명소
모지코 레트로 전망대 門司港レトロ展望室

고층 아파트 31층에 자리한 103m 높이의 전망대. 모지코 레트로와 간몬해협 앞바다를 한눈에 담을 수 있는 전망 포인트로 인기 있다. 낮보다는 해 질 무렵 일몰과 야경을 볼 것을 추천한다.

📍 北九州市門司区東港町1-32　🕐 10:00~22:00(입장 마감 21:30)　❌ 연 4회 부정기　💴 일반 300엔, 초중학생 150엔
📞 +81 93 321 4151

→ 바로 앞

열렸다 닫히는 도개교
블루윙 모지 ブルーウィングもじ

간몬해협과 대교가 바라다보이는 보행자 전용 구름다리. 커플이 이 다리를 함께 건너면 행복해진다는 이야기가 있어 '연인의 성지'로 불리기도 한다. 배가 지날 수 있도록 하루 여섯 번 다리가 양쪽으로 열렸다 닫힌다.

📍 北九州市門司区港町4-1　🕐 10:00~16:00 매시 정각에 다리가 열리고, 매시 20분에 닫힌다.

ⓒ후쿠오카현 관광연맹

← 도보 1분

5분이면 시모노세키에 도착
간몬 연락선 모지항 승선장
関門汽船 門司港乗り場

후쿠오카현의 모지코에서 바다 건너 야마구치현의 시모노세키까지 단 5분 만에 연결하는 간몬 연락선의 승선장. 배는 작지만 꽤 빨리 달려서 속이 뻥 뚫리는 기분이 든다. 1시간에 약 3편 운항하므로 자주 있는 편이다.

🚶 JR 모지코역 북쪽 출구에서 도보 4분　📍 北九州市
門司区西海岸1-4-1　🕐 월~토 06:15~21:50, 일, 공휴일
07:10~21:50　¥ 일반 400엔, 어린이 200엔
📞 +81 93 331 0222　🏠 www.kanmon-kisen.co.jp

무료 구역만 봐도 재미있는
간몬해협 박물관 **関門海峡ミュージアム**

간몬해협의 역사와 문화, 자연을 알리고자 조성된 체험형 박물관. 1~2층은 과거 가장 화려했던 때 모지코 거리 풍경을 그대로 재현한 해협 레트로 거리(무료)로 기념 촬영하기에 좋은 포인트가 많다. 4층에서 유료 전시 구역(2~4층) 티켓을 판매하며, 같은 층의 카페는 바다 전망이 무척 아름답다.

🚶 JR 모지코역 북쪽 출구에서 도보 7분　📍 北九州市門司区
西海岸1-3-3　🕐 09:00~17:00　❌ 연 6회 부정기
¥ 유료 전시 구역 일반 500엔, 초중학생 200엔
📞 +81 93 331 6700

아이와 함께 가기 좋은
규슈 철도 기념관 **九州鉄道記念館**

붉은 벽돌로 지은 서양식 건물과 주변에 야외 전시장을 갖춘 기차 테마파크. 19세기 후반~20세기 초에 규슈에서 제작된 실물 목조 객차, 규슈를 힘차게 달리던 역대 기차 9개 차량 전시를 비롯해 철도 모형 쇼, 미니 열차 운전 체험(300엔) 등 기차를 좋아하는 아이나 어른 모두 좋아할 만한 체험형 전시 공간이다.

🚶 JR 모지코역 북쪽 출구에서 도보 6분　📍 北九州市
門司区清滝2-3-29　🕐 09:00~17:00　❌ 부정기
¥ 일반 300엔, 중학생 이하 150엔　📞 +81 93 322 1006
🏠 www.k-rhm.jp

오직 야키 카레로 승부
카레 혼포 伽哩本舗

모지코의 분위기도 즐기고 명물 야키 카레도 즐길 수 있는 일석 이조 맛집. 2층에 자리해 창밖으로 간 몬해협의 바다를 보면서 즐겁게 식사할 수 있다. 야키 카레 (800엔~)는 그라탱처럼 오븐에 구워 맛이 한층 고소하고 감칠맛이 풍부하다. 모든 야키 카레에는 달걀과 치즈가 기본으로 들어가고, 메뉴에 따라 토핑이 달라진다.

🚶 JR 모지코역 북쪽 출구에서 도보 2분 📍 北九州市門司区港町 9-2 🕐 11:00~20:00 ✖ 부정기 📞 +81 93 331 8839
🏠 www.curry-honpo.com

푸짐한 채소 토핑의 야키 카레
프린세스 피피 Princess Phi Phi

10만 인분을 넘게 판매한 야키 카레 맛집으로 일본의 여러 방송에 소개된 유명한 식당이다. 추천 메뉴는 야채 소믈리에의 야키 카레野菜ソムリエの焼きカレー(1,150엔, 30인분 한정). 담백하면서도 살짝 매콤한 카레는 채소 본연의 맛을 잘 살리고, 카레 위에 달걀과 치즈가 듬뿍 올라가 고소함은 최대치가 된다.

🚶 JR 모지코역 북쪽 출구에서 도보 2분 📍 北九州市門司区 西海岸1-4-7 🕐 화 11:00~15:00, 수~일 11:00~20:00
✖ 월요일 📞 +81 93 321 0303 🏠 pppphiphi.thebase.in

바다를 보면서 당 충전
밀크 홀 모지코 Milkhall Mojiko

야키 카레 맛집 베어 프루츠BEAR FRUITS가 운영하는 카페 레스토랑. 항구가 바라보이는 창가 자리는 바다를 보며 식사할 수 있어 언제나 만석이다. 특히 인기 있는 메뉴는 모지코 푸딩Mojiko Pudding(693엔). 적당한 단맛과 쌉싸래한 캐러멜 소스가 당 충전하기에 딱이다. 본점의 맛을 그대로 전수받은 야키 카레焼きカレー(1,045엔)도 맛있다.

🚶 JR 모지코역 북쪽 출구에서 도보 2분 📍 北九州市門司区西海岸 1-4-3 🕐 일~목 10:00~20:00, 금·토 10:00~21:00 ✖ 무휴
📞 +81 93 331 6911 🏠 bearfruits.jp

야자수 아래서 먹는
초밥이 꿀맛

시모노세키
下関

모지코에서 배를 타고 5분이면 도착하는
야마구치현의 시모노세키.
코발트블루색 바다를 따라 길게 뻗은
데크 산책로는 키 큰 야자수들이 서있어
무척 이국적이다. 카라토 시장에서
신선한 초밥을 사서 바다를 보며 맛보는
시간은 꽤 즐겁다. 어시장 초밥 시장은
금·토·일요일에만 운영하고 오후 3시면
닫으니 평일에 헛걸음하지 않도록
조심하고, 모지코에 도착하면 먼저
시모노세키부터 둘러보자.

이동 방법

모지코 승선장　　　　　　　　**시모노세키**
🚌 간몬 연락선 🕐 배로 5분,
1시간에 약 3편 운행 ¥ 400엔
🏠 www.kanmon-kisen.co.jp

텐진 고속버스 터미널　　**시모노세키(카라토 시장)**
🚌 1번 승차장에서 시모노세키행 고속버스
*예약 없음 🕐 1일 12편 왕복 ¥ 1시간 40분, 1,700엔

주말에만 열리는 초밥 시장
카라토 시장 唐戸市場

시모노세키에 오는 주 목적은 바로 카라토 시장이다. 이곳이 인기 있는 이유는 금·토·일, 공휴일에만 열리는 주말 초밥 시장 때문. 당일 들어온 싱싱한 생선으로 만든 활어회, 초밥, 카이센동 등을 시내의 식당보다 저렴하게 파는데 가성비는 물론 맛도 좋아 언제나 사람들이 줄을 선다. 늦게 가면 초밥이 별로 남지 않으니 일찌감치 가는 것이 좋다.

🏃 간몬 연락선 시모노세키 승선장에서 도보 4분
📍 山口県下関市唐戸町5-50
🕐 **시장** 월~토 05:00~15:00, 일, 공휴일 08:00~15:00 /
주말 초밥 시장 금·토 10:00~15:00, 일, 공휴일
08:00~15:00 ❌ 오봉, 연말연시 일부
📞 +81 83 231 0001 🏠 www.karatoichiba.com

펭귄과 돌고래가 가장 인기

카이쿄칸 海響館

주고쿠 지방 최대 규모의 수족관. 1층에는 창밖으로 보이는 바다 높이에 맞춰 설치한 수조가 인상적이다. 가장 인기가 높은 것은 펭귄 마을. 뒤뚱뒤뚱 걷는 귀여운 펭귄은 보는 것만으로 힐링 그 자체다. 드넓은 바다를 배경으로 펼쳐지는 야외 돌고래 쇼도 인기 만점. 또 시모노세키는 복어 산지로 유명한 만큼, 수조 속을 헤엄치는 전 세계의 복어 100여 종을 볼 수 있다.

🏃 간몬 연락선 시모노세키 승선장에서 도보 2분   📍 山口県下関市あるかぽーと6-1
🕐 09:30~17:30   ❌ 무휴   ¥ 일반 2,090엔, 초중학생 940엔, 3세 이상 410엔
📞 +81 83 228 1100   🏠 www.kaikyokan.com

조선 통신사가 묵었던 신사

아카마 신궁 赤間神宮

바다가 한눈에 내려다보이는 언덕 위 명당에 자리한 신사로, 어린 나이에 사망한 안토쿠 일왕을 모시고 있다. 용궁의 모습을 본떠 굵은 흰색 기둥 위에 붉은 지붕을 얹어 만든 수천문이 인상적이다. 이곳은 조선 통신사가 혼슈 지역(규슈, 시코쿠, 홋카이도를 제외한 일본 열도의 중앙부로 시모노세키 역시 혼슈에 속함)에서 처음 방문한 곳이자 첫 숙박지이기도 했다. 신사 건너편에 이를 증명하는 기념비가 서있다.

🏃 카라토 시장에서 도보 6분
📍 山口県下関市阿弥陀寺町4-1   🕐 09:00~17:00
❌ 무휴   📞 +81 83 231 4138

PART 5

실전에
강한
여행 준비

실수 없는 여행 준비

여권 발급

전국 시·도·구청 여권 발급과에 본인이 직접 가서 신청해야 한다(미성년 자녀는 부모가 대신 신청). 여권이 나오기까지 보통 2주 정도 걸리니 일찌감치 준비하는 게 좋다. 여권 수령도 본인이 직접 해야 한다. 여권을 발급받은 적이 있는 사람이 새 여권을 발급받는 '여권 재발급'은 웹사이트 '정부24'에서 온라인으로 신청할 수 있다.

- **준비물** 여권용 사진 1장, 신분증, 신청서, 발급 비용(10년 복수) 5만 3,000원
★ 여권 재발급 온라인 신청은 여권용 사진 파일 필요

🏠 외교통상부 여권 안내 www.passport.go.kr
🏠 정부24 www.gov.kr

항공권 구매

후쿠오카행 항공권은 다른 일본 도시에 비해 저렴한 편이지만, 시즌과 구매 시점 등에 따라 가격 변동이 심한 것은 마찬가지다. 항공권 가격 비교 사이트, 항공사 홈페이지 등에서 검색하고 비교해 보자. 항공권 구매 조건에 따라 마일리지 적용, 허용 위탁 수하물 중량 등이 다르므로 꼼꼼히 살펴야 한다.

🏠 네이버 항공권 flight.naver.com   🏠 스카이스캐너 www.skyscanner.co.kr
🏠 인터파크 투어 mtravel.interpark.com

숙소 예약

후쿠오카는 대도시치고는 여행자 수 대비 호텔 수가 적은 편이라, 일찌감치 예약해야 원하는 조건의 호텔을 예약할 수 있다. 숙박일에 임박해서 예약하거나 이벤트가 있는 기간에는 빈방이 동나는 경우도 종종 생긴다. 특히 유후인은 숙박료도 무척 비싸고 예약하기도 힘든 만큼, 숙박할 계획이 있다면 최대한 서둘러야 한다.

🏠 네이버 호텔 hotels.naver.com   🏠 부킹닷컴 www.booking.com
🏠 호텔스닷컴 kr.hotels.com   🏠 호텔스컴바인 www.hotelscombined.co.kr
🏠 자란넷 www.jalan.net

여행 일정 세우기

현지 상황에 따라 일정 중 일부가 바뀔 수도 있지만, 기본 일정을 얼마나 체계적으로 세우느냐에 따라 여행의 질이 달라진다. 특히 헛걸음하지 않도록 관광 명소와 식당의 휴무일, 영업시간을 꼭 확인하자.

교통 패스 & 입장권 구매

교통 패스는 한국에서 여행사를 통해 좀 더 저렴하게 사두자. 산큐 패스, JR 패스는 구입 후 받은 교환권을 하카타역, 버스 터미널에서 실물 패스로 교환받으면 된다. 관광 명소를 방문할 계획이 확실하다면 후쿠오카 타워, 마린 월드, 벳푸 지옥 온천의 입장권을 한국 내 여행사에서 미리 사도 좋다. 유후인의 코미코 아트 뮤지엄은 온라인 예약 시 할인되므로 미리 홈페이지에서 예약하면 좋다.

현지 교통 예약, 국제운전면허증 발급

유후인, 벳푸로 가는 고속버스, 특급 관광 열차인 유후인노모리 등 사전 예약 필수인 교통편은 일찌감치 예약해 두자. 원하는 좌석을 확보하려면 더욱 서두르는 게 좋다. 기차, 고속버스 예약 사이트는 모두 일본 사이트여서 예약하는 데 시간이 좀 걸릴 수 있다. 직접 하기 힘들다면 여행사의 예약 대행 서비스를 이용해도 좋다. 예약 대행 수수료는 1만 원 정도. 만일 렌터카를 이용할 계획이라면 국제운전면허증을 발급받아야 한다. 경찰서나 운전면허시험장에 본인이 직접 방문해 신청하면 당일(소요 시간 10~20분) 발급해 준다.

현지 교통 예약 🏠 JR 규슈 www.jrkyushu.co.jp 🏠 고속버스 www.highwaybus.com
국제운전면허증 •신청 수수료 8,500원 •준비물 여권, 운전면허증, 여권용 사진, 신청서

저녁 식당 예약

후쿠오카에서 저녁 먹을 식당을 예약하지 않았다가는 여기저기 기웃거리다가 낭패를 볼 수 있다. 주말 저녁은 예약 필수이고, 평일 저녁도 인기 식당은 무조건 예약해야 좋다. 구글 맵에서 식당을 검색해 구글의 예약 서비스, 또는 링크된 사이트를 통해 예약한다. 온라인 예약 서비스가 없다면 전화나 방문해서 예약할 수 있다. 식당 예약 방법과 관련 팁은 P.341의 '미식 여행을 위한 식당 예약'을 참고하자.

환전

여행 일정이 정해지고 예산 범위를 정했다면 환율을 계속 주시해야 한다. 변동 추이를 고려해 최적의 환전 시기를 정하자. 은행 앱 등을 통해 환전 우대 받는 것도 잊지 말자. 현금 환전은 필요한 만큼만 하고 신용카드, 간편 결제와 외화 체크카드 등을 함께 활용하자.

면세점 쇼핑

인터넷 면세점은 보통 전날(상품에 따라 당일)까지 주문 가능하지만, 직접 보고 사려면 시내 면세점에서 미리 구매하는 게 낫다. 구매한 물품은 출국날 공항 면세품 인도장에서 수령한다.

해외 데이터 사용

택배로 받아야 하는 유심(USIM)은 미리 구매해서 준비한다. 칩이 필요 없는 이심(eSIM)은 최소 출국 하루 전에 구매해 한국에서 미리 세팅해 놓아야 안심. 공항에서 수령하는 포켓 와이파이는 성수기라면 최소 며칠 전에는 신청해 두자. 통신사 로밍은 앱이나 고객센터, 공항 내 카운터에서 언제든 신청하면 된다.

비지트 재팬 웹 등록

일본 입국 수속 온라인 서비스. 입국 심사와 세관 신고를 미리 등록할 수 있다. 이 웹 등록은 필수는 아니고 선택 사항. 다만 미리 등록하면 종이 서류를 작성할 필요 없고, 입국 심사 및 세관 신고 때 QR코드를 제시해 입국 절차 시간을 조금이라도 줄일 수 있다.

🏠 비지트 재팬 웹 vjw-lp.digital.go.jp/ko

짐 꾸리기, 여행자 보험 가입

현지에서 쇼핑할 것을 고려해 가방의 절반은 비워두는 게 좋다. 예약한 항공사의 수하물 규정을 확인해 초과하지 않게 주의할 것. 라이터나 배터리 포함 전자제품은 위탁 수하물로 보낼 수 없으니, 기내에 가지고 타야 한다. 여행자 보험은 여행 당일 집에서 출발하기 전에 모바일을 통해 가입하면 편하다.

지역별 인기 숙박 구역

후쿠오카

가장 인기 있는 구역은 하카타역 주변과 텐진 주변. 최근 나카스, 야쿠인, 다이묘 쪽에 새 호텔들이 많이 생기고 있지만, 후쿠오카는 여전히 여행자 수에 비해서 숙박 시설이 적은 편이니 일정이 정해지면 숙소부터 바로 예약하는 것이 좋다. 특히 벚꽃 시즌, 골든위크, 후쿠오카 전통 축제가 열리는 7월 초중순, 오봉(양력 8월 15일 전후), 크리스마스, 연말 등의 성수기는 물론 인기 가수의 공연이 있는 날 역시 호텔이 금방 동난다.

하카타

- 출장 여행자를 위한 가성비 좋은 비즈니스호텔이 많다.
- 오피스 빌딩가에 가깝기 때문에, 퇴근 시간 이후에는 거리가 조용해진다.
- 주변에 맛집이 많고 하카타역에 쇼핑 시설이 모여있다.
- 유후인, 벳푸, 고쿠라, 모지코를 여행할 때 기차를 이용하기 편하다.
- 공항까지 환승하지 않고 갈 수 있다.

나카스

- 최근 나카스 주변에 새로운 호텔이 많이 생겼다.
- 밤늦게까지 야경과 유흥을 즐기기에 좋다.
- 공항을 오갈 때는 한 번 갈아타야 한다.
- 하카타역, 텐진에 비해 가성비 좋은 호텔이 많은 편이다.
- 유흥가 골목 쪽의 숙소는 피하는 것이 좋다.

텐진·다이묘

- 빈티지 숍과 스트리트 브랜드 숍, 백화점, 지하상가까지 쇼핑하기에 최적의 조건이다.
- 밤늦게까지 영업하는 술집 거리가 있어 유흥을 즐기기 좋다.
- 니시테츠 전철역이 가까워서 다자이후, 야나가와에 다녀오기 좋다.
- 공항까지 환승하지 않고 갈 수 있다.

유후인

대형 온천 호텔은 없고, 고급스러운 분위기의 중소형 료칸이 많다. 숙소들이 밀집하지 않고 드문드문 떨어져 있어 조용히 묵을 수 있는 것이 장점. 식당, 상점이 모인 메인 스트리트 유노츠보 거리와 유후인역 인근에는 저렴한 소형 숙소가 많고, 번잡한 지역에서 좀 떨어진 곳에 고급 료칸들이 많다.

유노츠보 거리 주변

- 위치는 관광, 산책, 맛집 투어를 즐기기에 최적이다.
- 낮에는 주변이 사람들로 붐벼 조용한 분위기를 기대하기 어렵다.
- 번잡한 분위기여서 고급 료칸은 없고 저렴한 숙소가 많은 편이다.

유후인역 서쪽

- 오래 영업해 온 전통 료칸과 최근 오픈한 현대적인 분위기의 숙소가 섞여 있다.
- 메인 스트리트 유노츠보 거리, 관광 명소들과 거리가 멀다.
- 숙소 주변에 식당이 거의 없는 편이다.

유후인역 남동쪽

- 논밭 사이에 전통 료칸이 드문드문 있다.
- 역사가 오랜 료칸이 많다.
- 객실, 노천탕에서 유후산의 전망이 잘 보이는 편이다.
- 유노츠보 거리, 관광 명소들에서 약간 떨어져 있지만 걸어갈 수 있다.

유후인역 북동쪽

- 지대가 높은 산지 쪽에 자리해 전망 좋은 숙소들이 꽤 많다.
- 가장 북쪽에 자리한 몇몇 숙소는 택시, 렌터카 없이는 외출이 불가능하다.
- 넓은 부지에 독채, 개인용 탕을 여럿 갖춘 고급 료칸들이 꽤 있다.
- 민숙, 유스호스텔 같이 저렴한 숙소들도 많은 편이다.

 벳푸

벳푸는 대형 온천 호텔이 많은 지역이다. 객실 수가 많은 만큼 숙박비도 유후인에 비하면 저렴한 편. 대신 유후인처럼 프라이빗하게 묵는 오붓한 분위기라기보다는 활기찬 분위기라고 할 수 있다. 워낙 역사가 오래된 온천 지역이라 시설이 낡은 온천 호텔이 많은 편인데, 한국인이 선호하는 깔끔한 시설을 갖춘 호텔들은 벳푸역 근처 벳푸만의 해안가를 따라 모여있다.

벳푸역 동쪽 해안가

- 기차역에서 도보 10분 거리여서 편하다.
- 오션 뷰 노천탕, 객실을 갖춘 온천 호텔이 많다.
- 온수 풀장, 뷔페 식당이 있는 리조트 스타일의 숙소도 많아서 가족 여행에 좋다.
- 노천탕에서 온천욕을 하면서 일출을 볼 수 있다.

벳푸역 서쪽

• 역에서 가까운 구역에는 중형 온천 호텔, 소형 료칸이 몇 곳 있다.

• 역에서 떨어진 서쪽 고지대에 대형 온천 호텔이 많다.

• 역 주변에는 저렴한 비즈니스호텔, 게스트 하우스가 많다.

칸나와 지역

• 벳푸 지옥 근처라서 관광하기 편하다.

• 저렴한 중소형 온천 숙소가 밀집해 있다.

• 대형 온천 호텔부터 소형 료칸, 게스트 하우스까지 다양한 숙소를 선택할 수 있다.

• 마을 곳곳에서 뿌연 증기가 끊임없이 솟아오르는 모습을 볼 수 있다.

유후인, 벳푸 숙소 Q&A

Q 온천 료칸을 고를 때 무엇을 고려해야 하나요?

A 온천에 노천탕이 있는지부터 체크하자. 있다면 완전 야외 노천탕인지, 천장과 벽을 많이 가린 반노천탕인지도 확인할 것. 공동 노천탕이 없더라도 대절하는 가족탕에 노천탕이 있는 경우도 있다. 객실은 크게 일본식 전통 다다미방, 호텔식 침대방, 다다미+호텔식 침대가 합쳐진 형태, 이렇게 세 가지로 나뉜다. 객실 중에는 독채이거나 개인 노천탕이 딸린 것이 가장 요금이 비싸다.

식사도 고려해야 한다. 료칸은 아침과 저녁, 두 끼 식사를 제공한다(식사 불포함인 상품도 있다). 저녁은 일본 코스 요리인 가이세키 요리를 내고, 아침은 그보다 간소한 메뉴로 낸다. 벳푸의 대형 온천 호텔 중 일부는 가이세키 요리도 여러 가지 구성 중에 선택할 수 있으며, 일부는 뷔페식으로 내는 곳도 있다. 일본 드라마나 영화를 보면 료칸 방에서 식사하는 모습이 자주 나오는데, 모든 료칸이 그런 방식은 아니다. 방에서 식사를 하는지 별도의 식당에서 식사하는지 체크하자.

Q 비싼 료칸을 좀 더 저렴하게 예약할 수 있나요?

A 같은 객실이어도 여러 숙박 플랜이 있다. 얼리버드 요금이 있는가 하면, 식사 메뉴 선택에 따라 요금이 달라지기도 한다. 가장 저렴하게 예약하는 방법은 식사 불포함 플랜이다. 만일 식사 메뉴를 선택할 수 있는지 확인하고 싶다면 료칸의 홈페이지를 봐야 한다. 호텔 예약 사이트에서는 객실 종류에 따른 옵션, 식사 포함 여부로만 선택할 수 있다.

Q 숙박하지 않고 당일치기로 다녀올 수 있나요?

A 유후인은 료칸 숙박비가 워낙 비싸고 관광 명소도 하루에 둘러볼 수 있는 정도이므로 당일치기도 충분히 가능하다. 당일 온천이 가능한 료칸이나 온천 전용 시설에서 온천욕을 가볍게 즐기고, 맛있는 점심과 온천가 산책을 즐기면 하루가 알차다. 벳푸 역시 지옥 순례를 빼면 이렇다 할 관광 명소는 없기 때문에 당일치기가 가능하다. 아침 일찍 벳푸 지옥 순례를 하고 점심을 먹은 후 온천 전용 시설에서 가볍게 온천욕을 즐기면 좋다. 시간상 벳푸 지옥을 여러 곳 보기 어렵다면 바다 지옥과 가마솥 지옥, 두 곳만으로도 충분하다.

🍜 미식 여행을 위한 식당 예약

후쿠오카를 여행할 때 식당 예약은 매우 중요하다. 주말 저녁은 무조건 예약해야 하며, 평일 저녁도 인기 식당은 만석인 경우가 대부분이니 예약하는 것이 좋다. '평일이니 괜찮겠지', '어디든 자리 나는 데로 가면 되지' 하고 생각했다가는 식당 찾느라 아까운 시간을 허비하거나 마음에 들지 않는 식사를 하게 될 수도 있다.

식당 예약하는 방법
· 먼저, 구글 맵에서 예약할 식당을 검색한다.
· 구글 맵 정보 개요 맨 상단에 '예약하기' 버튼이 큼직하게 나오는 경우, 온라인 예약이 가능한 식당이다. 한글로 자동 번역되는 데다가 앱 내에서 바로 예약할 수 있기 때문에 가장 쉽고 편한 방법이다.

· 구글 맵 식당 정보에 예약 링크가 연결되더라도 전화 예약만 받는 식당도 있고, 예약 링크가 아예 없이 전화 예약만 가능한 식당도 있다. 대부분 영어는 통하지 않으므로 숙박하는 호텔의 프런트 데스크 직원에게 대신 예약을 부탁하거나, 식당에 직접 가서 예약하는 수밖에 없다.

· 종종 인스타그램 DM이나 라인으로 예약을 받는 경우도 있으니 각 식당의 예약 방법을 확인해야 한다.

예약 시 주의할 점
· 대부분의 식당은 외국인을 환영하는 분위기이지만, 일부 식당은 외국인 손님의 예약을 기피하는 경우도 있다. 이유는 외국인의 노쇼(no-show)가 많은 편이기 때문. 외국 전화번호로는 예약을 했더라도 취소되거나, 일본 전화번호가 있어야만 예약이 되는 경우도 있다. 이 경우 꼭 가고 싶은 식당은 호텔 프런트 데스크 직원의 도움을 받는 수밖에 없다.
· 일본은 혼밥 문화가 워낙 발달해 있어서 어느 식당이든 1명이 가도 환영하는 분위기이고 예약도 당연히 가능하다. 그런데 간혹 온라인 예약에서 2명부터 선택 가능한 곳이 있다. 보통 이자카야인 경우가 많은데, 온라인 예약은 안 되지만 전화로 문의하면 예약 가능하기도 하니 도전해 볼 것. 대신 혼자여서 좋은 점도 많다. 1명은 예약하지 않고 식당 오픈 시간에 맞춰 가면 예약 손님이 오기 전까지 빈 시간에 식사할 수 있는 경우도 많다.
· 식당마다 예약 취소 기한(보통 이용일 1~2일 전까지)을 예약 화면에 고지한다. 사정상 갈 수 없다면 반드시 기한 내에 예약을 취소해서 식당에 피해를 주지 말자.

일본의 소비세와 면세 제도

현명한 소비를 위해 꼭 알아두어야 할 두 가지가 일본의 소비세와 면세 제도다. 복잡한 것 같지만 몇 가지 기본 원칙을 알아두어야 실전에서 헤매지 않는다. 그외 자세한 것은 실제 쇼핑할 매장에 문의하면 된다. 단, 면세를 받으려면 여권을 반드시 지참해야 하는 것을 잊지 말자.

소비세

일본의 소비세는 10%이지만, 예외가 있다. 이는 가계 부담을 낮추기 위한 경감세율 제도로, 술과 외식을 제외한 음식, 식료품에 8% 소비세가 적용되는 것. 예를 들어, 빵집에 갔을 때 테이크아웃으로 사면 소비세 8%가 적용된 가격을 지불하지만, 빵집 안에서 먹으면 외식이 되므로 소비세 10%가 적용된 가격을 지불해야 한다.

· **소비세 10%** 모든 상품과 서비스, 술, 외식
· **소비세 8%** (술, 외식을 제외한) 식료품, 식당에서 테이크아웃한 음식

면세

외국인 여행자가 현지에서 소비하는 음식료비, 술값, 입장료 외에 그 나라에서 소비하지 않고 가져가는 물건들에 대해서는 소비세 면제 혜택을 준다.

면세 혜택을 받을 수 있는 곳

모든 곳에서 면세가 되는 것은 아니다. 면세점 허가를 받은 곳만 가능하므로, 매장에 면세를 뜻하는 TAX FREE, GLOBAL TAX FREE 마크가 붙어있는지 확인할 것. 면세 일괄 수속 카운터가 있는 백화점, 쇼핑몰을 비롯해 전자 제품점, 대형 잡화점, 일부 드러그스토어 등 면세 가능한 곳은 점점 늘고 있다. 하지만 면세 카운터가 있는 쇼핑몰도 일부 매장은 불가능한 곳도 있으니 각 매장의 면세 마크를 체크하자.

면세 처리 조건

면세를 받으려면 여권을 반드시 지참해야 한다(사본은 불가). 또한 일정 금액(5,500엔) 이상 구매해야 하고, 당일 구매한 영수증에 한해서만 면세 처리가 가능하다.

면세 수속하는 방법

백화점에는 모두 별도로 면세 수속 카운터가 있어, 물건을 사면 이곳으로 가서 일괄 처리해야 한다. 라라포트에서는 면세 가능한 매장에서 바로 면세 처리를 해준다. 캐널 시티의 경우, 별도 면세 수속 카운터가 있지만 일부 매장은 매장에서 바로 면세 수속을 해준다. 'TAX FREE'라고 붙어있는 곳은 가게에 여권을 제시하면 세금을 뺀 가격으로 바로 결제해 주고, 'GLOBAL TAX FREE'라고 붙어있는 곳은 면세 카운터에 가서 수속을 받아야 한다. 세금은 현금으로 돌려주는데, 수속 수수료를 받는 경우도 있다. 돈키호테나 로프트, 도큐 핸즈 같은 대형 잡화점과 드러그스토어 등은 면세 처리 가능한 계산대가 따로 있으니 여기로 가서 계산한다.

면세 수속 카운터를 이용할 경우

① 일단 소비세가 포함된 가격으로 물건을 구매하고, 당일 구매 금액이 5,500엔 이상이면 면세 카운터로 간다.
② 구매한 물품, 영수증, 여권을 제시한다. 본인만 수속 가능하며(대리 수속 불가) 결제한 신용카드는 여권의 이름과 일치해야 한다.
③ 세금은 현금으로 돌려주는데, 이때 수수료를 내야 하는 경우도 있으며 보통 1.5% 정도다.

면세 대상 물품	면세 가능 금액			주의사항
가전제품, 옷, 가방, 신발, 시계, 보석류, 공예품 등	동일 점포에서 당일 구매 금액 5,000엔 이상(소비세 제외한 가격 기준)	동일 점포에서 일반 물품, 소모품을 합산한 당일 구매 금액이 5,000엔 이상 50만 엔 이하(소비세 제외한 가격 기준) ★ 이 경우 구매 물품 모두 면세 전용 봉투에 밀봉하며, 일본에서 개봉 불가	면세 수속 일괄 카운터가 설치된 백화점, 쇼핑몰에서는 복수 점포의 당일 구매 금액 5,000엔 이상(소비세 제외한 가격 기준) ★ 이 경우 구매 물품 모두 면세 전용 봉투에 밀봉하며, 일본에서 개봉 불가	일본에서 사용 가능
식품, 음료, 화장품, 의약품, 주류 등	동일 점포에서 당일 구매 금액 5,000엔 이상 50만 엔 이하(소비세 제외한 가격 기준)			일본에서 사용 불가. 면세 전용 봉투에 밀봉해 주며 일본에서 개봉 불가

면세에 관한 Q&A

Q 택스 프리(Tax Free)와 듀티 프리(Duty Free)는 다른 건가요?

A 택스 프리는 말 그대로 소비세를 면해주는 것이며, 듀티 프리는 관세를 면해주는 것. 일본 시내의 면세 가능한 상점에서 환급을 받는 것이 택스 프리이고, 국제공항과 국제 여객선 터미널에서 운영하는 면세점은 듀티 프리이다.

Q 식당에서 식사한 것도 면세가 되나요?

A 면세를 해주는 물품은 일본 안에서 소비하지 않고 해외로 반출하는 것이 기본 조건이다. 음식점에서 식사한 것은 일본에서 소비한 것이니 면세 혜택을 받을 수 없다.

Q 가족 명의의 신용카드로 결제했는데, 면세 받을 수 있나요?

A 면세는 본인 명의의 신용카드로 결제했을 때만 받을 수 있으며, 면세 수속 때에 본인 명의의 결제 신용카드, 영수증, 본인 여권이 모두 필요하다.

Q 면세를 받을 때 여권을 찍은 사진이나 사본이어도 되나요?

A 여권 원본을 필히 지참해야 한다.

Q 돈키호테에서 술, 과자, 약, 화장품을 구입했는데 모두 면세 받을 수 있나요?

A 해당 물품은 소모품과 소모품이 아닌 것으로 나뉘기는 하지만, 모두 면세 대상이니 구매 총액이 5,500엔을 넘는다면 면세 혜택을 받을 수 있다. 다만 소모품이 아닌 것까지 모두 하나의 특수 포장지에 담아 밀봉해 주며, 일본에서는 개봉 및 사용 금지 조건이므로 한국에 돌아올 때까지 뜯지 말아야 한다.

Q 여행 기간 동안 산 물품을 모아서 한 번에 면세 처리해도 되나요?

A 면세는 당일 구매한 영수증에 한해서만 가능하니 꼭 당일에 처리하자.

Q 일본에서 면세 쇼핑을 하고 특수 포장해 준 화장품은 일본에서 사용해도 되나요?

A 원칙적으로 일본에서는 포장을 뜯으면 안 되고 사용해서도 안 된다. 출국할 때 이 부분을 특별히 조사하지는 않지만 혹시 문제가 될 수 있으니 지키는 것이 좋다.

Q 일본에서 면세 받고 특수 포장한 물건은 귀국할 때 기내에 들고 타도 되나요?

A 기내 물품 반입 규정에 따르면 모든 액체류는 100ml 이하 용기에 한해, 1L 이하의 지퍼백에 담아 밀봉해야 들고 탈 수 있다. 시내에서 면세품(택스 프리) 구매 시 해주는 특수 포장은 일본 내 소비를 방지하기 위한 것이며, 기내 액체류 반입 규정과는 상관이 없다. 그러므로 시내에서 택스 프리 혜택을 받아 구매한 액체류는 위탁수하물에 넣을 것. 단, 출국 수속 후에 공항 면세점에서 구입한 물품(듀티 프리)은 기내에 들고 탈 수 있다.

🖨️ 다양해진 결제 수단

여전히 현금만 받는 가게도 일부 있지만, 이제는 일본에서도 신용카드 사용 가능한 곳이 상당히 많아졌다. 더구나 코로나19 팬데믹 이후 간편 결제 수단 역시 다양해져, 대도시에서는 보편적인 결제 수단이 되었다. 그 밖에 해외 결제 수수료가 없는 외화용 체크카드, 일본 교통카드 등 편리한 결제 수단이 많다. 현금도 어느 정도 가지고 다녀야 하지만, 스마트 페이와 카드를 잘 활용하면 여행이 끝나고 일본 동전 부자가 되는 일을 막을 수 있다.

네이버페이

아이폰, 안드로이드폰 모두 가능

일본 내 유니온페이, 알리페이 플러스 결제가 가능한 매장에서 네이버페이를 이용할 수 있다. 네이버페이 포인트와 머니로 결제되는 시스템인데, 미리 등록한 은행 계좌에서 원하는 만큼 즉시 충전할 수 있다. 환전 수수료는 없지만 해외 결제 수수료는 발생한다. 결제할 때는 네이버 앱의 상단 'Pay' 메뉴로 들어가 '현장 결제'를 터치하고 바코드를 제시하면 된다. 이때 주의할 것은 바코드 위 '국내'를 터치해 '알리페이 플러스' 또는 '유니온페이 중국 본토 외' 결제를 선택한 다음 이용 동의를 먼저 해야 사용 가능하다는 것이다. 여행 직전 프로필의 보안 설정에서 해외 로그인 차단을 해제해두어야 하니 주의.

카카오페이

아이폰, 안드로이드폰 모두 가능
수수료 없이 ATM 출금 가능

카카오페이와 연동된 은행 계좌에서 자동 충전되어 결제되는 시스템. 환전 수수료는 없지만 해외 결제 수수료는 발생한다. 결제 방법은 카카오톡의 카카오페이 화면에서 '결제' 메뉴를 터치해 바코드를 띄운다. 이때 주의할 것은 바코드 아래 '대한민국'을 '일본'으로 변경한 후 리더기에 인식해야 결제가 된다. 카카오페이는 알리페이 플러스(Alipay+), 카카오페이 로고가 있는 곳에서 사용할 수 있다. 결제할 때는 직원에게 카카오페이보다 알리페이라고 말하는 게 이해가 더 빠르다. 또 카카오페이로 세븐은행(세븐일레븐) ATM에서 수수료 없이 현금을 인출할 수 있다. 하나은행 계좌가 연결되어 있으면 바로 출금되며, 다른 은행 계좌는 실명 인증을 해야 서비스를 이용할 수 있으니 출국 전에 미리 인증해 두자. 현금 인출은 ATM의 QR코드를 휴대폰으로 촬영해 휴대폰에서 직접 출금할 금액을 입력하는 방식이다.

아이폰과 현대카드 유저라면

현대카드를 소지한 아이폰 사용자는 애플페이를 등록해 일본에서도 결제할 수 있다. 아이폰 우측 버튼을 두 번 누르면 애플페이 화면이 나오고, 아이폰 카메라 오른쪽 부분을 리더기에 대면 인식이 된다. 다만 애플페이는 현대카드로 직접 결제되는 것이라 해외 결제 수수료가 발생한다. 그래서 애플페이를 사용하기보다는 지갑 앱에 일본 교통카드를 등록해 일반 오프라인 결제에도 사용하는 것이 활용도가 높다.

아이폰만 가능
교통카드는 물론 일반 결제까지

아이폰 사용자는 일본의 교통카드(IC카드) 스이카, 파스모, 이코카를 지갑 앱에 등록해 실물 카드 없이 모바일로 사용할 수 있다. 잔액과 사용 내역이 바로 확인되며, 애플페이(비자 카드는 스이카만 가능)로 언제든 충전할 수 있어 무척 편리하다. 교통카드 기능뿐 아니라 IC카드 로고가 있는 가맹점(백화점, 편의점, 자판기 등)에서 체크카드처럼 결제도 가능하다. 참고로, 한국 출시 안드로이드폰은 일본과 NFC 방식이 다르기 때문에 인식이 안 되어 사용할 수 없다.

모바일 카드 만들기

한국에서 애플페이를 사용하고 있으면 신규 모바일 카드를 만들 수 있다. 단, 비자 카드일 경우는 스이카만 만들 수 있다.

① 아이폰의 '지갑' 앱을 연다.
② 화면 우측 맨 위의 '+'를 터치한다.
③ 교통카드 메뉴로 들어가 스이카, 파스모, 이코카 중 원하는 카드를 선택한다.
④ 충전할 금액(최소 금액 1,000엔 이상)을 입력하고, 우측 맨 위의 '추가'를 터치한다.
⑤ 이용 약관에 동의하면 애플페이가 실행된다.
⑥ 우측 버튼을 더블 클릭하면 결제가 완료된다.
⑦ '지갑' 앱으로 들어가면 아래쪽에 교통카드가 생성되어 있다.

실물 카드를 모바일로 옮기기

애플페이를 사용하지 않더라도, 실물 교통카드를 가지고 있으면 모바일로 옮겨 등록할 수 있다. 일단 모바일로 옮기면 실물 카드는 더 이상 사용, 충전이 안 되니 주의할 것. 이 코카의 경우 아톰, 키티 디자인 카드는 모바일로 옮길 수 없다.

① 아이폰의 '지갑' 앱을 연다.
② 화면 우측 맨 위의 +를 터치한다.
③ 교통카드 메뉴로 들어가 스이카, 파스모, 이코카 중 모바일로 옮길 카드를 선택한다.
④ 금액 숫자 아래에 쓰인 '기존 카드 이체'를 터치한다.
⑤ 실물 카드에 쓰인 번호의 마지막 4자리를 입력하고, 화면 우측 맨 위의 '다음'을 터치한다(생년월일은 입력하지 않는다).
⑥ 실물 카드 위에 아이폰을 올려두면 카드가 옮겨진다.
⑦ '지갑' 앱으로 들어가면 아래쪽에 교통카드가 생성되어 있다.

충전하기

애플페이를 사용 중이라면, '지갑' 앱에서 교통카드를 실행하고 '금액 추가'로 들어가 최소 금액 100엔부터(스이카는 1엔부터) 충전할 수 있다(단, 비자 카드는 스이카만 모바일 충전 가능). 애플페이를 사용하지 않는다면 편의점, 세븐일레븐 ATM, 지하철역, 버스에서 충전할 수 있다. 편의점에서는 직원에게 현금을 내고 충전하고, 세븐은행(세븐일레븐) ATM에서는 한국어 메뉴로 들어가 안내대로 진행하면 된다. 편의점은 어디서나 흔하게 찾을 수 있기 때문에 가장 편리한 방법이라 할 수 있다. 지하철역의 자동발매기는 핸드폰이나 애플워치를 올려 놓아 충전하는 기기만 이용 가능하며, 버스에서는 차가 정차했을 때 버스기사에게 충전한다고 말하면 된다. 단 기존 실물 카드는 필요없어진 경우 보증금 500엔을 제외하고 환불해 주었지만, 모바일 교통카드는 환불이 안 된다. 남은 금액은 편의점 등에서 다 쓰거나 다음 여행 때 사용하자.

사용하기

교통카드로 쓸 때는 아이폰이나 애플 워치를 리더기 가까이에 대기만 하면 바로 인식된다. 지하철 개찰기의 경우, 개찰기에 교통카드용 리더기와 신용카드용 리더기가 있으니 헷갈리지 말자. 교통카드용 리더기는 개찰기 맨위에 있고, 신용카드용 리더기(국내 신용카드 사용 불가)는 개찰기 정면 쪽에 있다. 편의점 등에서 결제할 때는 직원에게 먼저 'IC카도데 오네가이시마스(IC카드로 할게요)'라고 말하고 리더기에 대면 결제된다. 일본에서는 일반 결제도 가능한 익스프레스 교통카드가 우선 인식되기 때문에 따로 카드 화면을 켤 필요가 없다. 여러 교통카드를 등록한 경우는 '지갑' 앱의 익스프레스 교통카드 메뉴에서 우선 사용할 카드를 지정하면 된다.

애플페이도, 실물 교통 카드도 없다면?

파스모, 스이카는 각각 파스모 앱, 스이카 앱을 설치하면 애플페이가 없거나 실물 카드가 없어도 신규 모바일 카드를 만들 수 있다. 다만 일본어 화면에서 입력하고 진행해야 하는 점이 어렵다.

| 트래블 월렛
vs
트래블 로그 | **해외 결제 수수료가 무료**
외화용 체크카드 |

해외 결제 수수료가 무료
외화용 체크카드

트래블 월렛 vs 트래블 로그

카드사의 평균 해외 결제 수수료는 2.5%. 이것만 줄여도 꽤 절약이 된다. 해외 결제 수수료가 없는 외화용 체크카드는 비자Visa의 트래블 월렛과 하나은행의 트래블 로그. 카드 하나에 여러 외화를 충전할 수 있고, 환율이 유리할 때마다 외화를 충전해 두면 실용적이다. 체크카드여서 연회비도 없고, 직접 찾아가 환전하고 수령할 필요 없어 편리하며, 해외 결제 수수료가 없다. 게다가 해외에서 신용카드로 결제되는 모든 곳에서 사용할 수 있으니 여러 모로 편리한 수단이다.

	트래블 월렛	트래블 로그
은행 계좌	모든 은행	
국제 결제 브랜드	Visa	Master
발급 신청 및 충전, 결제 내역 확인 등	트래블 월렛 앱	하나머니 앱
환전 가능한 외화	일본, 미국, 유럽 등 46개국 통화	일본, 미국, 유럽, 영국, 싱가포르 등 41개국 통화
외화 충전 한도	원화 200만 원 상당까지 충전 가능(카드 잔액 포함)	원화 200만 원 상당까지 충전 가능(카드 잔액 포함) ★ 앱에서 별도 신청 시 300만 원까지 가능
결제 금액 한도	연간 100,000USD.	
해외 결제 수수료	없음	
환전 수수료	없음(일본, 유럽, 미국), 기타 통화는 있음	없음(일본, 유럽, 영국, 미국), 기타 통화는 있음
원화로 재환전 시 수수료	없음	수수료 1%
카드 형태	모바일 카드는 온라인 결제만 가능하므로, 반드시 실물 카드를 발급	실물 카드
일본 내 수수료 무료 ATM	이온은행 ATM. 월 500USD, 1회 400USD까지 수수료 무료(초과 시 초과 금액의 2% 수수료 부과)	세븐은행(세븐일레븐), 이온은행 ATM. 한도 없이 모두 수수료 무료
교통카드 기능	일본에서는 교통카드 기능 없음	
추가 혜택	홈페이지 확인 www.travel-wallet.com	국내 가맹점 이용 시 하나머니 적립 서비스 홈페이지 확인 www.hanacard.co.kr

나에게 맞는 결제 방법은?	

네이버페이 vs 카카오페이

- 큰 차이는 없으니 평소 사용하는 앱을 쓰면 된다.
- 현금을 인출하려면 카카오페이를 써야 한다. 세븐은행 ATM에서는 수수료가 무료.

아이폰 유저라면 = 애플페이+모바일 교통카드

- 애플페이에 등록된 한국 신용카드로 결제하면 해외 결제 수수료가 발생한다. 따라서 아이폰 지갑 앱에 일본 교통카드를 등록하고, 애플페이로 충전해(비자 카드는 스이카만 가능, 모바일 대신 편의점에서도 충전 가능) 일반 결제에도 교통카드를 쓰는 것이 활용도가 높다.
- 교통카드 결제가 가능한 가맹점은 백화점, 돈키호테, 편의점, 드러그스토어, 슈퍼마켓 등 상당히 많다.

트래블 월렛 vs 트래블 로그

모든 신용카드 가맹점에서 체크카드처럼 사용할 수 있다.

- 현금 인출이 잦다면 트래블 로그. 수수료 없이 현금 인출할 수 있는 ATM이 훨씬 더 많다.
- 재환전할 것 같다면 트래블 월렛. 남은 경비를 원화로 재환전 시 수수료가 없다.

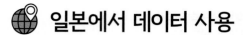
일본에서 데이터 사용

공항의 모바일 체크인부터 일본에서 길 찾기, 번역 앱 사용, 식당 예약 등 여행 내내 스마트폰 데이터를 사용해야 한다. 가격, 조건 등 여러 상품을 비교해 보고 내게 맞는 것을 고르자.

데이터 로밍
통신사의 로밍 서비스를 이용하는 방식

장점
- 통신사 앱으로 신청할 수 있고, 고객 센터에 전화하거나 공항의 통신사 카운터에서도 신청 가능하다.
- 한국 전화번호 그대로 사용해 전화를 걸고 받을 수 있다(로밍 요금제 적용).
- 신청만 하면 휴대전화 설정을 변경할 필요 없이 그대로 사용하면 된다.
- 한국 통신사 고객 센터를 통해 문의 및 문제 해결을 할 수 있다.

단점
- 요금이 1일 약 1만 원 이상으로, 가장 비싸다.

이심(eSIM)
QR코드를 인식해 스마트폰 내에 설치하는 방식

장점
- 한국 전화번호를 그대로 사용해 전화를 걸고 받을 수 있다(로밍 요금제 적용).
- 대부분 구매 후 즉시 QR코드를 발송해 주기 때문에 출국 당일이나 일본 여행 중에도 구매해 등록할 수 있다.
- 요금이 1일 3,000~4,000원 정도로 저렴하다.
- 남은 데이터를 확인할 수 있다.
- 판매처 고객 센터를 통해 문의 및 문제 해결을 할 수 있다.

단점
- 지원되는 단말기로만 이용 가능하다.
- 휴대폰 조작이 미숙하면 설치 및 설정이 어려울 수 있다.

유심(USIM)
일본 통신사의 유심 칩을 구매해 교체하는 방식

장점
- 단말기 기종에 구애받지 않는다.
- 요금이 1일 3,000~4,000원 정도로 저렴하다.
- 일본 도착 후 공항 등 현지 판매처에서 구매 가능하다.

단점
- 한국 전화번호로 걸려오는 전화와 문자 수·발신이 불가능하다.
- 일본에 도착해 유심 칩을 교체한 후, 휴대폰의 설정을 바꿔야 한다.
- 휴대폰 조작이 미숙하면 설치 및 설정이 어려울 수 있다.
- 일본에서 구매하는 경우 가격이 비싸므로, 한국에서 미리 구매해 택배로 받거나 공항에서 수령해야 한다.
- 한국 유심 칩을 분실할 위험이 있다.

포켓 와이파이
와이파이 단말기를 대여해 사용하는 방식

장점
- 한 대로 여러 명이 함께 쓸 수 있다.
- 요금이 1일 3,000~4,000원 정도로 저렴하다.
- 태블릿 PC, 노트북도 연결할 수 있다.
- 대여 업체 고객 센터를 통해 문의, 문제 해결을 할 수 있다.
- 한국 전화번호를 그대로 사용해 전화를 걸고 받을 수 있다(로밍 요금제 적용).

단점
- 최소한 출국 3일 전에는 신청해 공항 수령 또는 택배로 받아야 하고, 귀국한 후 반납해야 한다.
- 큼직한 단말기를 들고 다녀야 하며, 단말기 전원이 꺼지지 않도록 보조 배터리와 케이블을 챙겨야 한다.
- 단말기를 분실할 위험이 있다.
- 단말기에서 멀어지면 와이파이가 안 된다.

✈ 출입국 절차

한국에서 출국할 때

STEP 1 **온라인 체크인** 항공사 앱으로 미리 해두어야 수속이 조금이라도 빨라지며, 경우에 따라 좌석 지정도 가능하다. 공항의 셀프 체크인 기기에서 할 수도 있다.

STEP 2 **탑승 수속** 온라인 체크인을 하지 않은 경우 항공사 카운터에서 탑승 수속을 하면서 위탁 수하물도 접수한다. 체크인을 미리 한 경우 수하물만 위탁하는데, 항공사에 따라 자동 수하물 위탁 기기(셀프 백드롭)를 운영하기도 한다.

STEP 3 **로밍, 환전, 여행자 보험** 미리 신청하지 못한 것은 보안 검색대 쪽으로 들어가기 전에 모두 처리한다. 면세구역 내에는 카운터가 없는 것도 있기 때문.

STEP 4 **보안 검색** 기내 반입 금지 물품이 없는지 검색대에 들어가기 전에 미리 확인해 두자. 스마트패스 앱을 설치해 여권 정보와 안면 인식을 등록해두면 보안 검색대로 들어가는 전용 통로를 이용해 좀 더 빠르게 입장할 수 있다. 노트북과 태블릿 PC는 가방에서 따로 꺼내 검색대에 올린다.

STEP 5 **출국 심사** 자동 출입국 심사로 전자 여권 스캔, 지문 인식, 안면 인식을 하고 통과한다.

STEP 6 **면세품 인도 및 쇼핑, 식사** 미리 구매한 면세품은 해당 면세점의 인도장으로 가서 수령한다. 면세 구역에서 쇼핑하거나 식사를 할 수도 있다.

STEP 7 **탑승 게이트 이동** 항공기 출발 30분 전에는 게이트 앞에 도착해 있어야 한다.

STEP 8 **비행기 탑승** 인천에서 후쿠오카까지 1시간 15분 정도 걸린다. 비지트 재팬 웹에 미리 등록했다면 기내에서 종이 서류를 작성할 필요가 없다.

일본에서 입국할 때

STEP 1 **입국 심사** 입국 심사장에 들어서면 직원의 안내대로 준비한다. 한국에서 미리 작성해 발급받은 비지트 재팬 웹 QR코드와 여권을 제시한다. 심사대에서 혹은 심사대로 가기 전, 지문 등록과 얼굴 촬영을 진행한다. 입국 심사대에서 여권을 심사관에게 제출하고, 혹시 질문을 받으면 대답한다. 참고로, 이제 코로나19 백신 증명 및 PCR 음성 증명은 필요 없다.

STEP 2 **수하물 찾기** 전광판에서 내가 타고 온 비행기 편명과 수취대 번호를 확인한다. 짐을 찾을 때는 내 것이 맞는지 꼭 확인하자. 짐을 맡길 때 받은 수하물 태그와 대조하면 정확하다.

STEP 3 **세관 신고** 신고할 물품이 없으면 면세 통로로 간다. 비지트 재팬 웹에서 발급받은 QR코드를 기기에 찍고 확인받은 다음 통과한다. 이제 시내로 이동한다.

유용한 애플리케이션

구글 맵스 | 일본에서 구글 맵스의 역할은 강력하다. 길 찾기는 물론이고 교통 정보의 정확성은 놀라울 정도다. 내 주변의 음식점, 카페, 라멘집, 이자카야, ATM, 편의점, 병원 등 카테고리별 검색도 가능하고, 타이핑이 불편하면 음성 검색도 할 수 있다. 구글 맵스로 장소를 검색해 정보를 확인하고 이용자 리뷰를 읽어보고 예약까지 할 수 있다. 가고 싶은 장소를 목록에 저장해 여행 계획을 짤 수 있고, 나의 여행 계획을 친구에게 공유해 줄 수도 있다. 그야말로 최강의 만능 앱이다.

네이버 파파고, 구글 번역 | 일본어를 모른다고 겁낼 필요 없다. 번역 앱의 카메라로 찍으면 사진에서 바로 번역이 되어 나오니, 간판이나 메뉴판 읽는 것도 문제없다. 두 번역 앱의 사용 방법이나 기능은 비슷한데, 파파고는 좀 더 자연스러운 한국어를 구사한다.

마이 루트 | 누구에게나 유용한 앱은 아니지만, 패스를 살 때는 좋다. 만일 후쿠오카 투어리스트 패스, 후쿠오카 시내 6시간/24시간 패스, 후쿠오카 시내+다자이후 라이너즈 타비토 24시간 패스, 후쿠오카 투어리스트 시티 패스(후쿠오카 시내+다자이후)가 필요하다면 마이 루트 앱에서 간편하게 살 수 있다. 현지에서는 스마트폰 화면을 제시하는 방식으로 사용한다. 한글 지원이 된다.

우버, 카카오택시 | 일본에서 택시를 부르려면 우버나 카카오택시를 이용하자. 택시를 부르기 전 예상 금액을 알 수 있고, 호출하면 금방 택시가 잡히는 편이다. 우버는 앱에 연동시킨 카드 자동 결제만 가능하고, 카카오택시는 현금, 카드 자동 결제 모두 가능하다. 우버는 수수료가 무료인 반면, 카카오택시는 서비스 이용 요금이 500원 정도 붙는다.

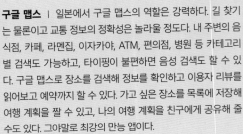

네이버페이, 카카오페이 | 일본에서도 네이버페이, 카카오페이로 결제할 수 있다. 단 미리 앱의 바코드 아래 '국내(또는 국가)'를 네이버페이는 '알리페이 플러스' 또는 '유니온페이 중국 본토 외'로, 카카오페이는 '일본'으로 변경하고 사용 동의(또는 은행 계좌 실명 인증)를 해두어야 한다.

🔍 찾아보기

🅐 가마솥 지옥	302
간몬 연락선 모지항 승선장	329
간몬해협 박물관	329
고쿠라성	317
고쿠라성 정원	318
공상의 숲 아르테지오	288
구 모지 미츠이 클럽	326
구 모지 세관	327
구 오사카 상선	326
규슈 국립박물관	267
규슈 철도 기념관	329
기타큐슈시 다렌 국제우호 기념관	328
기타하라 하쿠슈·생가 기념관	272
나카스	169
나카스 크루즈	202
노코노시마 아일랜드 파크	256
니시 공원	249
다이묘 가든 시티 파크	198
다자이후 텐만구	262
도깨비산 지옥	302
라라포트 후쿠오카	171
라쿠스이엔	168
롯폰마츠 421	239
롯폰마츠 츠타야 서점	239
리버 워크 기타큐슈	320
마루스즈 다리	311
마린 월드 우미노나카미치	252
마이즈루 공원	233
마츠모토 세이초 기념관	319
마크 이즈	248
모모치 해변	245
모지코 레트로	325
모지코 레트로 전망대	328
모지코역	326
무겐노사토 슌카슈토	304
미야지다케 신사	249
미유키노유	304
미즈호 페이페이 돔	248
바나나맨 동상	327
바다 지옥	301
뱃놀이	271
베이사이드 플레이스	250
벳친칸	310
벳푸 지옥 순례	301
보트 하우스	235
붓산지	287
블루윙 모지	328
사라쿠라산 전망대	321
생명 여행 박물관	322
쇼헨엔	203
쇼후쿠지	167

스님 머리 지옥	302
스미요시 신사	168
스이쿄텐만구	199
스카이 카페 & 다이닝 리퓨즈	247
스카이뷰 123	247
시탄유	286
아카마 신궁	333
아크로스 후쿠오카	200
아타고 신사	250
안탕	311
야나기바시 시장	203
야사카 신사	319
오호리 공원	234
오호리 공원 일본 정원	235
우미노나카미치 해변 공원	251
우오마치 긴텐가이 상점가	320
우키미도	235
유노츠보 거리	280
유후다케 온천	287
유후산	288
유후인 쇼와칸	283
유후인 스테인드글라스 미술관	287
유후인 플로럴 빌리지	283
일루미네이션	247
조텐지	168
지장당	310
참배 길	260
카라타치 분진노 아시유	271
카라토 시장	332
카마도 신사	267
카와바타 상점가	170
카와치후지엔	322
카이쿄칸	333
카제노야	310
캐널 시티	164
케고 신사	198
코미코 아트 뮤지엄	282
쿠시다 신사	166
킨린 호수	284
타치바나 저택 오하나	272
타쿠미 갤러리	200
텐소 신사	286
텐진 중앙 공원	201
토초지	167
트릭 3D 아트 뮤지엄	283
피의 연못 지옥	303
하카타 구시가	167
하카타 향토관	166
하카타만 크루즈	202
해협 플라자	327
호빵맨 어린이 박물관	170
회오리 지옥	303
효탄 온천	304
후쿠오카 아시아 미술관	170

후쿠오카 타워	246
후쿠오카 포트 타워	251
후쿠오카성 터	233
후쿠오카시 과학관	239
후쿠오카시 미술관	232
후쿠오카시 박물관	248
후쿠오카시 아카렌가 문화관	199
흰 연못 지옥	303
JR 하카타 시티	160
🛍 건담 사이드 에프	181
고토사케텐	312
니코 앤드	178
다이고쿠 드러그	210
다이마루 백화점	205
다이소	175
도큐 핸즈	174
돈키호테	206
동구리 공화국	179
드러그 일레븐	177
디즈니 스토어	180
로프트	207
리빙 스테레오	210
마루젠	177
마잉구	163
맥스 밸류 익스프레스	178
무인양품	208
미나 텐진	205
미츠코시 백화점	204
반다이 남코 크로스 스토어	181
빅카메라	209
산리오 갤러리	180
서니	210
세리아	176
솔라리아 스테이지	206
솔라리아 플라자	205
스리 비 포터스	208
스리피	175
스미요시슈한	173
스탠더드 프로덕츠	175
시마모토	172
아유 플라자	162
에이 코프	290
요도바시 카메라	174
원피스 무기와라 스토어	213
유니클로	212
유후인 가라스노모리	290
이와타야 백화점	204
점프 숍	181
줄리엣스 레터스	214
짱구 스토어	212
카시라	178
칼디 커피 팜	177
쿠라 치카	211

쿠바라혼케	174	불랑주	192	코메다 커피	193
키디랜드	213	빵토 에스프레소토 하카타토	191	코바 카페	269
킷테 하카타	162	사라야 후쿠류	273	코우바시야	191
타비오	211	사루타히코	323	쿠쿠치	289
타이드마크	212	사보 텐조사지키	294	키르훼봉	225
텐진 지하상가	206	사이후 마메야	261	타이쇼테인	219
토지	213	센케	292	타츠미즈시	185
토키네리	176	소노헨	190	타케오	291
파르코	204	소누소누	220	타케하타	253
포켓몬 센터	179	수프 스톡 도쿄	188	텐잔	261
프랑프랑	207	슈퍼 마리오	219	텐푸라 나가오카	220
하우스	290	스누피차야	293	토리키조쿠	189
하이타이드 스토어	214	스미요시 쇼쿠도	313	파티세리 로쿠	313
하카타 데이토스	163	스시 쇼군	218	파티세리 조르주 마르소	226
하카타 리버레인	176	스즈카케	191	포크본페이	241
한큐 백화점	162	스타벅스	261	포타마	188
하쿠넨구라	173	스톡	227	푸글렌	193
화이트 아틀리에 바이 컨버스	211	시로가네 코미치	222	풀풀 하카타	193
후쿠야	172	아라키	189	프린세스 피피	330
후쿠오카 생활도구점	208	아맘 다코탄	240	하가쿠레 우동	186
후쿠타로	209	아베키	229	하츠유키	221
		아이토 우나기	236	하카타 고마사바야	217
⑪ 간소 나가하마야	254	아타라요	224	하카타 기온 테츠나베	187
간소 모토요시야	273	알 스리랑카	219	하카타 라멘 신신	216
그린 빈 투 바 초콜릿	226	앤드 로컬스	237	하카타 이치방가이	163
금상 고로케	289	야키니쿠 호르몬 타케다	221	하카타 토요이치	252
나미만	269	에바 다이닝	188	회전초밥 후지마루	218
나스야	293	오오시게 쇼쿠도	215	후시지마	323
나이스 플랜트 베이스드 카페	225	와로쿠야	312	후쿠오카 크래프트	220
노코니코 카페	258	와카마츠야	273	히츠마부시 와쇼쿠 빈초	185
니쿠마루	221	우나키타	312		
다이다이	236	우동비요리	240	☺ 렉스 호텔 벳푸	307
다코메카	192	우오덴	184	마키바노이에	298
도라도라	313	우오타츠 스시	253	무소엔	298
라멘 나오토	217	유신	187	신메이칸	314
라멘 스타디움	165	이치란 총본점	183	아마넥 벳푸 유라리	306
라멘 텐고쿠	292	이쿠라	186	야마다야	299
렉 커피	229	이토오카시	216	야와라기노사토 야도야	297
롯폰폰	241	잇푸도 다이묘 본점	215	오갸쿠야	315
마누 커피	229	자크	237	오야도 노시유	315
마사쇼	254	잣코	257	오오에도 온센모노가타리 벳푸 세이후	306
마츠스케	223	친자 타키비야	222	우미노 호텔 하지메	307
만다 우동	218	카구노코노미	261	유메린도	315
메이 카페	228	카란도넬	289	유후인 호텔 슈호칸	299
멘야 카네토라	182	카레 혼포	330	이코이 료칸	314
모미지	291	카르네	292	호시노 리조트 카이 벳푸	305
모츠나베 이치후지	217	카베야	187	호시노 리조트 카이 유후인	295
모츠나베 타슈	182	카사노야	261	호타루노야도 센도우	299
모츠코	183	카와타로	183	호테이야	296
미들	268	카페 코코로	268	호텔 후게츠	307
미르히	289	칸미도코로 타키무라	190		
미츠마스	223	커넥트 커피	227		
미피모리노 키친	294	커피 카운티	228		
밀크 홀 모지코	330	켄즈	185		